美国著名奥数教练蒂图·安德雷斯库系列丛书(第二辑)

116个代数不等式：来自AwesomeMath全年课程

116 Algebraic Inequalities：from the AwesomeMath Year-Round Program

[美] 蒂图·安德雷斯库(Titu Andreescu)
[罗] 马吕斯·斯塔内(Marius Stanean) 著
余应龙 译

哈爾濱工業大學出版社
HARBIN INSTITUTE OF TECHNOLOGY PRESS

黑版贸审字 08－2018－106 号

图书在版编目(CIP)数据

116 个代数不等式:来自 AwesomeMath 全年课程/(美)蒂图・安德雷斯库(Titu Andreescu),(罗)马吕斯・斯塔内(Marius Stanean)著;余应龙译.—哈尔滨:哈尔滨工业大学出版社,2019.4(2023.11 重印)

书名原文:116 Algebraic Inequalities: from the AwesomeMath Year-Round Program

ISBN 978-7-5603-5149-0

Ⅰ.①1… Ⅱ.①蒂…②马…③余… Ⅲ.①不等式－问题解答 Ⅳ.①O178－44

中国版本图书馆 CIP 数据核字(2019)第 038708 号

策划编辑　刘培杰　张永芹
责任编辑　王勇钢
封面设计　孙茵艾
出版发行　哈尔滨工业大学出版社
社　　址　哈尔滨市南岗区复华四道街 10 号　邮编 150006
传　　真　0451-86414749
网　　址　http://hitpress.hit.edu.cn
印　　刷　哈尔滨午阳印刷有限公司
开　　本　787mm×1092mm　1/16　印张 12　字数 248 千字
版　　次　2019 年 4 月第 1 版　2023 年 11 月第 4 次印刷
书　　号　ISBN 978-7-5603-5149-0
定　　价　58.00 元

(如因印装质量问题影响阅读,我社负责调换)

美国著名奥数教练蒂图·安德雷斯库

◎序言

不等式大量存在于数学的一切领域之中.本书的目的是呈现不等式理论中的一些基本的技巧.我们从*Mathematical Reflections*丛书,以及解题艺术网站,Gazeta Matematică中精选出了不少问题.本书中的许多问题都体现了作者的特色.

在第一章中,读者将会遇到一些经典的不等式,其中包括幂平均和AM-GM不等式,Cauchy-Schwarz不等式,Hölder不等式,排序和Chebyshev不等式,Schur不等式,Jensen不等式等,这些不等式我们都给出了证明,并列举一个或几个例子,还给出它们有趣的、容易接受的解答.本书内容旨在拓展读者的视野:我们的读者包括高中的学生和教师、大学生,以及一切对数学怀有热情的人士.

在第二章中,我们致力于研究一些问题,这些问题分为入门题和提高题.每一节中的不等式都按照变量的个数:一个、两个、三个、四个和多个变量排序.每一个问题至少有一个完整的解答,很多问题有多种解答,这对发展竞赛中的必要的数学机制十分有用.

本书对参加奥林匹克数学竞赛,并准备研究不等式的学生将会有很大的帮助,本书中的不等式也是在各级竞赛中频繁使用的课题.我们希望这本书能成为证明一些代数不等式以及发现一些新的不等式的灵感的源泉.我们对*Mathematical Reflections*的所有的编者和在AoPS网站上提供问题的对数学有热情的人士表示感谢.

让我们一同分享这些问题吧!

◎目录

1 一些经典的不等式和一些新的不等式

1.1 平方非负

对于任何实数 x，最简单的不等式是 $x^2 \geqslant 0$. 因此，当我们试图证明一个表达式是非负的时候，我们就设法将该表达式写成平方的形式或者几个平方和的形式. 但将一个表达式写成一个平方形式或者几个平方和的形式通常是远非明显的. 这需要具有一定的直觉和创造力，但也许更重要的是经验. 于是，我们从一些入门的问题开始.

例 1 设 a,b,c 是实数，且 $a+b+c \geqslant 0$，证明

$$a^3+b^3+c^3 \geqslant 3abc$$

证明 利用已知条件，我们有

$$\begin{aligned} a^3+b^3+c^3-3abc &= (a+b+c)(a^2+b^2+c^2-ab-bc-ca) \\ &= \frac{1}{2}(a+b+c)[(a-b)^2+(b-c)^2+(c-a)^2] \geqslant 0 \end{aligned}$$ □

注 1 通常将三个变量的 AM-GM 不等式的情况写成这一结果. 两个变量的类似的形式是 $a^2+b^2 \geqslant 2ab$ 这一更容易的事实，只要变形为 $(a-b)^2 \geqslant 0$. 上面的解答也建立了不等式 $a^2+b^2+c^2 \geqslant ab+bc+ca$，该不等式可改写为 $(a+b+c)^2 \geqslant 3(ab+bc+ca)$. 这四个不等式在本书的其余部分将是十分常用的.

例 2(Titu Andreescu) 设 m 和 n 是大于 1 的整数，证明

$$(m^3-1)(n^3-1) \geqslant 3m^2n^2+1$$

证明 将原不等式改写为

$$(mn)^3+(-m)^3+(-n)^3-3mn(-m)(-n) \geqslant 0$$

它等价于

$$\frac{1}{2}(mn-m-n)[(mn+m)^2+(mn+n)^2+(m-n)^2] \geqslant 0$$

显然，由于 $mn-m-n=(m-1)(n-1)-1 \geqslant 0$，因此所有的因子都非负. 当且仅当 $m=n=2$ 时，等式成立. □

例 3(Adrian Andreescu) 证明：对于任何实数 a,b,c,d，有

$$a^4+b^4+c^4+d^4-4abcd \geqslant 2\,|\,(a^2-b^2+c^2-d^2)(ab-cd)\,|$$

证明 我们有

$$
\begin{aligned}
a^4+b^4+c^4+d^4-4abcd &= (a^2-b^2)^2+(c^2-d^2)^2+2(ab-cd)^2 \\
&\geqslant \frac{1}{2}[(a^2-b^2)+(c^2-d^2)]^2+2(ab-cd)^2 \\
&\geqslant 2\mid (a^2-b^2+c^2-d^2)(ab-cd)\mid
\end{aligned}
$$

这里我们用了不等式 $x^2+y^2\geqslant\frac{1}{2}(x+y)^2$ 和 $x^2+y^2\geqslant 2xy$,这两个不等式都等价于 $(x-y)^2\geqslant 0$. □

例 4(Mathlinks) 设 a,b 是实数,且

$$ab(a^2-b^2)=a^2+b^2+1$$

求 a^2+b^2 的最小值.

解 利用极坐标,即

$$a=r\cos\alpha, b=r\sin\alpha, r>0, \alpha\in[0,2\pi)$$

我们看到已知条件变为

$$1+r^2=r^4\sin\alpha\cos\alpha(\cos^2\alpha-\sin^2\alpha)=r^4\cdot\frac{\sin 4\alpha}{4}\leqslant\frac{r^4}{4}$$

这意味着

$$
\begin{aligned}
& r^4-4r^2-4\geqslant 0 \\
\Leftrightarrow & (r^2-2)^2-8\geqslant 0 \\
\Leftrightarrow & (r^2-2-2\sqrt{2})(r^2-2+2\sqrt{2})\geqslant 0
\end{aligned}
$$

于是

$$a^2+b^2=r^2\geqslant 2(1+\sqrt{2})$$

当 $r=\sqrt{2(1+\sqrt{2})}$,且 $\alpha\in\{\frac{\pi}{8},\frac{5\pi}{8},\frac{9\pi}{8},\frac{13\pi}{8}\}$ 时,等式成立. □

例 5 设 a,b 是非负实数,且 $a+b\leqslant 2$,证明

$$(1+a^2)(1+b^2)\geqslant\left[1+\left(\frac{a+b}{2}\right)^2\right]^2$$

证明 展开后根据 a 和 b 在多项式中的次数重新排列,给出等价的不等式

$$a^2+b^2-2\left(\frac{a+b}{2}\right)^2\geqslant\left(\frac{a+b}{2}\right)^4-a^2b^2$$

两边分解出 $(a-b)^2$,上式变为

$$\frac{1}{2}(a-b)^2\geqslant\frac{1}{16}(a-b)^2(a^2+6ab+b^2)$$

因此只要证明 $8\geqslant a^2+6ab+b^2$,但是注意到

$$a^2+6ab+b^2=2(a+b)^2-(a-b)^2\leqslant 2(a+b)^2\leqslant 8$$

由此容易推出该式. □

例 6(An Zhenping) 设 $a,b>0$,且 $ab=1$,证明

$$\frac{2}{a^2+b^2+1}\leqslant\frac{1}{a^2+b+1}+\frac{1}{a+b^2+1}\leqslant\frac{2}{a+b+1}$$

证明 我们有 $b=\frac{1}{a}$,所以原不等式可改写为

$$\frac{2a^2}{a^4+a^2+1}\leqslant\frac{a}{a^3+a+1}+\frac{a^2}{a^3+a^2+1}\leqslant\frac{2a}{a^2+a+1}$$

首先,我们证明右边的不等式.我们需要证明

$$\frac{a^2}{a^4+a^2+a}+\frac{a^2}{a^3+a^2+1}\leqslant\frac{2a^2}{a^3+a^2+a}$$

该不等式等价于以下不等式中的每一个

$$\frac{1}{a^4+a^2+a}+\frac{1}{a^3+a^2+1}\leqslant\frac{2}{a^3+a^2+a}$$

$$\frac{1}{a^4+a^2+a}-\frac{1}{a^3+a^2+a}\leqslant\frac{1}{a^3+a^2+a}-\frac{1}{a^3+a^2+1}$$

$$\frac{a^3-a^4}{(a^4+a^2+a)(a^3+a^2+a)}\leqslant\frac{1-a}{(a^3+a^2+a)(a^3+a^2+1)}$$

$$\frac{a^2(1-a)}{a^3+a+1}\leqslant\frac{1-a}{a^3+a^2+1}$$

$$(1-a)(a^5+a^4-a^3+a^2-a-1)\leqslant 0$$

$$(a-1)^2(a^4+2a^3+a^2+2a+1)\geqslant 0$$

这显然成立.

为证明左边的不等式,我们有类似的过程.我们必须证明

$$\frac{2a^2}{a^4+a^2+1}\leqslant\frac{a^2}{a^4+a^2+a}+\frac{a^2}{a^3+a^2+1}$$

该不等式等价于以下不等式中的每一个

$$\frac{2}{a^4+a^2+1}\leqslant\frac{1}{a^4+a^2+a}+\frac{1}{a^3+a^2+1}$$

$$\frac{1}{a^4+a^2+1}-\frac{1}{a^3+a^2+1}\leqslant\frac{1}{a^4+a^2+a}-\frac{1}{a^4+a^2+1}$$

$$\frac{a^3-a^4}{(a^4+a^2+1)(a^3+a^2+1)}\leqslant\frac{1-a}{(a^4+a^2+a)(a^4+a^2+1)}$$

$$\frac{a^3(1-a)}{a^3+a^2+1}\leqslant\frac{1-a}{a^4+a^2+a}$$

$$(1-a)(a^7+a^5+a^4-a^3-a^2-1)\leqslant 0$$

$$(a-1)^2(a^6+a^5+2a^4+3a^3+2a^2+a+1)\geqslant 0$$

这显然成立.

当 $a=b=1$ 时,该不等式的两边的等式都成立. □

例 7(Titu Andreescu) 证明:对于一切实数 a,b,c,d,e,有

$$2a^2+b^2+3c^2+d^2+2e^2\geqslant 2(ab-bc-cd-de+ea)$$

证明 该不等式等价于

$$2e^2-2e(a-d)+2a^2+b^2+3c^2+d^2-2ab+2bc+2cd\geqslant 0$$

或

$$2\left(e-\frac{a-d}{2}\right)^2+2\left(\frac{a+d}{2}\right)^2+2(a+d)c+2c^2+a^2+b^2+c^2-2ab-2ac+2bc\geqslant 0$$

上式可归结为

$$2\left(e-\frac{a-d}{2}\right)^2+2\left(\frac{a+d}{2}+c\right)^2+(a-b-c)^2\geqslant 0$$

这是显然的. 当且仅当

$$\begin{cases}2e-a+d=0\\a+d+2c=0\\a-b-c=0\end{cases}$$

即当且仅当

$$\begin{cases}a=d+2e\\b=2d+3e\\c=-(d+e)\end{cases}$$

时,等式成立. □

例 8 设 a,b,c 是非负实数,且 $a+b+c=\frac{3}{2}$,证明

$$(1+a^2)(1+b^2)(1+c^2)\geqslant\frac{125}{64}$$

证明 我们利用恒等式

$$(a^2+1)(b^2+1)(c^2+1)=(a+b+c-abc)^2+(1-ab-bc-ca)^2$$

由例 1,我们有

$$a+b+c=(\sqrt[3]{a})^3+(\sqrt[3]{b})^3+(\sqrt[3]{c})^3\geqslant 3\sqrt[3]{abc}$$

这意味着

$$abc\leqslant\frac{1}{8}$$

以及

$$(a+b+c)^2\geqslant 3(ab+bc+ca)$$

这意味着

$$ab+bc+ca\leqslant\frac{3}{4}$$

于是

$$a+b+c-abc\geqslant\frac{3}{2}-\frac{1}{8}=\frac{11}{8}$$

以及

$$1-ab-bc-ca\geqslant 1-\frac{3}{4}=\frac{1}{4}$$

因此

$$(a^2+1)(b^2+1)(c^2+1)\geqslant\frac{121}{64}+\frac{1}{16}=\frac{125}{64}$$

当且仅当 $a=b=c=\frac{1}{2}$ 时，等式成立. □

例 9(Mathlinks) 设 x,y,z 是非负实数，证明

$$(x+2y+3z)(x^2+y^2+z^2)\geqslant\frac{20-2\sqrt{2}}{27}(x+y+z)^3$$

证明 首先，我们观察到如果 $z\geqslant x$，那么

$$\text{左边}\geqslant 2(x+y+z)(x^2+y^2+z^2)\geqslant\frac{2}{3}(x+y+z)^3\geqslant\text{右边}$$

因此，接下来只要证明在 $z<x$ 的情况下不等式成立即可.

不失一般性，假定 $x+y+z=3$.

设 $x=a+1,y=b+1,z=c+1$，这表明 $a+b+c=0$，且 $-1\leqslant a,b,c\leqslant 2$.

我们的不等式变为

$$(6+c-a)(2a^2+2ac+2c^2+3)\geqslant 20-2\sqrt{2}$$

或

$$3(c-a)+12(a^2+ac+c^2)+2(c-a)(a^2+ac+c^2)\geqslant 2-2\sqrt{2}$$

设 $u=a-c,v=a+c$，所以 $0<u\leqslant 3$，最后一个不等式可写为

$$-3u+9v^2+3u^2-2u\left(\frac{3v^2}{4}+\frac{u^2}{4}\right)\geqslant 2-2\sqrt{2}$$

或

$$(2+2\sqrt{2}-u)(u-2+\sqrt{2})^2+3v^2(6-u)\geqslant 0$$

这显然成立. 当 $u=2-\sqrt{2},v=0$ 时，等式成立. 这就转化为

$$x=2-\frac{1}{\sqrt{2}},y=1,z=\frac{1}{\sqrt{2}}$$

排除 $x+y+z=3$ 这一假定以后，就恢复了一般性，我们看到对于上面的 x,y,z 的任何倍数等式都成立. □

1.2 各个平均之间的不等式

具有十分广泛的应用的最重要的不等式之一是各个平均之间的不等式.

定理 1 设 $a_1, a_2, \cdots, a_n$ 是正实数,那么

$$Q_n \geqslant A_n \geqslant G_n \geqslant H_n$$

其中

$$Q_n = \sqrt{\frac{a_1^2 + a_2^2 + \cdots + a_n^2}{n}}$$

是数 $a_1, a_2, \cdots, a_n$ 的平方平均

$$A_n = \frac{a_1 + a_2 + \cdots + a_n}{n}$$

是数 $a_1, a_2, \cdots, a_n$ 的算术平均

$$G_n = \sqrt[n]{a_1 a_2 \cdots a_n}$$

是数 $a_1, a_2, \cdots, a_n$ 的几何平均

$$H_n = \frac{n}{\frac{1}{a_1} + \frac{1}{a_2} + \cdots + \frac{1}{a_n}}$$

是数 $a_1, a_2, \cdots, a_n$ 的调和平均.

证明 首先我们证明不等式(AM-GM 不等式)

$$A_n \geqslant G_n \tag{1}$$

当 $n=2$ 时,容易看出

$$\frac{a_1 + a_2}{2} - \sqrt{a_1 a_2} = \frac{(\sqrt{a_1} - \sqrt{a_2})^2}{2} \geqslant 0$$

假定当 $n=k$ 时不等式成立,即

$$A_k \geqslant G_k$$

由归纳法

$$A = \frac{a_{k+1} + (k-1)A_{k+1}}{k} \geqslant (a_{k+1} A_{k+1}^{k-1})^{\frac{1}{k}} = G$$

推出

$$A_{k+1} = \frac{A_k + A}{2} \geqslant \sqrt{A_k A} \geqslant \sqrt{G_k G} = \sqrt{(G_{k+1}^{k+1} A_{k+1}^{k-1})^{\frac{1}{k}}}$$

所以得到

$$A_{k+1}^{2k} \geqslant G_{k+1}^{k+1} A_{k+1}^{k-1}$$

或

$$A_{k+1} \geqslant G_{k+1}$$

这就完成了不等式(1)的归纳证明.

在这一证明的基础上,容易证明当且仅当 $a_1 = a_2 = \cdots = a_n$ 时,式(1)中的等式成立.

当 $n = 2$ 时,这一结果显然成立.假定对某个 $n = k \geqslant 2$ 不等式成立.

由上面的证明,我们看到如果 $A_{k+1} = G_{k+1}$,那么

$$A_k = A, A_k = G_k, A = G$$

因为 $A_k = G_k$,我们有

$$a_1 = a_2 = \cdots = a_k$$

又因为 $A = G$,我们有

$$a_{k+1} = A_{k+1} = \frac{a_1 + a_2 + \cdots + a_{k+1}}{k+1}$$

由此得

$$a_1 = a_2 = \cdots = a_k = a_{k+1}$$

这就是所求的.

现在对数 $\frac{1}{a_1}, \frac{1}{a_2}, \cdots, \frac{1}{a_n}$ 使用不等式(1),推出不等式(GM-HM 不等式)

$$\frac{\frac{1}{a_1} + \frac{1}{a_2} + \cdots + \frac{1}{a_n}}{n} \geqslant \sqrt[n]{\frac{1}{a_1} \frac{1}{a_2} \cdots \frac{1}{a_n}}$$

成立,它等价于

$$\sqrt[n]{a_1 a_2 \cdots a_n} \geqslant \frac{n}{\frac{1}{a_1} + \frac{1}{a_2} + \cdots + \frac{1}{a_n}}$$

或

$$G_n \geqslant H_n$$

在以下恒等式

$$(a_1 + a_2 + \cdots + a_n)^2 = a_1^2 + a_2^2 + \cdots + a_n^2 + 2(a_1 a_2 + a_1 a_3 + \cdots + a_{n-1} a_n)$$

中,因为

$$2a_i a_j \leqslant a_i^2 + a_j^2 \Leftrightarrow (a_i - a_j)^2 \geqslant 0$$

如果我们将项 $2a_i a_j$ 扩大为 $a_i^2 + a_j^2$,就得到不等式

$$(a_1 + a_2 + \cdots + a_n)^2 \leqslant n(a_1^2 + a_2^2 + \cdots + a_n^2)$$

对一切实数 $a_i, i \in \{1, 2, \cdots, n\}$ 成立.如果一切 a_i 都是正数,那么上式由(QM-AM 不等式)

$$\frac{a_1 + a_2 + \cdots + a_n}{n} \leqslant \sqrt{\frac{a_1^2 + a_2^2 + \cdots + a_n^2}{n}}$$

或

$$Q_n \geqslant A_n$$

推得.当 $a_1 = a_2 = \cdots = a_n$ 时,等式成立. □

例 10 如果 x, y 是正实数,且 $x + y = 4$,求 $x^3 y$ 的最大值.

解 由 AM-GM 不等式,我们有

$$x^3 y = 27\left(\frac{x}{3}\right)\left(\frac{x}{3}\right)\left(\frac{x}{3}\right) y \leqslant 27\left(\frac{\frac{x}{3}+\frac{x}{3}+\frac{x}{3}+y}{4}\right)^4 = 27$$

当 $x = 3, y = 1$ 时,等式成立. □

例 11 设 $a > b > c > d > 0$,证明

$$a + \frac{1}{(a-b)(b-c)(c-d)} \geqslant d + 4$$

证明 该不等式等价于

$$(a-b)+(b-c)+(c-d)+\frac{1}{(a-b)(b-c)(c-d)} \geqslant 4$$

这是由 AM-GM 不等式得到的.当且仅当

$$a-b=b-c=c-d=\frac{1}{(a-b)(b-c)(c-d)}$$

时,即当

$$a-b=b-c=c-d=1$$

时,等式成立,所以对于所有的四元数组

$$(a,b,c,d)=(t+3,t+2,t+1,t), t>0$$

等式成立. □

例 12 设 $a \geqslant x_0 > x_1 > \cdots > x_n \geqslant a-1$,证明

$$(x_0-x_1)(x_1-x_2)\cdots(x_{n-1}-x_n) \leqslant \frac{1}{n^n}$$

证明 由 AM-GM 不等式和

$$1 = a-(a-1) \geqslant x_0 - x_n$$

这一事实,我们有

$$\sqrt[n]{(x_0-x_1)(x_1-x_2)\cdots(x_{n-1}-x_n)} \leqslant \frac{(x_0-x_1)+(x_1-x_2)+\cdots+(x_{n-1}-x_n)}{n}$$

$$= \frac{x_0-x_n}{n} \leqslant \frac{1}{n}$$

由此推出 $(x_0-x_1)(x_1-x_2)\cdots(x_{n-1}-x_n) \leqslant \frac{1}{n^n}$,这就是所求的. □

例 13(Russia MO 2015) 设 a, b, c, d 是实数,且满足

$$|a|,|b|,|c|,|d|>1$$

以及

$$abc+abd+acd+bcd+a+b+c+d=0$$

证明

$$\frac{1}{a-1}+\frac{1}{b-1}+\frac{1}{c-1}+\frac{1}{d-1}>0$$

证明　因为 $|a|,|b|,|c|,|d|>1$,我们推得

$$\frac{a+1}{a-1}>0,\frac{b+1}{b-1}>0,\frac{c+1}{c-1}>0,\frac{d+1}{d-1}>0$$

已知条件等价于

$$(a+1)(b+1)(c+1)(d+1)=(a-1)(b-1)(c-1)(d-1)$$

可写成

$$\frac{a+1}{a-1}\cdot\frac{b+1}{b-1}\cdot\frac{c+1}{c-1}\cdot\frac{d+1}{d-1}=1$$

现在回到原题,由 AM-GM 不等式

$$\begin{aligned}\frac{1}{a-1}+\frac{1}{b-1}+\frac{1}{c-1}+\frac{1}{d-1}&=\frac{1}{2}\left(\frac{a+1}{a-1}+\frac{b+1}{b-1}+\frac{c+1}{c-1}+\frac{d+1}{d-1}\right)-2\\&>2\sqrt[4]{\frac{a+1}{a-1}\cdot\frac{b+1}{b-1}\cdot\frac{c+1}{c-1}\cdot\frac{d+1}{d-1}}-2=0\end{aligned}$$

注意到上面用了严格的不等式,因为在 AM-GM 不等式中,要求

$$\frac{a+1}{a-1}=\frac{b+1}{b-1}=\frac{c+1}{c-1}=\frac{d+1}{d-1}=1$$

这是不可能的.　□

例 14(Titu Andreescu,USA TST 2001)　设 a,b,c 是正实数,且 $a+b+c\geqslant abc$,证明:在不等式

$$\frac{2}{a}+\frac{3}{b}+\frac{6}{c}\geqslant 6,\ \frac{2}{b}+\frac{3}{c}+\frac{6}{a}\geqslant 6,\ \frac{2}{c}+\frac{3}{a}+\frac{6}{b}\geqslant 6$$

中至少有两个成立.

证明　设 $a=\frac{1}{x},b=\frac{1}{y},c=\frac{1}{z}$,那么推出 $xy+yz+zx\geqslant 1$. 另一方面,由 AM-GM 不等式,我们有

$$\begin{aligned}&(2x+3y+6z)^2+(2y+3z+6x)^2\\&=40x^2+13y^2+45z^2+36xy+60xz+48yz\\&=36x^2+9y^2+4x^2+9z^2+4y^2+36z^2+36xy+60xz+48yz\\&\geqslant 2\cdot 6x\cdot 3y+2\cdot 2x\cdot 3z+2\cdot 2y\cdot 6z+36xy+60xz+48yz\\&=72(xy+yz+zx)\geqslant 72\end{aligned}$$

因此

$$(2x+3y+6z)^2+(2y+3z+6x)^2\geqslant 72$$

类似的

$$(2x+3y+6z)^2+(2z+3x+6y)^2\geqslant 72$$

$$(2y+3z+6x)^2+(2z+3x+6y)^2\geqslant 72$$

于是在 $2x+3y+6z,2y+3z+6x,2z+3x+6y$ 中至少有两个必定至少是 6. □

例 15 设 $x_1,x_2,\cdots,x_n$ 是正实数,且

$$x_1x_2\cdots x_n=1$$

证明

$$x_1^n(1+x_1)+x_2^n(1+x_2)+\cdots+x_n^n(1+x_n)\geqslant\frac{n}{2^{n-1}}(1+x_1)(1+x_2)\cdots(1+x_n)$$

证明 根据 AM-GM 不等式,我们连续有

$$\frac{x_1^n}{(1+x_2)\cdots(1+x_n)}+\frac{1+x_2}{2^n}+\cdots+\frac{1+x_n}{2^n}\geqslant\frac{n}{2^{n-1}}x_1$$

$$\frac{x_2^n}{(1+x_1)\cdots(1+x_n)}+\frac{1+x_1}{2^n}+\cdots+\frac{1+x_n}{2^n}\geqslant\frac{n}{2^{n-1}}x_2$$

$$\vdots$$

$$\frac{x_n^n}{(1+x_1)\cdots(1+x_{n-1})}+\frac{1+x_1}{2^n}+\cdots+\frac{1+x_{n-1}}{2^n}\geqslant\frac{n}{2^{n-1}}x_n$$

将这些不等式相加,再利用 AM-GM 不等式,得到

$$\begin{aligned}\sum_{\text{cyc}}\frac{x_1^n}{(1+x_2)\cdots(1+x_n)}&\geqslant\left(\frac{n}{2^{n-1}}-\frac{n-1}{2^n}\right)\sum_{\text{cyc}}x_1-\frac{n(n-1)}{2^n}\\&\geqslant\frac{n(n+1)}{2^n}\sqrt[n]{x_1x_2\cdots x_n}-\frac{n(n-1)}{2^n}=\frac{n}{2^{n-1}}\end{aligned}$$

当 $x_1=x_2=\cdots=x_n=1$ 时,等式成立. □

例 16(Mathlinks) 设 a,b,c 是非负实数,且 $a+b+c=2$,证明

$$3abc+\sqrt{4+a^2b^2c^2}\geqslant(a+b)(b+c)(c+a)$$

证明 不失一般性,我们可以假定 $c=\max\{a,b,c\}$,这意味着 $2-3c\geqslant 0$. 因为

$$(a+b)(b+c)(c+a)\geqslant 8abc\geqslant 3abc$$

并利用

$$(a+b)(b+c)(c+a)=(a+b+c)(ab+bc+ca)-abc$$

所以得到

$$\sqrt{4+a^2b^2c^2}\geqslant 2(ab+bc+ca)-4abc$$

然后将不等式的两边平方,得到

$$4+a^2b^2c^2\geqslant 4(ab+bc+ca)^2-16abc(ab+bc+ca)+16a^2b^2c^2$$

或

$$[2(ab+bc+ca)-5abc][2(ab+bc+ca)-3abc]\leqslant 4$$

但是

$$\text{左边}\leqslant [2(ab+bc+ca)-3abc]^2$$

所以只要证明

$$2(ab+bc+ca)-3abc\leqslant 2$$

或

$$ab(2-3c)+2c(2-c)\leqslant 2 \tag{1}$$

但是由 AM-GM 不等式,我们有

$$\sqrt{ab}\leqslant \frac{a+b}{2}\leqslant \frac{a+b+c}{2}=1$$

因此

$$ab(2-3c)\leqslant \sqrt{ab}(2-3c)\leqslant \frac{(2-c)}{2}(2-3c)$$

于是要证明式(1),只要证明

$$\frac{(2-c)}{2}(2-3c)+2c(2-c)\leqslant 2\Leftrightarrow (2-c)(2+c)\leqslant 4$$

这显然成立.

当$(a,b,c)=(1,1,0)$,$(1,0,1)$或$(0,1,1)$时,等式成立. □

例 17(Mathlinks) 设 a,b,c 是非负实数,且 $a+b+c=2$,证明

$$(a^3+b^3)(b^3+c^3)(c^3+a^3)\leqslant 2$$

证明 不失一般性,假定 $a\geqslant b\geqslant c$,注意到我们有

$$\begin{aligned}&(a^3+b^3)(b^3+c^3)(c^3+a^3)\\=&(a+b)(b+c)(c+a)(a^2-ab+b^2)(b^2-bc+c^2)(c^2-ca+a^2)\end{aligned}$$

以及

$$b^2-bc+c^2\leqslant b^2$$

$$c^2-ca+a^2\leqslant a^2$$

于是,只要证明

$$(a+b)(b+c)(c+a)(a^2-ab+b^2)a^2b^2\leqslant 2$$

由 AM-GM 不等式,我们得到

$$\begin{aligned}&(a+b)(b+c)(c+a)(a^2-ab+b^2)a^2b^2\\=&(a+b)(c^2+ab+bc+ac)(a^2-ab+b^2)abab\\\leqslant&(a+b)\left(\frac{c^2+ab+bc+ac+a^2-ab+b^2+ab+ab}{4}\right)^4\end{aligned}$$

$$\leqslant (a+b)\left(\frac{a^2+b^2+c^2+2ab+2bc+2ac}{4}\right)^4$$

$$=(a+b)\left(\frac{a+b+c}{2}\right)^8=a+b\leqslant a+b+c=2$$

因此我们得到所求的结果.

当 $a=b=1,c=0$ 及其排列时,等式成立. □

例 18(Marius Stănean) 设 a,b,c 是非负实数,且 $a^2+b^2+c^2=3$,证明

$$(a^3+b^3+c^3)^2\geqslant 3+2(a^4+b^4+c^4)$$

证明 将该不等式写成齐次形式后变为

$$9(a^3+b^3+c^3)^2\geqslant (a^2+b^2+c^2)^3+6(a^4+b^4+c^4)(a^2+b^2+c^2)$$

或

$$9(a^6+b^6+c^6)+18(a^3b^3+b^3c^3+c^3a^3)$$
$$\geqslant 7(a^6+b^6+c^6)+9\sum_{\text{cyc}}a^2b^2(a^2+b^2)+6a^2b^2c^2$$

或

$$2(a^6+b^6+c^6)+18(a^3b^3+b^3c^3+c^3a^3)\geqslant 9\sum_{\text{cyc}}a^2b^2(a^2+b^2)+6a^2b^2c^2$$

由 AM-GM 不等式

$$2(a^3b^3+b^3c^3+c^3a^3)\geqslant 6a^2b^2c^2$$

因此余下的是要证明

$$2(a^6+b^6+c^6)+16(a^3b^3+b^3c^3+c^3a^3)\geqslant 9\sum_{\text{cyc}}a^2b^2(a^2+b^2) \tag{1}$$

我们来证明

$$a^6+b^6+16a^3b^3\geqslant 9a^2b^2(a^2+b^2)$$

事实上,这一不等式等价于

$$a^6-2a^3b^3+b^6\geqslant 9a^2b^2(a^2-2ab+b^2)$$

或

$$(a-b)^2(a^2+ab+b^2)^2\geqslant 9a^2b^2(a-b)^2$$

或

$$(a-b)^4(a^2+4ab+b^2)^2\geqslant 0$$

这显然成立.

类似的,我们有

$$b^6+c^6+16b^3c^3\geqslant 9b^2c^2(b^2+c^2)$$
$$c^6+a^6+16c^3a^3\geqslant 9c^2a^2(c^2+a^2)$$

将最后三个不等式相加,得到式(1).

当 $a=b=c=1$ 时,等式成立. □

例 19(Mathlinks) 设 $a_1,a_2,\cdots,a_n$ 是正实数,证明

$$\sum_{i=1}^{n}\frac{a_{i+1}}{a_i}\geqslant\sum_{i=1}^{n}\sqrt{\frac{a_{i+1}^2+1}{a_i^2+1}}$$

这里 $a_{n+1}=a_1$.

证明 设 $a_i=\tan\alpha_i$,其中 $\alpha_i\in\left(0,\frac{\pi}{2}\right)$,$i\in\{1,2,\cdots,n\}$. 因此,我们必须证明

$$\sum_{i=1}^{n}\frac{\sin\alpha_{i+1}}{\sin\alpha_i}\cdot\frac{\cos\alpha_i}{\cos\alpha_{i+1}}\geqslant\sum_{i=1}^{n}\frac{\cos\alpha_i}{\cos\alpha_{i+1}}$$

或

$$\sum_{i=1}^{n}\frac{\cos\alpha_i}{\cos\alpha_{i+1}}\cdot\frac{\sin\alpha_{i+1}-\sin\alpha_i}{\sin\alpha_i}\geqslant 0$$

或

$$\sum_{i=1}^{n}\frac{\sin\alpha_{i+1}-\sin\alpha_i}{\sin\alpha_i}+\sum_{i=1}^{n}\frac{\cos\alpha_i-\cos\alpha_{i+1}}{\cos\alpha_{i+1}}\cdot\frac{\sin\alpha_{i+1}-\sin\alpha_i}{\sin\alpha_i}\geqslant 0$$

但这是正确的,因为对于第一个和,利用 AM-GM 不等式,我们有

$$\begin{aligned}\sum_{i=1}^{n}\frac{\sin\alpha_{i+1}-\sin\alpha_i}{\sin\alpha_i}&=\left(\sum_{i=1}^{n}\frac{\sin\alpha_{i+1}}{\sin\alpha_i}\right)-n\\&\geqslant n\sqrt[n]{\frac{\sin\alpha_2}{\sin\alpha_1}\cdot\frac{\sin\alpha_3}{\sin\alpha_2}\cdot\cdots\cdot\frac{\sin\alpha_1}{\sin\alpha_n}}-n=0\end{aligned}$$

对于第二个和,因为 $\cos\alpha_i-\cos\alpha_{i+1}$ 和 $\sin\alpha_{i+1}-\sin\alpha_i$ 同号(在 $\left(0,\frac{\pi}{2}\right)$ 上,sin 递增,cos 递减),所以我们有

$$\sum_{i=1}^{n}\frac{\cos\alpha_i-\cos\alpha_{i+1}}{\cos\alpha_{i+1}}\cdot\frac{\sin\alpha_{i+1}-\sin\alpha_i}{\sin\alpha_i}\geqslant 0$$

当 $\alpha_1=\alpha_2=\cdots=\alpha_n$ 时,即当 $a_1=a_2=\cdots=a_n$ 时,等式成立. □

1.3 Cauchy-Schwarz 不等式

Cauchy-Schwarz 不等式是具有众多应用的著名定理.

定理 2(Cauchy-Schwarz 不等式) 对于一切实数 $a_1,a_2,\cdots,a_n$ 和 $b_1,b_2,\cdots,b_n$,我们有

$$(a_1^2+a_2^2+\cdots+a_n^2)(b_1^2+b_2^2+\cdots+b_n^2)\geqslant(a_1b_1+a_2b_2+\cdots+a_nb_n)^2$$

当且仅当:

(1) 对一切 $i=1,2,\cdots,n$,有 $a_i=0$ 或 $b_i=0$.

(2) 对一切 $i=1,2,\cdots,n$,存在一个实数 t,使 $ta_i=b_i$ 时,等式成立.

证明 设数 $a_1,a_2,\cdots,a_n$ 和 $b_1,b_2,\cdots,b_n$ 是实数. 对于每一个实数 t,以下不等式成

立,因为

$$f(t)=(a_1t-b_1)^2+(a_2t-b_2)^2+\cdots+(a_nt-b_n)^2 \tag{1}$$

是平方和.

现在将每一个二项式展开,得到关于 t 的二次式

$$(a_1^2+a_2^2+\cdots+a_n^2)t^2-2(a_1b_1+a_2b_2+\cdots+a_nb_n)t+(b_1^2+b_2^2+\cdots+b_n^2)\geqslant 0$$

现在回忆一下二次函数的以下性质:一个二次函数 ax^2+bx+c 非负的充要条件是判别式 b^2-4ac 非正.我们的二次式的判别式是

$$4(a_1b_1+a_2b_2+\cdots+a_nb_n)^2-4(a_1^2+a_2^2+\cdots+a_n^2)(b_1^2+b_2^2+\cdots+b_n^2)\leqslant 0 \tag{2}$$

这与 Cauchy-Schwarz 不等式等价.

当我们在式(2)中取等号时,二次式的判别式为0,或者 $f(t)=0$ 有一个实数根 t_0,或者二次式中的 t^2 的系数为0.在第一种情况下

$$(a_1t_0-b_1)^2+(a_2t_0-b_2)^2+\cdots+(a_nt_0-b_n)^2=0$$

平方和等于0,每一个平方都必须等于0,得到

$$\frac{b_1}{a_1}=\frac{b_2}{a_2}=\cdots=\frac{b_n}{a_n}=t_0$$

在第二种情况下,$a_1^2+a_2^2+\cdots+a_n^2=0$,这意味着一切 a_i 为0. □

Cauchy-Schwarz 不等式是具有众多应用的重要的不等式.

现在我们给出 Cauchy-Schwarz 不等式的一个推论,它在证明其他一些不等式时有广泛的应用.

推论1(Titu引理) 设 $a_1,a_2,\cdots,a_n$ 和 $b_1,b_2,\cdots,b_n$ 是实数,且 $b_1,b_2,\cdots,b_n>0$,那么

$$\frac{a_1^2}{b_1}+\frac{a_2^2}{b_2}+\cdots+\frac{a_n^2}{b_n}\geqslant\frac{(a_1+a_2+\cdots+a_n)^2}{b_1+b_2+\cdots+b_n}$$

当且仅当 $\frac{a_1}{b_1}=\frac{a_2}{b_2}=\cdots=\frac{a_n}{b_n}$ 时,等式成立.

证明 该证明是对 $\sqrt{\frac{a_i^2}{b_i}}$ 和 $\sqrt{b_i}$ 应用 Cauchy-Schwarz 不等式的一个直接推论.事实上,我们有

$$\left(\sum_{i=1}^n\frac{a_i^2}{b_i}\right)\left(\sum_{i=1}^n\sqrt{b_i}\right)\geqslant\left(\sum_{i=1}^n\sqrt{\frac{a_i^2}{b_i}}\cdot\sqrt{b_i}\right)^2$$

$$=\left(\sum_{i=1}^n|a_i|\right)^2\geqslant\left(\sum_{i=1}^n a_i\right)^2$$ □

例20(Nesbitt) 如果 a,b,c 是正实数,证明

$$\frac{a}{b+c}+\frac{b}{c+a}+\frac{c}{a+b}\geqslant\frac{3}{2}$$

证明 利用 Titu 引理,我们有

$$\begin{aligned}\frac{a}{b+c}+\frac{b}{c+a}+\frac{c}{a+b}&=\frac{a^2}{a(b+c)}+\frac{b^2}{b(c+a)}+\frac{c^2}{c(a+b)}\\&\geqslant\frac{(a+b+c)^2}{a(b+c)+b(c+a)+c(a+b)}\\&=\frac{a^2+b^2+c^2+2(ab+bc+ca)}{2(ab+bc+ca)}\\&=\frac{1}{2}\cdot\frac{a^2+b^2+c^2}{ab+bc+ca}+1\geqslant\frac{1}{2}+1=\frac{3}{2}\end{aligned}$$

□

例 21 设 x,y 是实数,且$\sqrt{2x+3}+\sqrt{y+3}=4$,求表达式

$$P=\sqrt{x+2}+\sqrt{y+9}$$

的最小值.

解 利用 Titu 引理,我们有

$$P=\sqrt{\frac{2x+3+1}{2}}+\sqrt{y+3+6}=\sqrt{\frac{2x+3}{2}+\frac{\frac{1}{4}}{\frac{1}{2}}}+\sqrt{\frac{y+3}{1}+\frac{9}{\frac{3}{2}}}$$

$$\geqslant\sqrt{\frac{\left(\sqrt{2x+3}+\frac{1}{2}\right)^2}{2+\frac{1}{2}}}+\sqrt{\frac{(\sqrt{y+3}+3)^2}{1+\frac{3}{2}}}$$

$$=\sqrt{\frac{2}{5}}\left(\sqrt{2x+3}+\frac{1}{2}+\sqrt{y+3}+3\right)=3\sqrt{\frac{5}{2}}$$

当 $x=\frac{1}{2},y=1$ 时,等式成立. □

例 22 设 a,b,c 是正实数,证明

$$\frac{1}{a+2b+3c}+\frac{1}{b+2c+3a}+\frac{1}{c+2a+3b}\leqslant\frac{1}{6a}+\frac{1}{6b}+\frac{1}{6c}$$

证明 由 Titu 引理,我们有

$$\frac{1}{a}+\frac{2}{b}+\frac{3}{c}=\frac{1}{a}+\frac{2^2}{2b}+\frac{3^2}{3c}\geqslant\frac{(1+2+3)^2}{a+2b+3c}=\frac{36}{a+2b+3c}$$

类似的

$$\frac{1}{b}+\frac{2}{c}+\frac{3}{a}\geqslant\frac{36}{b+2c+3a}$$

$$\frac{1}{c}+\frac{2}{a}+\frac{3}{b}\geqslant\frac{36}{c+2a+3b}$$

将这三个不等式相加,得到所求的结果. □

例 23(Titu Andreescu) 设 a,b,c,x,y,z 是实数,且

$$a^2+b^2+c^2=x^2+y^2+z^2=1$$

证明

$$|a(y-z)+b(z-x)+c(x-y)| \leqslant \sqrt{6(1-ax-by-cz)}$$

证明 由 Cauchy-Schwarz 不等式,我们有

$$\begin{aligned}
&[a(y-z)+b(z-x)+c(x-y)]^2\\
=&[a(y-z)-x(y-z)+b(z-x)-y(z-x)+c(x-y)-z(x-y)]^2\\
=&[(a-x)(y-z)+(b-y)(z-x)+(c-z)(x-y)]^2\\
\leqslant&[(a-x)^2+(b-y)^2+(c-z)^2][(y-z)^2+(z-x)^2+(x-y)^2]\\
=&(a^2+b^2+c^2-2ax-2by-2cz+x^2+y^2+z^2)(2x^2+2y^2+2z^2-2xy-2yz-2zx)\\
=&2(1-ax-by-cz)[3(x^2+y^2+z^2)-(x+y+z)^2]\\
=&2(1-ax-by-cz)[3-(x+y+z)^2]\\
\leqslant&6(1-ax-by-cz)
\end{aligned}$$

于是推出结论.

当 $a=x,b=y,c=z$,且 $x^2+y^2+z^2=1$ 时,等式成立. □

例 24 设 a,b,c 是实数,证明

$$\left(a^2+\frac{3}{4}\right)\left(b^2+\frac{3}{4}\right)\left(c^2+\frac{3}{4}\right) \geqslant \sqrt{(a+b)(b+c)(c+a)}$$

证明 由 Cauchy-Schwarz 不等式和 AM-GM 不等式,我们有

$$\begin{aligned}
\left(a^2+\frac{3}{4}\right)\left(b^2+\frac{3}{4}\right)&=\left(a^2+\frac{1}{4}+\frac{1}{4}+\frac{1}{4}\right)\left(\frac{1}{4}+b^2+\frac{1}{4}+\frac{1}{4}\right)\\
&\geqslant\left(\frac{a}{2}+\frac{b}{2}+\frac{1}{4}+\frac{1}{4}\right)^2=\frac{(a+b+1)^2}{4}\\
&\geqslant a+b
\end{aligned}$$

类似的我们得到

$$\left(b^2+\frac{3}{4}\right)\left(c^2+\frac{3}{4}\right) \geqslant b+c$$

$$\left(c^2+\frac{3}{4}\right)\left(a^2+\frac{3}{4}\right) \geqslant c+a$$

相乘后得到结果.

当 $a=b=c=\frac{1}{2}$ 时,等式成立. □

例 25 设 a,b,c 是非负实数,且

$$\frac{1}{2a+1}+\frac{1}{2b+1}+\frac{1}{2c+1} \geqslant 1$$

证明

$$\frac{1}{5a+1}+\frac{1}{5b+1}+\frac{1}{5c+1} \geqslant \frac{1}{2}$$

证法 1 由 Titu 引理,我们有

$$\frac{1}{5a+1}+\frac{1}{24}=\frac{1}{5a+1}+\frac{\left(\frac{1}{4}\right)^2}{\frac{3}{2}}\geqslant\frac{\left(1+\frac{1}{4}\right)^2}{5a+1+\frac{3}{2}}=\frac{5}{8(2a+1)}$$

类似的,得到

$$\frac{1}{5b+1}+\frac{1}{24}\geqslant\frac{5}{8(2b+1)}$$

$$\frac{1}{5c+1}+\frac{1}{24}\geqslant\frac{5}{8(2c+1)}$$

将这三个不等式相加,得到

$$\frac{1}{5a+1}+\frac{1}{5b+1}+\frac{1}{5c+1}+\frac{1}{8}\geqslant\frac{5}{8}\left(\frac{1}{2a+1}+\frac{1}{2b+1}+\frac{1}{2c+1}\right)$$

所以

$$\frac{1}{5a+1}+\frac{1}{5b+1}+\frac{1}{5c+1}\geqslant\frac{5}{8}-\frac{1}{8}=\frac{1}{2}$$

当 $a=b=c=1$ 时,等式成立. □

证法 2 设 $x=\frac{1}{2a+1},y=\frac{1}{2b+1},z=\frac{1}{2c+1}$,因此

$$a=\frac{1-x}{2x},b=\frac{1-y}{2y},c=\frac{1-z}{2z},x,y,z\in(0,1),x+y+z\geqslant 1$$

回到原题,利用 Cauchy-Schwarz 不等式,我们有

$$\begin{aligned}\frac{1}{5a+1}+\frac{1}{5b+1}+\frac{1}{5c+1}&=\frac{2x}{5(1-x)+2x}+\frac{2y}{5(1-y)+2y}+\frac{2z}{5(1-z)+2z}\\&=\frac{2}{3}\left(\frac{3x}{5-3x}+\frac{3y}{5-3y}+\frac{3z}{5-3z}\right)\\&=\frac{2}{3}\left(\frac{3x-5+5}{5-3x}+\frac{3y-5+5}{5-3y}+\frac{3z-5+5}{5-3z}\right)\\&=-2+\frac{10}{3}\left(\frac{1}{5-3x}+\frac{1}{5-3y}+\frac{1}{5-3z}\right)\\&\geqslant-2+\frac{10}{3}\cdot\frac{(1+1+1)^2}{5-3x+5-3y+5-3z}\\&\geqslant-2+\frac{10}{5-x-y-z}\\&\geqslant-2+\frac{5}{2}=\frac{1}{2}\end{aligned}$$

□

例 26(Spain National Olympiad 2017) 设 a,b,c 是正实数,且 $a+b+c=\frac{1}{\sqrt{3}}$,求

$$27abc+a\sqrt{a^2+2bc}+b\sqrt{b^2+2ca}+c\sqrt{c^2+2ab}$$

的最大值.

解 首先,利用 AM-GM 不等式,得到

$$(a+b+c)(ab+bc+ca) \geqslant 9abc$$

这意味着

$$ab+bc+ca \geqslant 9\sqrt{3}abc$$

现在,利用 Cauchy-Schwarz 不等式和 AM-GM 不等式,得到

$$\begin{aligned}
&(27abc+a\sqrt{a^2+2bc}+b\sqrt{b^2+2ca}+c\sqrt{c^2+2ab})^2\\
\leqslant &(9\sqrt{3}abc+a^2+b^2+c^2)(27\sqrt{3}abc+a^2+2bc+b^2+2ca+c^2+2ab)\\
= &\frac{1}{3}(27\sqrt{3}abc+3a^2+3b^2+3c^2)(27\sqrt{3}abc+a^2+b^2+c^2+2ab+2bc+2ca)\\
\leqslant &\frac{1}{12}[54\sqrt{3}abc+4(a^2+b^2+c^2)+2(ab+bc+ca)]^2\\
\leqslant &\frac{1}{12}[6(ab+bc+ca)+4(a^2+b^2+c^2)+2(ab+bc+ca)]^2=\frac{4}{27}
\end{aligned}$$

当 $a=b=c=\dfrac{1}{3\sqrt{3}}$ 时,等式成立. □

例 27(Marius Stănean) 设 $x_1,x_2,\cdots,x_n$ 是正实数,$n\geqslant 2$,证明

$$\begin{aligned}
&\frac{1}{x_1^2}+\frac{1}{x_2^2}+\cdots+\frac{1}{x_n^2}+\frac{1}{(x_1+x_2+\cdots+x_n)^2}\\
\geqslant &\frac{n^3+1}{(n^2+1)^2}\left(\frac{1}{x_1}+\frac{1}{x_2}+\cdots+\frac{1}{x_n}+\frac{1}{x_1+x_2+\cdots+x_n}\right)^2
\end{aligned}$$

证明 由 Cauchy-Schwarz 不等式,我们有

$$\begin{aligned}
&\left[\frac{1}{x_1^2}+\frac{1}{x_2^2}+\cdots+\frac{1}{x_n^2}+\frac{1}{(x_1+x_2+\cdots+x_n)^2}\right]\left(1+\cdots+1+\frac{1}{n^2}\right)\\
\geqslant &\left[\frac{1}{x_1}+\frac{1}{x_2}+\cdots+\frac{1}{x_n}+\frac{1}{n(x_1+x_2+\cdots+x_n)}\right]^2
\end{aligned}$$

遗憾的是,这并不是所求的不等式的右边.对于任何两数 $p,q,p+q=1$,我们可写成

$$\frac{1}{x_1}+\frac{1}{x_2}+\cdots+\frac{1}{x_n}=\frac{p}{x_1}+\frac{p}{x_2}+\cdots+\frac{p}{x_n}+\frac{q}{x_1}+\frac{q}{x_2}+\cdots+\frac{q}{x_n}$$

由 Titu 引理

$$\frac{q}{x_1}+\frac{q}{x_2}+\cdots+\frac{q}{x_n}\geqslant q\frac{(1+1+\cdots+1)^2}{x_1+x_2+\cdots+x_n}=\frac{qn^2}{x_1+x_2+\cdots+x_n}$$

于是,我们有

$$\begin{aligned}
&\frac{1}{x_1}+\frac{1}{x_2}+\cdots+\frac{1}{x_n}+\frac{1}{n(x_1+x_2+\cdots+x_n)}\\
\geqslant &p\left(\frac{1}{x_1}+\frac{1}{x_2}+\cdots+\frac{1}{x_n}\right)+\frac{qn^2+\frac{1}{n}}{x_1+x_2+\cdots+x_n}
\end{aligned}$$

如果我们加一个条件 $p=qn^2+\frac{1}{n}$,即 $p=\frac{n^3+1}{n(n^2+1)}$. 在这种情况下,我们得到

$$\left[\frac{1}{x_1^2}+\frac{1}{x_2^2}+\cdots+\frac{1}{x_n^2}+\frac{1}{(x_1+x_2+\cdots+x_n)^2}\right]\frac{n^3+1}{n^2}$$
$$\geqslant\frac{(n^3+1)^2}{n^2(n^2+1)^2}\left(\frac{1}{x_1}+\frac{1}{x_2}+\cdots+\frac{1}{x_n}+\frac{1}{x_1+x_2+\cdots+x_n}\right)^2$$

这恰好是所求的结果. □

例 28 设 a,b,c 是正实数,且 $a^2+b^2+c^2=1$,证明

$$\left|\frac{b+c}{1+bc}+\frac{c+a}{1+ca}+\frac{a+b}{1+ab}\right|\leqslant\frac{3\sqrt{3}}{2}$$

证明 利用 Cauchy-Schwarz 不等式,我们有

$$\left|\frac{b+c}{1+bc}+\frac{c+a}{1+ca}+\frac{a+b}{1+ab}\right|\leqslant\sqrt{3\sum_{\text{cyc}}\frac{(b+c)^2}{(1+bc)^2}}$$

于是,只要证明

$$\frac{(a+b)^2}{(1+ab)^2}+\frac{(b+c)^2}{(1+bc)^2}+\frac{(c+a)^2}{(1+ca)^2}\leqslant\frac{9}{4}$$

或

$$\frac{(1-a^2)(1-b^2)}{(1+ab)^2}+\frac{(1-b^2)(1-c^2)}{(1+bc)^2}+\frac{(1-c^2)(1-a^2)}{(1+ca)^2}\geqslant\frac{3}{4}$$

此外,对各个分母利用 Cauchy-Schwarz 不等式,我们得到

$$\sum_{\text{cyc}}\frac{(1-b^2)(1-c^2)}{(1+bc)^2}\geqslant\sum_{\text{cyc}}\frac{(1-b^2)(1-c^2)}{(1+b^2)(1+c^2)}$$

设 $x=1-a^2,y=1-b^2,z=1-c^2$. 于是,只要证明

$$\sum_{\text{cyc}}\frac{yz}{(x+z)(x+y)}\geqslant\frac{3}{4}$$

该不等式等价于以下不等式中的每一个

$$4\sum_{\text{cyc}}xy(x+y)\geqslant3(x+y)(y+z)(z+x)$$
$$xy(x+y)+yz(y+z)+zx(z+x)-6xyz\geqslant0$$
$$x(y^2+z^2)+y(z^2+x^2)+z(x^2+y^2)-6xyz\geqslant0$$
$$x(y-z)^2+y(z-x)^2+z(x-y)^2\geqslant0$$

这显然成立. □

例 29 设 $a_1,a_2,\cdots,a_n$ 是非负实数,且

$$a_1^2+a_2^2+\cdots+a_n^2=1$$

证明

$$\frac{a_1}{1-a_1^2}+\frac{a_2}{1-a_2^2}+\cdots+\frac{a_n}{1-a_n^2}\geqslant\frac{4}{a_1+a_2+\cdots+a_n}$$

证明 设 $s=a_1+a_2+\cdots+a_n$. 利用 Titu 引理,我们有

$$\frac{a_1}{1-a_1^2}+\frac{a_2}{1-a_2^2}+\cdots+\frac{a_n}{1-a_n^2}=\frac{a_1^2}{a_1-a_1^3}+\frac{a_2^2}{a_2-a_2^3}+\cdots+\frac{a_n^2}{a_n-a_n^3}$$

$$\geqslant \frac{(a_1+a_2+\cdots+a_n)^2}{a_1+a_2+\cdots+a_n-a_1^3-a_2^3-\cdots-a_n^3}$$

但是由 Cauchy-Schwarz 不等式

$$(a_1^3+a_2^3+\cdots+a_n^3)(a_1+a_2+\cdots+a_n)\geqslant (a_1^2+a_2^2+\cdots+a_n^2)^2=1$$

这意味着

$$a_1^3+a_2^3+\cdots+a_n^3\geqslant \frac{1}{s}$$

所以,只要证明

$$\frac{s^2}{s-\frac{1}{s}}\geqslant \frac{4}{s}\Leftrightarrow s^3\geqslant 4s-\frac{4}{s}\Leftrightarrow s^4-4s^2+4\geqslant 0\Leftrightarrow (s^2-2)^2\geqslant 0$$

这显然成立.

当 $a_1=a_2=\frac{1}{\sqrt{2}}$,$a_3=\cdots=a_n=0$,及其排列时,等式成立. □

例 30 设 $a_1,a_2,\cdots,a_n(n\geqslant 3)$ 是正实数,且和为 1,证明

$$\frac{1}{1-a_1}+\frac{1}{1-a_2}+\cdots+\frac{1}{1-a_n}\geqslant \frac{n+1}{n-1}\left(\frac{1}{1+a_1}+\frac{1}{1+a_2}+\cdots+\frac{1}{1+a_n}\right)$$

证明 该不等式可改写为

$$\sum_{i=1}^{n}a_i\left[\frac{1}{1-a_i}+\frac{n+1}{(n-1)(1+a_i)}\right]\geqslant \frac{2n}{n-1}$$

对于任何 $i\in\{1,2,\cdots,n\}$,由 Cauchy-Schwarz 不等式,我们有

$$\frac{1}{1-a_i}+\frac{(n+1)^2}{(n-1)^2(1+a_i)}=\frac{1}{1-a_i}+\frac{\left(\frac{n+1}{n-1}\right)^2}{1+a_i}$$

$$\geqslant \frac{\left(1+\frac{n+1}{n-1}\right)^2}{1-a_i+1+a_i}=\frac{2n^2}{(n-1)^2}$$

因此

$$\frac{1}{1-a_i}+\frac{n+1}{(n-1)(1+a_i)}\geqslant \frac{2n^2}{(n-1)^2}+\frac{n+1}{(n-1)(1+a_i)}-\frac{(n+1)^2}{(n-1)^2(1+a_i)}$$

或等价的

$$\frac{1}{1-a_i}+\frac{n+1}{(n-1)(1+a_i)}\geqslant \frac{2n^2}{(n-1)^2}-\frac{2(n+1)}{(n-1)^2(1+a_i)}$$

$$a_i\left[\frac{1}{1-a_i}+\frac{n+1}{(n-1)(1+a_i)}\right]\geqslant \frac{2n^2a_i}{(n-1)^2}-\frac{2(n+1)a_i}{(n-1)^2(1+a_i)}$$

$$a_i\left[\frac{1}{1-a_i}+\frac{n+1}{(n-1)(1+a_i)}\right]\geqslant\frac{2n^2a_i}{(n-1)^2}-\frac{2(n+1)}{(n-1)^2}+\frac{2(n+1)}{(n-1)^2(1+a_i)}$$

将这一不等式的 $i=1,2,\cdots,n$ 相加,我们有

$$\sum_{i=1}^{n}a_i\left[\frac{1}{1-a_i}+\frac{n+1}{(n-1)(1+a_i)}\right]$$

$$\geqslant\frac{2n^2}{(n-1)^2}\sum_{i=1}^{n}a_i-\frac{2n(n+1)}{(n-1)^2}+\sum_{i=1}^{n}\frac{2(n+1)}{(n-1)^2(1+a_i)}$$

或

$$\sum_{i=1}^{n}a_i\left[\frac{1}{1-a_i}+\frac{n+1}{(n-1)(1+a_i)}\right]\geqslant-\frac{2n}{(n-1)^2}+\frac{2(n+1)}{(n-1)^2}\sum_{i=1}^{n}\frac{1}{1+a_i}$$

但是,再一次利用 Cauchy-Schwarz 不等式,我们得到

$$\sum_{i=1}^{n}\frac{1}{1+a_i}\geqslant\frac{(1+1+\cdots+1)^2}{n+a_1+a_2+\cdots+a_n}=\frac{n^2}{n+1}$$

因为

$$-\frac{2n}{(n-1)^2}+\frac{2(n+1)}{(n-1)^2}\cdot\frac{n^2}{n+1}=\frac{2n}{n-1}$$

所以推出结果.

当 $a_1=a_2=\cdots=a_n=\frac{1}{n}$ 时,等式成立. □

例 31 如果 a,b,c 是正实数,证明

$$\frac{ab}{a^2+3b^2}+\frac{bc}{b^2+3c^2}+\frac{ca}{c^2+3a^2}\leqslant\frac{3}{4}$$

证明 首先乘以 2,不等式可改写为

$$\sum_{\text{cyc}}\frac{2ab}{a^2+3b^2}\leqslant\frac{3}{2}$$

或

$$\sum_{\text{cyc}}\frac{(a-b)^2+2b^2}{a^2+3b^2}\geqslant\frac{3}{2}$$

现在利用 Cauchy-Schwarz 不等式,我们有

$$\sum_{\text{cyc}}\frac{(a-b)^2+2b^2}{a^2+3b^2}\geqslant\frac{\left(\sum_{\text{cyc}}\sqrt{(a-b)^2+2b^2}\right)^2}{4(a^2+b^2+c^2)}$$

于是,只要证明

$$\left(\sum_{\text{cyc}}\sqrt{(a-b)^2+2b^2}\right)^2\geqslant 6(a^2+b^2+c^2)$$

展开后消去一些项,得到

$$\sum_{\text{cyc}}\sqrt{[(a-b)^2+2b^2][(b-c)^2+2a^2]}\geqslant a^2+b^2+c^2+ab+bc+ca$$

现在,再利用 Cauchy-Schwarz 不等式,我们注意到

$$\sqrt{[(a-b)^2+2b^2][(b-c)^2+2a^2]} \geqslant (b-a)(b-c)+2bc=b^2+ac+bc-ab$$

对 a,b,c 排列,得到两个类似的不等式.将这三个不等式相加就得到所求的结果.

当 $a=b=c$ 时,等式成立. □

例 32 设 a,b,c 是正实数,证明

$$\frac{ab}{2a^2+b^2+c^2}+\frac{bc}{2b^2+c^2+a^2}+\frac{ca}{2c^2+a^2+b^2} \leqslant \frac{3}{4}$$

证明 将不等式的每一边乘以 2,并注意到

$$\frac{2ab}{2a^2+b^2+c^2}=1-\frac{(a-b)^2+a^2+c^2}{2a^2+b^2+c^2}$$

我们可以将不等式改写为

$$\sum_{cyc}\frac{(a-b)^2}{2a^2+b^2+c^2}+\sum_{cyc}\frac{a^2}{2a^2+b^2+c^2}+\sum_{cyc}\frac{c^2}{2a^2+b^2+c^2} \geqslant \frac{3}{2}$$

不失一般性,假定 b 在 a 和 c 之间,即

$$(b-a)(b-c) \leqslant 0$$

利用 Cauchy-Schwarz 不等式,我们有以下不等式

$$\sum_{cyc}\frac{(a-b)^2}{2a^2+b^2+c^2} \geqslant \frac{[(a-b)+(b-c)+(a-c)]^2}{(2a^2+b^2+c^2)+(2b^2+c^2+a^2)+(2c^2+a^2+b^2)}$$

$$\sum_{cyc}\frac{a^2}{2a^2+b^2+c^2} \geqslant \frac{(a+b+c)^2}{(2a^2+b^2+c^2)+(2b^2+c^2+a^2)+(2c^2+a^2+b^2)}$$

$$\sum_{cyc}\frac{c^2}{2a^2+b^2+c^2} \geqslant \frac{(c+a+b)^2}{(2a^2+b^2+c^2)+(2b^2+c^2+a^2)+(2c^2+a^2+b^2)}$$

于是,只要证明

$$\frac{4(a-c)^2+2(a+b+c)^2}{4(a^2+b^2+c^2)} \geqslant \frac{3}{2}$$

进行一些计算后,得到

$$(b-a)(b-c) \leqslant 0$$

这是给出的假定,所以成立.

当 $a=b=c$ 时,等式成立. □

例 33 设 a,b,c 是正实数,证明

$$\frac{ab}{a^2+4b^2}+\frac{bc}{b^2+4c^2}+\frac{ca}{c^2+4a^2} \leqslant \frac{3}{5}$$

证明 将不等式的每一边乘以 4,并注意到

$$\frac{4ab}{a^2+4b^2}=1-\frac{(a-2b)^2}{a^2+4b^2}$$

所以可以将原不等式改写为

$$\frac{(a-2b)^2}{a^2+4b^2}+\frac{(b-2c)^2}{b^2+4c^2}+\frac{(c-2a)^2}{c^2+4a^2}\geqslant\frac{3}{5}$$

利用 Cauchy-Schwarz 不等式,我们有

$$\begin{aligned}\frac{(a-2b)^2}{a^2+4b^2}+\frac{(b-2c)^2}{b^2+4c^2}+\frac{(c-2a)^2}{c^2+4a^2}&=\frac{b^2(a-2b)^2}{a^2b^2+4b^4}+\frac{c^2(b-2c)^2}{b^2c^2+4c^4}+\frac{a^2(c-2a)^2}{c^2a^2+4a^4}\\&\geqslant\frac{(ab-2b^2+bc-2c^2+ca-2a^2)^2}{4(a^4+b^4+c^4)+a^2b^2+b^2c^2+c^2a^2}\end{aligned}$$

于是,只要证明

$$\frac{[2(a^2+b^2+c^2)-ab-bc-ca]^2}{4(a^4+b^4+c^4)+a^2b^2+b^2c^2+c^2a^2}\geqslant\frac{3}{5}$$

或

$$(a-b)^2(2a+2b-5c)^2+(b-c)^2(2b+2c-5a)^2+(c-a)^2(2c+2a-5b)^2\geqslant 0$$

成立.

当 $a=b=c$ 时,等式成立. □

例 34(Mathlinks)　设 a,b,c 是正实数,且

$$3a^2+2b^2+c^2=6$$

求

$$P=2(a+b+c)-abc$$

的最小值和最大值.

解　由 Cauchy-Schwarz 不等式和 AM-GM 不等式,我们连续有

$$\begin{aligned}[2(a+b+c)-abc]^2&=[b(2-ca)+(c+a)+(c+a)]^2\\&\leqslant(b^2+1+1)[(2-ca)^2+(c+a)^2+(c+a)^2]\\&=(b^2+2)[4+2(c^2+a^2)+c^2a^2]\\&=(a^2+2)(b^2+2)(c^2+2)\\&=36\cdot\frac{a^2+2}{2}\cdot\frac{b^2+2}{3}\cdot\frac{c^2+2}{6}\\&\leqslant\frac{36}{27}\left[\frac{a^2+2}{2}+\frac{b^2+2}{3}+\frac{c^2+2}{6}\right]^3\\&=\frac{36}{27}\cdot\frac{(3a^2+2b^2+c^2+12)^3}{6^3}=36\end{aligned}$$

因此,当 $a=0,b=1,c=2$ 时,P 有最大值 6;当 $a=0,b=-1,c=-2$ 时,P 有最小值 -6. □

例 35　设 x,y,z 是非负实数,且

$$x^2+y^2+z^2=1$$

证明

$$\sqrt{1-\left(\frac{x+y}{2}\right)^2}+\sqrt{1-\left(\frac{y+z}{2}\right)^2}+\sqrt{1-\left(\frac{x+z}{2}\right)^2}\geqslant\sqrt{6}$$

证明 原不等式等价于

$$\sum_{\text{cyc}}\sqrt{3x^2+3y^2+4z^2-2xy}\geqslant\sqrt{24(x^2+y^2+z^2)}$$

将该不等式平方后,得到

$$\sum_{\text{cyc}}\sqrt{(3x^2+3y^2+4z^2-2xy)(3x^2+4y^2+3z^2-2xz)}\geqslant\sum_{\text{cyc}}(7x^2+xy)$$

这是正确的,因为由 Cauchy-Schwarz 不等式,我们有

$$\begin{aligned}&\sum_{\text{cyc}}\sqrt{(3x^2+3y^2+4z^2-2xy)(3x^2+4y^2+3z^2-2xz)}\\&=\sum_{\text{cyc}}\sqrt{[(x-y)^2+2(x^2+y^2+z^2)+2z^2][(x-z)^2+2(x^2+y^2+z^2)+2y^2]}\\&\geqslant\sum_{\text{cyc}}[(x-y)(x-z)+2(x^2+y^2+z^2)+2yz]=\sum_{\text{cyc}}(7x^2+xy)\end{aligned}$$

当 $x=y=z=\frac{1}{\sqrt{3}}$ 时,等式成立. □

例 36 设 a,b,c 是正实数,证明

$$\sqrt{\frac{13a}{6a+7b}}+\sqrt{\frac{13b}{6b+7c}}+\sqrt{\frac{13c}{6c+7a}}\leqslant 3$$

证明 利用 Cauchy-Schwarz 不等式,我们有

$$\left(\sum_{\text{cyc}}\sqrt{\frac{13a}{6a+7b}}\right)^2\leqslant\left[\sum_{\text{cyc}}\frac{1}{(6a+7b)(6b+7c)}\right]\left[\sum_{\text{cyc}}13a(6b+7c)\right]$$

所以只要证明

$$\left[\sum_{\text{cyc}}\frac{1}{(6a+7b)(6b+7c)}\right]\left[\sum_{\text{cyc}}13a(6b+7c)\right]\leqslant 9$$

或

$$9(6a+7b)(6b+7c)(6c+7a)\geqslant 13^3(a+b+c)(ab+bc+ca)$$

展开后我们看到只要证明

$$71(a^2b+b^2c+c^2a)+449(a^2c+b^2a+c^2b)\geqslant 1\ 560abc$$

这可用两次 AM-GM 不等式

$$a^2b+b^2c+c^2a\geqslant 3\sqrt[3]{a^2b\cdot b^2c\cdot c^2a}=3abc$$

和

$$a^2c+b^2a+c^2b\geqslant 3\sqrt[3]{a^2c\cdot b^2a\cdot c^2b}=3abc$$

推得.

当 $a=b=c$ 时,等式成立. □

例 37(Vasile Cîrtoaje) 设 x,y,z 是正实数,证明

$$\frac{x}{y+z}+\frac{y}{z+x}+\frac{z}{x+y}\geqslant\frac{3}{2}+\frac{27}{16}\cdot\frac{(y-z)^2}{(x+y+z)^2}$$

证明 首先假定 $2x\leqslant y+z$. 将等式

$$\frac{y+z}{x+z}+\frac{x+z}{y+z}-2=\frac{(x-y)^2}{(x+z)(y+z)}$$

以及两个类似的对称的等式相加,我们看出原不等式可改写成

$$\sum_{\text{cyc}}\frac{(x-y)^2}{(x+z)(y+z)}\geqslant\frac{27}{8}\cdot\frac{(y-z)^2}{(x+y+z)^2}$$

但是,由 Cauchy-Schwarz 不等式

$$\frac{(x-y)^2}{(x+z)(y+z)}+\frac{(x-z)^2}{(x+y)(y+z)}\geqslant\frac{(y-x+x-z)^2}{(x+z)(y+z)+(x+y)(y+z)}$$

$$=\frac{(y-z)^2}{(2x+y+z)(y+z)}$$

于是,只要证明如果 $2x\leqslant y+z$,那么有

$$\frac{1}{(2x+y+z)(y+z)}+\frac{1}{(x+y)(x+z)}\geqslant\frac{27}{8(x+y+z)^2}$$

使用代换 $a=x+y,b=z+x,c=y+z$,我们必须证明如果 $2c\geqslant a+b$,那么

$$2(a+b+c)^2(ab+bc+ca)\geqslant 27abc(a+b)$$

或

$$\left(2+\frac{2c}{a+b}\right)^2\left(1+\frac{c}{a}+\frac{c}{b}\right)\geqslant 27\cdot\frac{2c}{a+b}$$

由 Cauchy-Schwarz 不等式,我们有

$$\frac{c}{a}+\frac{c}{b}\geqslant\frac{4c}{a+b}$$

设 $t=\dfrac{2c}{a+b}\geqslant 1$,余下来要证明的是

$$(t+2)^2(1+2t)\geqslant 27t$$

由 AM-GM 不等式,上式显然成立,即

$$(t+2)^2\geqslant 9\sqrt[3]{t^2}$$

以及

$$1+2t\geqslant 3\sqrt[3]{t}$$

现在假定 $2x\geqslant y+z$,由上面的同样的记号 $a=x+y,b=z+x,c=y+z$,我们有 $t=\dfrac{2c}{a+b}\leqslant 1$,题目中的不等式可写成

$$\frac{a+b}{2c}+\frac{(a+b+c)(a+b)}{2ab}\geqslant 4+\frac{27}{4}\cdot\frac{(a-b)^2}{(a+b+c)^2}$$

或

$$\frac{a+b}{2c}+\frac{(a+b+c)(a+b)}{2ab}+\frac{27ab}{(a+b+c)^2}\geqslant 4+\frac{27}{4}\cdot\frac{(a+b)^2}{(a+b+c)^2}$$

但是由 AM-GM 不等式,我们有

$$\frac{(a+b+c)(a+b)}{2ab}+\frac{27ab}{(a+b+c)^2}\geqslant 6\sqrt{\frac{3(a+b)}{2(a+b+c)}}$$

于是,只要证明

$$\frac{a+b}{2c}+6\sqrt{\frac{3(a+b)}{2(a+b+c)}}\geqslant 4+\frac{27}{4}\cdot\frac{(a+b)^2}{(a+b+c)^2}$$

或

$$\frac{1}{t}+6\sqrt{\frac{3}{2+t}}\geqslant 4+\frac{27}{(2+t)^2}$$

设$\frac{3}{2}\geqslant u^2\geqslant\frac{3}{2+t}\geqslant 1$,该不等式变为

$$\frac{u^2}{3-2u^2}+6u\geqslant 4+3u^4\Leftrightarrow(u-1)^2[6(u^3-1)(u+2)+9u^2]\geqslant 0$$

这显然成立. □

例 38(Mathlinks) 设 a,b,c,d 是正实数,且

$$a+b+c+d=4$$

证明

$$27\left(\frac{1}{a}+\frac{1}{b}+\frac{1}{c}+\frac{1}{d}\right)\geqslant 9(a^3+b^3+c^3+d^3)+8$$

证明 不失一般性,假定 $a\geqslant b\geqslant c\geqslant d$. 注意到当 $a=3,b=c=d=\frac{1}{3}$ 时,等式成立.

原不等式可连续写成以下形式

$$\sum_{b,c,d}9\left[\frac{3}{b}-b^3-9+\frac{1}{27}+\left(27+\frac{1}{3}\right)b-\frac{1}{3}\left(27+\frac{1}{3}\right)\right]$$
$$\geqslant 9\left[a^3-\frac{3}{a}-27+1-\left(27+\frac{1}{3}\right)a+3\left(27+\frac{1}{3}\right)\right]$$

或

$$\sum_{b,c,d}\frac{(3b-1)^2(-3b^2-2b+81)}{3b}\geqslant\frac{3(a-3)^2(3a^2+18a-1)}{a}$$

但是对于任何 $x\in\{b,c,d\}$,有 $-3x^2-2x+81\geqslant -3a^2-2a+81$,于是只要证明

$$(-3a^2-2a+81)\sum_{b,c,d}\frac{(3b-1)^2}{3b}\geqslant\frac{3(a-3)^2(3a^2+18a-1)}{a}$$

由 Cauchy-Schwarz 不等式,我们有

$$\sum_{b,c,d}\frac{(3b-1)^2}{3b}\geqslant\frac{[3(b+c+d)-3]^2}{3(b+c+d)}=\frac{3(3-a)^2}{4-a}$$

所以,余下的是要证明

$$\frac{3\,(a-3)^2(-3a^2-2a+81)}{4-a} \geqslant \frac{3\,(a-3)^2(3a^2+18a-1)}{a}$$

或

$$\frac{12\,(a-3)^2\,(a+1)^2}{a(4-a)} \geqslant 0$$

这显然成立. □

1.4 Aczél 不等式

在 1956 年,Aczél 证明了以下结果:

定理 3(Aczél 不等式) 对于一切实数 $a_1,a_2,\cdots,a_n$ 和 $b_1,b_2,\cdots,b_n$,且

$$a_1^2 \geqslant a_2^2+\cdots+a_n^2 \text{ 或 } b_1^2 \geqslant b_2^2+\cdots+b_n^2$$

那么我们有

$$(a_1b_1-a_2b_2-\cdots-a_nb_n)^2 \geqslant (a_1^2-a_2^2-\cdots-a_n^2)(b_1^2-b_2^2-\cdots-b_n^2)$$

证明 由对称性,我们可以假定 $a_1^2 \geqslant a_2^2+\cdots+a_n^2$. 考虑函数

$$\begin{aligned} f(x) &= (a_1x-b_1)^2-\sum_{i=2}^{n}(a_ix-b_i)^2 \\ &= (a_1^2-a_2^2-\cdots-a_n^2)x^2-2(a_1b_1-a_2b_2-\cdots-a_nb_n)x+(b_1^2-b_2^2-\cdots-b_n^2) \end{aligned}$$

我们有

$$f\left(\frac{b_1}{a_1}\right) = -\sum_{i=2}^{n}\left(a_i\frac{b_1}{a_1}-b_i\right)^2 \leqslant 0$$

由 $a_1^2 \geqslant a_2^2+\cdots+a_n^2$,得到 $\lim\limits_{x\to\infty} f(x) \to \infty$. 于是,$f(x)$ 必定至少有一个根,这意味着

$$\Delta = (a_1b_1-a_2b_2-\cdots-a_nb_n)^2-(a_1^2-a_2^2-\cdots-a_n^2)(b_1^2-b_2^2-\cdots-b_n^2) \geqslant 0$$

这正是要证明的结果.

当且仅当对一切 i,存在某个实数 t,使 $b_i=ta_i$,或当 $a_1=a_2=\cdots=a_n=0$ 时,等式成立. □

例 39(Titu Andreescu) 在 $\triangle ABC$ 中,$\angle C>90^\circ$,且

$$3a+\sqrt{15ab}+5b=7c$$

证明

$$\angle C \leqslant 120^\circ$$

证明 我们有 $\sqrt{15ab}=7c-3a-5b$. 因为 $7^2-3^2-5^2>0$,$c^2-a^2-b^2>0$,由 Aczél 不等式

$$15ab=(7c-3a-5b)^2 \geqslant (7^2-3^2-5^2)(c^2-a^2-b^2)=15(-2ab\cos\angle C)$$

由此推出 $-\frac{1}{2} \leqslant \cos \angle C$,所以 $\angle C \leqslant 120^\circ$,这就是所求的.

当且仅当 $\frac{a}{3}=\frac{b}{5}=\frac{c}{7}$ 时,等式成立. □

例 40(Titu Andreescu) 设 a,b,c,d,x,y,z,t 是正实数,且 $a^2+b^2+c^2+d^2=x^2+y^2+z^2+t^2=1$,证明

$$ax+\sqrt{(b^2+c^2)(y^2+z^2)}+dt \leqslant 1$$

证明 我们有 $1-a^2-d^2=b^2+c^2>0$ 和 $1-x^2-t^2=y^2+z^2>0$,所以由 Aczél 不等式

$$(1-ax-dt)^2 \geqslant (1-a^2-d^2)(1-x^2-t^2)=(b^2+c^2)(y^2+z^2)$$

由 Cauchy-Schwarz 不等式

$$ax+dt \leqslant \sqrt{(a^2+d^2)(x^2+t^2)}<1$$

推出

$$1-ax-dt \geqslant \sqrt{(b^2+c^2)(y^2+z^2)}$$

因此得到结论.

当且仅当 $a=x$ 和 $d=t$ 时,等式成立. □

例 41(Titu Andreescu,Dorin Andrica,USA TST 2004) 假定 $a_1,a_2,\cdots,a_n$ 和 $b_1,b_2,\cdots,b_n$ 是实数,且

$$(a_1^2+a_2^2+\cdots+a_n^2-1)(b_1^2+b_2^2+\cdots+b_n^2-1)>(a_1b_1+a_2b_2+\cdots+a_nb_n-1)^2$$

证明

$$a_1^2+a_2^2+\cdots+a_n^2>1, b_1^2+b_2^2+\cdots+b_n^2>1$$

证明 假定结论不成立,那么

$$\sum_{i=1}^{n} a_i^2<1, \sum_{i=1}^{n} b_i^2<1$$

这是因为已知条件中的左边之积为正,但是由 Aczél 不等式

$$(1-a_1^2-a_2^2-\cdots-a_n^2)(1-b_1^2-b_2^2-\cdots-b_n^2) \leqslant (1-a_1b_1-a_2b_2-\cdots-a_nb_n)^2$$

这与假定矛盾. □

例 42(Mathlinks) 设 x,y 是实数,且

$$\sqrt{1-\frac{x^2}{4}}+\sqrt{1-\frac{y^2}{16}}=\frac{3}{2}$$

求 xy 的最大值.

解 由 Aczél 不等式,我们有

$$\left(1-\frac{x^2}{4}\right)\left(1-\frac{y^2}{16}\right) \leqslant \left(1-\frac{xy}{8}\right)^2 \tag{1}$$

将已知条件平方后，再利用式(1)，得到

$$\frac{9}{4}=1-\frac{x^2}{4}+1-\frac{y^2}{16}+2\sqrt{\left(1-\frac{x^2}{4}\right)\left(1-\frac{y^2}{16}\right)}$$

$$\leqslant 2-\frac{x^2}{4}-\frac{y^2}{16}+2\left(1-\frac{xy}{8}\right)$$

$$\leqslant 2-\frac{xy}{4}+2-\frac{xy}{4}=4-\frac{xy}{2}$$

因此 $xy\leqslant\frac{7}{2}$. 当 $y=2x=\sqrt{7}$ 时，等式成立. □

例 43(Marius Stănean) 设 a,b 是实数，且

$$\sqrt{1-\frac{a^2}{9}-\frac{b^2}{4}}+\sqrt{1-a^2-\frac{b^2}{36}}=\frac{4}{3}$$

求 $2a+b$ 的最大值.

解 显然

$$1-\frac{a^2}{9}-\frac{b^2}{4}>0$$

$$1-a^2-\frac{b^2}{36}>0$$

在已知条件中，利用不等式 $x^2+y^2\geqslant 2xy$，得到

$$\frac{4}{3}=\sqrt{1-\frac{a^2}{9}-\frac{b^2}{4}}+\sqrt{1-a^2-\frac{b^2}{36}}$$

$$\leqslant\sqrt{1-2\cdot\frac{a}{3}\cdot\frac{b}{2}}+\sqrt{1-2\cdot a\cdot\frac{b}{6}}$$

$$=2\sqrt{1-\frac{ab}{3}}$$

得到 $ab\leqslant\frac{5}{3}$.

由 Aczél 不等式，我们有

$$\sqrt{\left(1-\frac{a^2}{9}-\frac{b^2}{4}\right)\left(1-a^2-\frac{b^2}{36}\right)}\leqslant\left|1-\frac{a}{3}\cdot\frac{b}{6}-\frac{b}{2}\cdot a\right|$$

$$=\left|1-\frac{5ab}{9}\right|=1-\frac{5ab}{9}$$

这是因为 $\frac{5ab}{9}\leqslant\frac{25}{27}<1$.

将已知条件的两边平方，得到

$$\frac{16}{9}=1-\frac{a^2}{9}-\frac{b^2}{4}+1-a^2-\frac{b^2}{36}+2\sqrt{\left(1-\frac{a^2}{9}-\frac{b^2}{4}\right)\left(1-a^2-\frac{b^2}{36}\right)}$$

$$\leqslant 1-\frac{a^2}{9}-\frac{b^2}{4}+1-a^2-\frac{b^2}{36}+2\left(1-\frac{5ab}{9}\right)$$
$$=4-\frac{10a^2}{9}-\frac{10b^2}{36}-\frac{10ab}{9}$$

因此

$$40a^2+40ab+10b^2\leqslant 80\Leftrightarrow(2a+b)^2\leqslant 8\Leftrightarrow 2a+b\leqslant 2\sqrt{2}$$

当 $2a=b=\sqrt{2}$ 时,等式成立. □

1.5 Jensen 不等式

在定义了凸函数和凹函数的概念后,随之而来的是 Jensen 不等式.

定义 1 设 $f:I\subseteq\mathbf{R}\mapsto\mathbf{R}$ 是一个实函数. 如果对一切 $a,b\in I$ 和一切 $t\in[0,1]$,有

$$f(ta+(1-t)b)\leqslant tf(a)+(1-t)f(b)$$

那么我们就说 f 在 I 上是凸函数.

如果不等式的方向改变,我们就说 f 在 I 上是凹函数.

定理 4(Jensen 不等式) 设 $f:I\mapsto\mathbf{R}$ 是一个凸函数,那么对任何 $x_1,x_2,\cdots,x_n\in I$,以及任何非负实数 $a_1,a_2,\cdots,a_n$,且 $a_1+a_2+\cdots+a_n=1$,我们有

$$a_1f(x_1)+a_2f(x_2)+\cdots+a_nf(x_n)\geqslant f(a_1x_1+a_2x_2+\cdots+a_nx_n)$$

当 f 在包含一切 x_i,且 $a_i>0$ 的区间上是线性函数时,等式成立. 如果 f 是凹函数,那么不等式的方向改变.

证明 我们将用数学归纳法证明. 当 $n=2$ 时,我们有

$$f(a_1x_1+a_2x_2)\leqslant a_1f(x_1)+a_2f(x_2)$$

因为 f 是凸函数,且 $a_1+a_2=1$,所以上面的不等式成立. 假定对于任何实数 $a_1,a_2,\cdots,a_n\in[0,1]$,$a_1+a_2+\cdots+a_n=1$,且对任何 $x_1,x_2,\cdots,x_n\in I$,我们有

$$f\left(\sum_{k=1}^{n}a_kx_k\right)\leqslant\sum_{k=1}^{n}a_kf(x_k)$$

我们必须看到

$$f\left(\sum_{k=1}^{n+1}a_kx_k\right)\leqslant\sum_{k=1}^{n+1}a_kf(x_k)$$

其中,$a_1,a_2,\cdots,a_n,a_{n+1}\in[0,1]$,且 $a_1+a_2+\cdots+a_n+a_{n+1}=1$ 以及 $x_1,x_2,\cdots,x_n,x_{n+1}\in I$.

设 $a=\sum_{k=1}^{n}a_k$,那么我们有 $\sum_{k=1}^{n}\frac{a_k}{a}=1$,$\sum_{k=1}^{n}\left(\frac{a_k}{a}\right)x_k\in I$ 以及 $a+a_{n+1}=1$.

现在,考虑到 $n=2$ 的情况和归纳假定,得到

$$f\left(\sum_{k=1}^{n+1}a_kx_k\right)=f\left[a\left(\sum_{k=1}^{n}\left(\frac{a_k}{a}\right)x_k\right)+a_{n+1}x_{n+1}\right]$$

$$\leqslant af\left(\sum_{k=1}^{n}\left(\frac{a_k}{a}\right)x_k\right)+a_{n+1}f(x_{n+1})$$

$$\leqslant a\sum_{k=1}^{n}\left(\frac{a_k}{a}\right)f(x_k)+a_{n+1}f(x_{n+1})$$

$$=\sum_{k=1}^{n+1}a_kf(x_k)$$

由数学归纳法原理知命题得证.

当 f 在包含一切 x_i，且 $a_i>0$ 的区间 I 上是线性函数时，等式成立. □

例 44(IMO Shortlist 2016) 设 a,b,c 是正实数，且 $\min\{ab,bc,ca\}\geqslant 1$，证明

$$\sqrt[3]{(a^2+1)(b^2+1)(c^2+1)}\leqslant\left(\frac{a+b+c}{3}\right)^2+1$$

证明 对一切 $x>0$，定义 $f(x)=\log(1+x^2)$. 注意到给定的不等式等价于证明对于一切有效的三元数组 (a,b,c)，有

$$f(a)+f(b)+f(c)\leqslant 3f\left(\frac{a+b+c}{3}\right)$$

此外，因为 $\frac{2(1-x^2)}{(1+x^2)^2}\leqslant 0$ 是 f 的二阶导数，所以 f 在 $[1,+\infty)$ 上是凹函数. 但是我们不能应用Jensen不等式，因为我们不知道 a,b,c 是否在区间 $[1,+\infty)$ 上. 由于对于任何 $\{x,y,z\}=\{a,b,c\}$，我们有

$$\left(\frac{x+y}{2}\right)^2\geqslant xy\geqslant\min\{ab,bc,ca\}\geqslant 1\Rightarrow\frac{x+y}{2}\geqslant 1$$

所以 Jensen 不等式证明了

$$f\left(\frac{a+b}{2}\right)+f\left(\frac{b+c}{2}\right)+f\left(\frac{c+a}{2}\right)\leqslant 3f\left(\frac{a+b+c}{3}\right)$$

余下来的是要证明

$$f(a)+f(b)+f(c)\leqslant f\left(\frac{a+b}{2}\right)+f\left(\frac{b+c}{2}\right)+f\left(\frac{c+a}{2}\right)$$

但是，对于使 $xy\geqslant 1$ 的 $x,y>0$，我们有

$$\frac{f(x)+f(y)}{2}\leqslant f\left(\frac{x+y}{2}\right)$$

因为这个不等式等价于

$$(1+x^2)(1+y^2)\leqslant\left[1+\left(\frac{x+y}{2}\right)^2\right]^2$$

或

$$\frac{1}{8}(x-y)^2[(x+y)^2+4xy-8]\geqslant 0$$

这显然成立. 因此不等式得证. □

例 45 证明:如果 $x, y, z \geqslant 0$,那么

$$\frac{1}{\sqrt{4x^2+yz}}+\frac{1}{\sqrt{4y^2+zx}}+\frac{1}{\sqrt{4z^2+xy}} \geqslant \frac{2}{\sqrt{xy+yz+zx}}$$

证明 由不等式的调和形式,我们设 $x+y+z=1$. 因为

$$f(t)=\frac{1}{\sqrt{t}}$$

是凸函数,由 Jensen 不等式,得到

$$\begin{aligned}\sum_{\text{cyc}} \frac{1}{\sqrt{4x^2+yz}} &= \sum_{\text{cyc}} \frac{y+z}{2} \frac{1}{\sqrt{\frac{(y+z)^2(4x^2+yz)}{4}}} \\ &\geqslant \frac{x+y+y+z+z+x}{2} \cdot \frac{1}{\sqrt{\sum_{\text{cyc}} \frac{(y+z)^3(4x^2+yz)}{8}}} \\ &= \frac{1}{\sqrt{\sum_{\text{cyc}} \frac{(y+z)^3(4x^2+yz)}{8}}}\end{aligned}$$

于是,余下来的是要证明

$$2(x+y+z)^3(xy+yz+zx) \geqslant \sum_{\text{cyc}} (y+z)^3(4x^2+yz)$$

这等价于

$$\sum_{\text{sym}} (x^4y-x^3y^2+7x^3yz) \geqslant 0$$

或

$$(x^4+y^4+z^4)(x+y+z)-(x^3+y^3+z^3)(x^2+y^2+z^2)+14xyz(x^2+y^2+z^2) \geqslant 0$$

但这一不等式是成立的,因为由 Cauchy-Schwarz 不等式,我们有

$$(x^4+y^4+z^4)(x^2+y^2+z^2) \geqslant (x^3+y^3+z^3)^2$$

$$(x^3+y^3+z^3)(x+y+z) \geqslant (x^2+y^2+z^2)^2$$

将这两式相乘,得到

$$(x^4+y^4+z^4)(x+y+z) \geqslant (x^3+y^3+z^3)(x^2+y^2+z^2)$$

当 $x=0, y=z$ 或它们的排列时,等式成立. □

1.6 一般的加权幂平均不等式

定理 1 的一般化由以下定理给出.

定理 5(一般的加权幂平均不等式) 设 $w_1, w_2, \cdots, w_n$ 是正实数,且 $w_1+w_2+\cdots+w_n=1$. 对于任何正实数 $a_1, a_2, \cdots, a_n$,函数 $f: \mathbf{R} \mapsto \mathbf{R}$ 定义为

$$f(x)=(w_1a_1^x+w_2a_2^x+\cdots+w_na_n^x)^{\frac{1}{x}}$$

是非递减的，且以下极限成立

$$\lim_{x\to-\infty}f(x)=\min_{1\leqslant i\leqslant n}\{a_i\}$$

$$\lim_{x\to 0}f(x)=a_1^{w_1}a_2^{w_2}\cdots a_n^{w_n}$$

$$\lim_{x\to\infty}f(x)=\max_{1\leqslant i\leqslant n}\{a_i\}$$

证明 设 $0<r<s$. 考虑函数 $g:[0,+\infty)\mapsto\mathbf{R}$ 定义为 $g(x)=x^{\frac{s}{r}}$. 因为

$$g''(x)=\frac{s}{r}\left(\frac{s}{r}-1\right)x^{\frac{s}{r}-2}\geqslant 0,x\geqslant 0$$

所以 g 在 $[0,+\infty)$ 上是凸函数. 利用 Jensen 不等式，得到

$$g\left(\sum_{i=1}^{n}w_ia_i^r\right)\leqslant\sum_{i=1}^{n}w_ig(a_i^r)$$

或

$$\left(\sum_{i=1}^{n}w_ia_i^r\right)^{\frac{s}{r}}\leqslant\sum_{i=1}^{n}w_ia_i^s$$

由此推出 $f(r)\leqslant f(s)$.

对于 $-s<-r<0$，我们对 $b_i=\dfrac{1}{a_i}$ 利用上面的不等式.

设 $M_{-\infty}=\lim\limits_{x\to-\infty}f(x)$，那么利用洛必达法则，我们有

$$\begin{aligned}\ln M_{-\infty}&=\lim_{x\to-\infty}\ln(w_1a_1^x+w_2a_2^x+\cdots+w_na_n^x)^{\frac{1}{x}}\\&=\lim_{x\to-\infty}\left[\frac{1}{x}\ln(w_1a_1^x+w_2a_2^x+\cdots+w_na_n^x)\right]\\&=\lim_{x\to-\infty}\frac{w_1a_1^x\ln a_1+w_2a_2^x\ln a_2+\cdots+w_na_n^x\ln a_n}{w_1a_1^x+w_2a_2^x+\cdots+w_na_n^x}\\&=\ln\left(\min_{1\leqslant i\leqslant n}\{a_i\}\right)\end{aligned}$$

由此推出

$$M_{-\infty}=\min_{1\leqslant i\leqslant n}\{a_i\}$$

类似的，得到

$$M_{\infty}=\max_{1\leqslant i\leqslant n}\{a_i\}$$

设 $M_0=\lim\limits_{x\to 0}f(x)$，我们有

$$\begin{aligned}\ln M_0&=\lim_{x\to 0}\left[\frac{1}{x}\ln(w_1a_1^x+w_2a_2^x+\cdots+w_na_n^x)\right]\\&=\lim_{x\to 0}\frac{w_1a_1^x\ln a_1+w_2a_2^x\ln a_2+\cdots+w_na_n^x\ln a_n}{w_1a_1^x+w_2a_2^x+\cdots+w_na_n^x}\end{aligned}$$

$$=\frac{w_1\ln a_1+w_2\ln a_2+\cdots+w_n\ln a_n}{w_1+w_2+\cdots+w_n}$$

$$=\ln(a_1^{w_1}a_2^{w_2}\cdots a_n^{w_n})$$

由此得 $M_0=a_1^{w_1}a_2^{w_2}\cdots a_n^{w_n}$,证明完毕. □

这一结论的推论是以下结果.

推论 2(加权 AM-GM 不等式) 设 $w_1,w_2,\cdots,w_n$ 是正实数,且 $w_1+w_2+\cdots+w_n=1$. 对于任何正实数 $a_1,a_2,\cdots,a_n$,我们有

$$w_1a_1+w_2a_2+\cdots+w_na_n\geqslant a_1^{w_1}a_2^{w_2}\cdots a_n^{w_n}$$

当且仅当一切 $a_i(i=1,2,\cdots,n)$ 都相等时,等式成立.

例 46 设 x,y,z 是正实数,证明

$$x+2y+5z\geqslant 12\sqrt{\frac{xyz}{x+y+z}}$$

证明 利用代换 $x=3a,y=2b,z=c,a,b,c>0$,我们得到等价的不等式

$$(3a+4b+5c)\sqrt{3a+2b+c}\geqslant 12\sqrt{6abc}$$

利用加权 AM-GM 不等式,我们有

$$\frac{3}{12}a+\frac{4}{12}b+\frac{5}{12}c\geqslant a^{\frac{3}{12}}b^{\frac{4}{12}}c^{\frac{5}{12}}$$

即

$$3a+4b+5c\geqslant 12a^{\frac{3}{12}}b^{\frac{4}{12}}c^{\frac{5}{12}} \tag{1}$$

和

$$\frac{3}{6}a+\frac{2}{6}b+\frac{1}{6}c\geqslant a^{\frac{3}{6}}b^{\frac{2}{6}}c^{\frac{1}{6}}$$

这意味着

$$\sqrt{3a+2b+c}\geqslant\sqrt{6}\,a^{\frac{3}{12}}b^{\frac{2}{12}}c^{\frac{1}{12}} \tag{2}$$

将式(1) 和(2) 相乘,得到所求的结果.

当 $a=b=c=1$,即 $x=3,y=2,z=1$ 时,等式成立. □

例 47 设 x,y,z 是正实数,且 $x^5+y^5+z^5=3$,证明

$$\frac{x^4}{y^3}+\frac{y^4}{z^3}+\frac{z^4}{x^3}\geqslant 3$$

证明 用加权 AM-GM 不等式,我们有

$$5\cdot\frac{x^4}{y^3}+x^{10}+3\cdot x^5y^5\geqslant 9\sqrt[9]{\left(\frac{x^4}{y^3}\right)^5\cdot x^{10}\cdot(x^5y^5)^3}=9x^5$$

所以

$$\sum_{\text{cyc}}\left(5\cdot\frac{x^4}{y^3}+x^{10}+3\cdot x^5y^5\right)\geqslant 9(x^5+y^5+z^5)=27 \tag{1}$$

另一方面，由熟知的不等式

$$3(a^2+b^2+c^2)\geqslant(a+b+c)^2$$

得到

$$3(x^{10}+y^{10}+z^{10})\geqslant(x^5+y^5+z^5)^2$$

它等价于

$$\frac{1}{2}(x^{10}+y^{10}+z^{10})\geqslant\frac{3}{2}$$

将最后一个不等式加到式(1)，得到

$$\sum_{\text{cyc}}\left(5\cdot\frac{x^4}{y^3}+\frac{3}{2}x^{10}+3\cdot x^5y^5\right)\geqslant 27+\frac{3}{2}$$

它等价于以下不等式中的每一个

$$5\sum_{\text{cyc}}\frac{x^4}{y^3}+\frac{3}{2}(x^5+y^5+z^5)^2\geqslant 27+\frac{3}{2}$$

$$\frac{x^4}{y^3}+\frac{y^4}{z^3}+\frac{z^4}{x^3}\geqslant 3$$

这就是所求的.

当 $x=y=z=1$ 时，等式成立. □

例 48(Sladjan Stankovik) 如果 a,b,c 是正实数，且 $a^2+b^2+c^2=4$，证明

$$\frac{a}{bc}+\frac{2b}{ca}+\frac{5c}{ab}\geqslant 6$$

证明 去分母后，不等式变为

$$a^2+2b^2+5c^2\geqslant 6abc$$

因此，写成齐次形式就变为

$$(a^2+b^2+c^2)(a^2+2b^2+5c^2)^2\geqslant 144a^2b^2c^2$$

设 $x=a^2,y=2b^2,z=5c^2,x,y,z>0$，则不等式可改写为

$$\left(x+\frac{y}{2}+\frac{z}{5}\right)(x+y+z)^2\geqslant 144\,\frac{xyz}{10}$$

或

$$(10x+5y+2z)(x+y+z)^2\geqslant 144xyz$$

利用加权 AM-GM 不等式，我们得到

$$x+y+z=3\left(\frac{x}{3}\right)+4\left(\frac{y}{4}\right)+5\left(\frac{z}{5}\right)\geqslant 12\sqrt[12]{\left(\frac{x}{3}\right)^3\left(\frac{y}{4}\right)^4\left(\frac{z}{5}\right)^5}$$

因此

$$(x+y+z)^2\geqslant 144\sqrt[6]{\frac{x^3y^4z^5}{2^8 3^3 5^5}} \tag{1}$$

此外，我们有

$$10x+5y+2z=3\left(\frac{10x}{3}\right)+2\left(\frac{5y}{2}\right)+2z$$
$$\geqslant 6\sqrt[6]{\left(\frac{10x}{3}\right)^3\left(\frac{5y}{2}\right)^2 2z}$$
$$=6\sqrt[6]{\frac{2^2 5^5 x^3 y^2 z}{3^3}} \tag{2}$$

将(1)(2) 两式相乘,得到所求的不等式.

当 $\frac{x}{3}=\frac{y}{4}=\frac{z}{5}\Leftrightarrow\frac{a^2}{3}=\frac{b^2}{2}=c^2$ 时,即 $a=\sqrt{2}$,$b=\frac{2}{\sqrt{3}}$,$c=\frac{\sqrt{2}}{\sqrt{3}}$ 时,等式成立. □

例 49(Mathematics and Youth Magazine,2017) 设 a,b,c 是正实数,且 $24ab+44bc+33ac\leqslant 1$,求表达式

$$P=\frac{1}{a}+\frac{1}{b}+\frac{1}{c}$$

的最小值.

解 因为

$$P=\frac{ab+bc+ca}{abc}$$

我们将求一个正实数 k,使以下不等式成立

$$(ab+bc+ca)^2(24ab+44bc+33ac)\geqslant k^2a^2b^2c^2$$

为计算简便,设 $x=ab$,$y=bc$,$z=ca$,上面的不等式就变为

$$(x+y+z)^2(24x+44y+33z)\geqslant kxyz \tag{1}$$

假定当 $\frac{x}{p}=\frac{y}{q}=\frac{z}{r}$ 时得到等式的情况,这里 p,q,r 是正实数. 我们将设法求出这三个数.

利用加权 AM-GM 不等式,我们有

$$x+y+z=p\cdot\frac{x}{p}+q\cdot\frac{y}{q}+r\cdot\frac{z}{r}$$
$$\geqslant(p+q+r)\left(\frac{x}{p}\right)^{\frac{p}{p+q+r}}\left(\frac{y}{q}\right)^{\frac{q}{p+q+r}}\left(\frac{z}{r}\right)^{\frac{r}{p+q+r}}$$

以及

$$24x+44y+33z=24p\cdot\frac{x}{p}+44q\cdot\frac{y}{q}+33r\cdot\frac{z}{r}$$
$$\geqslant(24p+44q+33r)\left(\frac{x}{p}\right)^{\frac{24p}{24p+44q+33r}}\left(\frac{y}{q}\right)^{\frac{44q}{24p+44q+33r}}\left(\frac{z}{r}\right)^{\frac{33r}{24p+44q+33r}}$$

为了得到不等式(1),我们需要右边的指数都是 1. 这样就得到以下条件

$$\begin{cases}\dfrac{2p}{p+q+r}+\dfrac{24p}{24p+44q+33r}=1\\ \dfrac{2q}{p+q+r}+\dfrac{44q}{24p+44q+33r}=1\\ \dfrac{2r}{p+q+r}+\dfrac{33r}{24p+44q+33r}=1\end{cases}$$

该方程组的解是$\frac{p}{11}=\frac{q}{9}=\frac{r}{10}=1$.(实际上,这是 $p,q,r>0$ 的唯一解.)于是,上述不等式可改写为

$$x+y+z\geqslant 30\left(\frac{x}{11}\right)^{\frac{11}{30}}\left(\frac{y}{9}\right)^{\frac{9}{30}}\left(\frac{z}{10}\right)^{\frac{10}{30}}$$

或,两边平方后,有

$$(x+y+z)^2\geqslant 900\left(\frac{x}{11}\right)^{\frac{22}{30}}\left(\frac{y}{9}\right)^{\frac{18}{30}}\left(\frac{z}{10}\right)^{\frac{20}{30}}$$

此外

$$\begin{aligned}24x+44y+33z&\geqslant 990\left(\frac{x}{11}\right)^{\frac{264}{990}}\left(\frac{y}{9}\right)^{\frac{396}{990}}\left(\frac{z}{10}\right)^{\frac{330}{990}}\\&=990\left(\frac{x}{11}\right)^{\frac{8}{30}}\left(\frac{y}{9}\right)^{\frac{12}{30}}\left(\frac{z}{10}\right)^{\frac{10}{30}}\end{aligned}$$

将这两个不等式相乘,得到

$$(x+y+z)^2(24x+44y+33z)\geqslant 900\cdot 990\cdot\frac{x}{11}\cdot\frac{y}{9}\cdot\frac{z}{10}$$

或

$$(x+y+z)^2(24x+44y+33z)\geqslant 900xyz$$

或

$$(ab+bc+ca)^2(24ab+44bc+33ac)\geqslant 900a^2b^2c^2$$

于是,$k=30$,且

$$P^2\geqslant\frac{900}{24ab+44bc+33ac}\geqslant 900$$

所以,P 的最小值是 30.当$\frac{ab}{11}=\frac{bc}{9}=\frac{ac}{10}$,以及 $24ab+44bc+33ac=1$ 时,即 $9a=10b=11c=1$ 时,等式成立. □

1.7 Hölder 不等式

Hölder 不等式是关于数列的命题,该命题将 Cauchy-Schwarz 不等式推广为多重数列和不同的指数.我们从作为加权 AM-GM 不等式的特殊情况的 Young 不等式开始说

起.这一不等式在实分析中十分有用,也作为证明 Hölder 不等式的一种工具.

定理 6(Young 不等式) 设 $a,b>0$, $p,q>1$ 是实数,且 $\frac{1}{p}+\frac{1}{q}=1$,那么

$$ab\leqslant\frac{a^p}{p}+\frac{b^q}{q}$$

当且仅当 $a^p=b^q$ 时,等式成立.

证明 函数 $f(x)=\mathrm{e}^x$ 在 $(0,+\infty)$ 上是凸函数.

如果我们设 $x=p\ln a$, $y=q\ln b$,那么由 Jensen 不等式,得到

$$f\left(\frac{x}{p}+\frac{y}{q}\right)\leqslant\frac{1}{p}f(x)+\frac{1}{q}f(y)$$

这一不等式等价于以下不等式中的每一个

$$\mathrm{e}^{\frac{x}{p}+\frac{y}{q}}\leqslant\frac{\mathrm{e}^x}{p}+\frac{\mathrm{e}^y}{q}$$

$$\mathrm{e}^{\ln a+\ln b}\leqslant\frac{\mathrm{e}^{p\ln a}}{p}+\frac{\mathrm{e}^{q\ln b}}{q}$$

$$\mathrm{e}^{\ln ab}\leqslant\frac{\mathrm{e}^{\ln a^p}}{p}+\frac{\mathrm{e}^{\ln b^q}}{q}$$

$$ab\leqslant\frac{a^p}{p}+\frac{b^q}{q}$$

这就是所求的.

当且仅当 $x=y$ 时,即 $a^p=b^q$ 时,等式成立. □

定理 7(Hölder 不等式) 设 $a_1,a_2,\cdots,a_n,b_1,b_2,\cdots,b_n$ 是正实数,$p,q>1$,且 $\frac{1}{p}+\frac{1}{q}=1$,那么

$$\sum_{i=1}^n a_ib_i\leqslant\left(\sum_{i=1}^n a_i^p\right)^{\frac{1}{p}}\left(\sum_{i=1}^n b_i^q\right)^{\frac{1}{q}}$$

当且仅当 $\frac{a_1^p}{b_1^q}=\frac{a_2^p}{b_2^q}=\cdots=\frac{a_n^p}{b_n^q}$ 时,等式成立.

证明 将 Young 不等式应用于

$$a=\frac{a_i}{\left(\sum\limits_{i=1}^n a_i^p\right)^{\frac{1}{p}}},b=\frac{b_i}{\left(\sum\limits_{i=1}^n b_i^q\right)^{\frac{1}{q}}},i=1,2,\cdots,n$$

得到

$$\frac{a_ib_i}{\left(\sum\limits_{i=1}^n a_i^p\right)^{\frac{1}{p}}\left(\sum\limits_{i=1}^n b_i^q\right)^{\frac{1}{q}}}\leqslant\frac{1}{p}\cdot\frac{a_i^p}{\sum\limits_{i=1}^n a_i^p}+\frac{1}{q}\cdot\frac{b_i^q}{\sum\limits_{i=1}^n b_i^q}$$

取 $i=1,2,\cdots,n$,再将这些不等式相加,得到

$$\frac{\sum_{i=1}^{n} a_i b_i}{\left(\sum_{i=1}^{n} a_i^p\right)^{\frac{1}{p}}\left(\sum_{i=1}^{n} b_i^q\right)^{\frac{1}{q}}} \leqslant \frac{1}{p} \cdot \frac{\sum_{i=1}^{n} a_i^p}{\sum_{i=1}^{n} a_i^p} + \frac{1}{q} \cdot \frac{\sum_{i=1}^{n} b_i^q}{\sum_{i=1}^{n} b_i^q} = \frac{1}{p} + \frac{1}{q} = 1$$

即

$$\sum_{i=1}^{n} a_i b_i \leqslant \left(\sum_{i=1}^{n} a_i^p\right)^{\frac{1}{p}}\left(\sum_{i=1}^{n} b_i^q\right)^{\frac{1}{q}}$$

显然，当且仅当$\frac{a_1^p}{b_1^q} = \frac{a_2^p}{b_2^q} = \cdots = \frac{a_n^p}{b_n^q}$时，等式成立. □

我们来引进 Hölder 不等式的一般情况.

定理 8（一般的 Hölder 不等式） 设 a_{ij} $(i=1,2,\cdots,m, j=1,2,\cdots,n)$ 是正实数，p_1，$p_2,\cdots,p_n$ 是正实数，且 $p_1+p_2+\cdots+p_n=1$，那么

$$\sum_{i=1}^{m}\left(\prod_{j=1}^{n} a_{ij}^{p_j}\right) \leqslant \prod_{j=1}^{n}\left(\sum_{i=1}^{m} a_{ij}\right)^{p_j}$$

证明 由于不等式是齐次的，所以可以对每一个 j，$j \in \{1,2,\cdots,n\}$，将 $a_{1j}, a_{2j},\cdots$，a_{mj} 伸缩，使 $a_{1j}+a_{2j}+\cdots+a_{mj}=1$，那么我们需要证明

$$\sum_{i=1}^{m}\left(\prod_{j=1}^{n} a_{ij}^{p_j}\right) \leqslant \prod_{j=1}^{n} 1^{p_j} \Leftrightarrow \sum_{i=1}^{m}\left(\prod_{j=1}^{n} a_{ij}^{p_j}\right) \leqslant 1$$

加权 AM-GM 不等式给出

$$\sum_{j=1}^{n} p_j a_{ij} \geqslant \prod_{j=1}^{n} a_{ij}^{p_j}, i \in \{1,2,\cdots,m\}$$

对一切 $i=1,2,\cdots,m$ 相加，得到

$$\sum_{i=1}^{m}\sum_{j=1}^{n} p_j a_{ij} \geqslant \sum_{i=1}^{m}\left(\prod_{j=1}^{n} a_{ij}^{p_j}\right)$$

但是，我们直接有

$$\sum_{i=1}^{m}\sum_{j=1}^{n} p_j a_{ij} = \sum_{j=1}^{n}\sum_{i=1}^{m} p_j a_{ij} = \sum_{j=1}^{n} p_j\left(\sum_{i=1}^{m} a_{ij}\right) = \sum_{j=1}^{n} p_j = 1$$

我们的不等式得证. □

例 50 设 $x,y,z>0$ 是实数，证明

$$(x^2+xy+y^2)(y^2+yz+z^2)(z^2+zx+x^2) \geqslant (xy+yz+zx)^3$$

证明 利用一般化的 Hölder 不等式，我们有

$$\begin{aligned}
&(x^2+xy+y^2)(y^2+yz+z^2)(z^2+zx+x^2)\\
&=(xy+y^2+x^2)(y^2+yz+z^2)(x^2+z^2+zx)\\
&\geqslant\left(\sqrt[3]{xy \cdot y^2 \cdot x^2}+\sqrt[3]{y^2 \cdot yz \cdot z^2}+\sqrt[3]{x^2 \cdot z^2 \cdot zx}\right)^3\\
&=(xy+yz+zx)^3
\end{aligned}$$

□

例 51（Mathematics and Youth Magazine，2017） 给定正数 x,y,z，满足

$$x^2+y^2-2z^2+2xy+yz+zx\leqslant 0$$

求表达式

$$P=\frac{x^4+y^4}{z^4}+\frac{y^4+z^4}{x^4}+\frac{z^4+x^4}{y^4}$$

的最小值.

解 由已知条件,我们有

$$x^2+y^2-2z^2+2xy+yz+zx\leqslant 0\Leftrightarrow(z-x-y)(2z+x+y)\geqslant 0$$

所以,如果设 $t=\frac{z}{x+y}$,那么推得 $t\geqslant 1$.

由 Hölder 不等式,我们有以下不等式

$$8(x^4+y^4)=(1+1)(1+1)(1+1)(x^4+y^4)\geqslant(x+y)^4$$

$$(x+y)^4\left(\frac{1}{x^4}+\frac{1}{y^4}\right)\geqslant\left(\sqrt[5]{x}\cdot\sqrt[5]{x}\cdot\sqrt[5]{x}\cdot\sqrt[5]{x}\cdot\frac{1}{\sqrt[5]{x^4}}+\sqrt[5]{y}\cdot\sqrt[5]{y}\cdot\sqrt[5]{y}\cdot\sqrt[5]{y}\cdot\frac{1}{\sqrt[5]{y^4}}\right)^5=32$$

利用上面的不等式和 AM-GM 不等式,推得

$$\begin{aligned}P&=\frac{x^4+y^4}{z^4}+\frac{y^4}{x^4}+\frac{x^4}{y^4}+z^4\left(\frac{1}{x^4}+\frac{1}{y^4}\right)\\&\geqslant\frac{(x+y)^4}{8z^4}+2+\frac{32z^4}{(x+y)^4}\\&=\frac{1}{8t^4}+2+32t^4=\frac{1}{8t^4}+\frac{t^4}{8}+2+\left(32-\frac{1}{8}\right)t^4\\&\geqslant\frac{1}{8}\cdot 2\sqrt{\frac{1}{t^4}\cdot t^4}+2+32-\frac{1}{8}=\frac{273}{2}\end{aligned}$$

当 $2x=2y=z$ 时,等式成立. □

例 52(Titu Andreescu,USA TST 2010) 设 a,b,c 是正实数,且 $abc=1$,证明

$$\frac{1}{a^5(b+2c)^2}+\frac{1}{b^5(c+2a)^2}+\frac{1}{c^5(a+2b)^2}\geqslant\frac{1}{3}$$

证明 分别用$\frac{1}{a},\frac{1}{b},\frac{1}{c}$代替 a,b,c,得到原不等式等价于

$$\frac{a^5b^2c^2}{(c+2b)^2}+\frac{b^5c^2a^2}{(a+2c)^2}+\frac{c^5a^2b^2}{(b+2a)^2}\geqslant\frac{1}{3}$$

或

$$\frac{a^3}{(c+2b)^2}+\frac{b^3}{(a+2c)^2}+\frac{c^3}{(b+2a)^2}\geqslant\frac{1}{3}$$

由 Hölder 不等式

$$\sum_{\text{cyc}}\frac{a^3}{(c+2b)^2}\sum_{\text{cyc}}(2b+c)\sum_{\text{cyc}}(2b+c)\geqslant(a+b+c)^3$$

因此

$$\sum_{cyc}\frac{a^3}{(c+2b)^2}\geqslant\frac{a+b+c}{9}$$

因为由 AM-GM 不等式，$a+b+c\geqslant 3\sqrt[3]{abc}=3$，推出所求的结果. □

例 53 设 $a,b,c>0$，且 $abc=1$，证明

$$\frac{a^{10}}{b+c}+\frac{b^{10}}{c+a}+\frac{c^{10}}{a+b}\geqslant\frac{a^7}{b^7+c^7}+\frac{b^7}{c^7+a^7}+\frac{c^7}{a^7+b^7}$$

证明 利用 AM-GM 不等式，我们有

$$\begin{aligned}\frac{a^{10}}{b+c}+\frac{b^{10}}{c+a}+\frac{c^{10}}{a+b}&=\frac{a^7}{b^3c^3(b+c)}+\frac{b^7}{c^3a^3(c+a)}+\frac{c^7}{a^3b^3(a+b)}\\&\geqslant\sum_{cyc}\frac{a^7}{\left[\frac{(b+c)^2}{4}\right]^3(b+c)}=\sum_{cyc}\frac{64a^7}{(b+c)^7}\end{aligned}$$

但是，由 Hölder 不等式，我们有

$$(b^7+c^7)^{\frac{1}{7}}(1+1)^{\frac{6}{7}}\geqslant b+c\Leftrightarrow 64(b^7+c^7)\geqslant(b+c)^7$$

所以

$$\sum_{cyc}\frac{64a^7}{(b+c)^7}\geqslant\sum_{cyc}\frac{a^7}{b^7+c^7}$$

不等式得证. □

例 54 设 a,b,c 是正实数，证明

$$3(a^2-a+1)(b^2-b+1)(c^2-c+1)\geqslant 1+abc+a^2b^2c^2$$

证明 首先，我们注意到

$$3(a^2-a+1)^3\geqslant a^6+a^3+1\Leftrightarrow(a-1)^4(2a^2-a+2)\geqslant 0$$

于是，由 Hölder 不等式，我们有

$$\begin{aligned}&27(a^2-a+1)^3(b^2-b+1)^3(c^2-c+1)^3\\&\geqslant(1+a^3+a^6)(1+b^3+b^6)(1+c^3+c^6)\\&\geqslant(1+\sqrt[3]{a^3b^3c^3}+\sqrt[3]{a^6b^6c^6})^3\\&\geqslant(1+abc+a^2b^2c^2)^3\end{aligned}$$

推出结论. □

例 55(Marius Stănean) 设 a,b,c 是正实数，且 $abc=1$，证明

$$\sqrt{\frac{a^3}{a^2+bc}}+\sqrt{\frac{b^3}{b^2+ca}}+\sqrt{\frac{c^3}{c^2+ab}}\geqslant\frac{3\sqrt{2}}{2}$$

证明 由 Hölder 不等式，我们有

$$\left(\sum_{cyc}\sqrt{\frac{a^3}{a^2+bc}}\right)^2\sum_{cyc}(a^2+bc)\geqslant(a+b+c)^3$$

于是，只要证明

$$2(a+b+c)^3 \geqslant 9(a^2+b^2+c^2+ab+bc+ca)$$

或

$$2(a+b+c)^3-9(a+b+c)^2+9(ab+bc+ca) \geqslant 0$$

但是由 AM-GM 不等式,我们有

$$ab+bc+ca \geqslant 3\sqrt[3]{a^2b^2c^2}=3$$

所以我们需要证明

$$2(a+b+c)^3-9(a+b+c)^2+27 \geqslant 0$$

$$(a+b+c-3)^2[2(a+b+c)+3] \geqslant 0$$

这显然成立.

当 $a=b=c=1$ 时,等式成立. □

例 56(Mathematics and Youth Magazine,2017) 实数 x,y,z 满足 $x^2+y^2+z^2=8$. 确定以下表达式

$$P=(x-y)^5+(y-z)^5+(z-x)^5$$

的最大值和最小值.

解 不失一般性,假定 y 在 x 和 z 之间.

于是,我们有两种情况:

(1) 如果 $x \geqslant y \geqslant z$,那么由 Hölder 不等式

$$P \geqslant \frac{(x-y+y-z)^5}{16}+(z-x)^5=-\frac{15}{16}(x-z)^5$$

但是

$$(x-z)^2=x^2-2xz+z^2 \leqslant 2(x^2+y^2+z^2) \Leftrightarrow (x+z)^2+2y^2 \geqslant 0$$

因此,$x-z \leqslant 4$,所以

$$P \geqslant -\frac{15}{16} \cdot 4^5=-960$$

(2) 如果 $z \geqslant y \geqslant x$,那么

$$\begin{aligned} P &= (z-x)^5-(y-x)^5-(z-y)^5 \\ &= [(z-y)+(y-x)]^5-(z-y)^5-(y-x)^5 \geqslant 0 \end{aligned}$$

于是,P 的最小值是 -960,且当 $x=2,y=0,z=-2$ 时取到. 因为

$$P(x,y,z)=-P(-x,-y,-z) \leqslant -(-960)=960$$

我们推得 P 的最大值是 960,且当 $x=-2,y=0,z=2$ 时取到. □

例 57 设 a,b,c 是正实数,且 $ab+bc+ca=3$,证明

$$(2+3a^3)(2+3b^3)(2+3c^3) \geqslant 125$$

证明 首先,由 Hölder 不等式,我们有

$$(a^3+1)(1+b^3)(1+1) \geqslant (a+b)^3$$

$$(b^3+1)(1+c^3)(1+1)\geqslant(b+c)^3$$
$$(c^3+1)(1+a^3)(1+1)\geqslant(c+a)^3$$

将这三个不等式相乘,得到

$$(a^3+1)(b^3+1)(c^3+1)\geqslant\sqrt{\left[\frac{(a+b)(b+c)(c+a)}{2}\right]^3}$$

但是,由 AM-GM 不等式和$(a+b+c)^2\geqslant 3(ab+bc+ca)$,得到

$$\begin{aligned}(a+b)(b+c)(c+a)&=(a+b+c)(ab+bc+ca)-abc\\&\geqslant(a+b+c)(ab+bc+ca)-\frac{(a+b+c)(ab+bc+ca)}{9}\\&=\frac{8(a+b+c)}{3}\geqslant\frac{8\sqrt{3(ab+bc+ca)}}{3}=8\end{aligned}$$

于是

$$(a^3+1)(b^3+1)(c^3+1)\geqslant 8$$

现在回到原来的问题,再利用 Hölder 不等式,我们有

$$\begin{aligned}&[(1+a^3)+a^3+a^3+1][(1+b^3)+b^3+1+b^3][(1+c^3)+1+c^3+c^3]\\&\geqslant\left[\sqrt[3]{(1+a^3)(1+b^3)(1+c^3)}+ab+bc+ca\right]^3\\&\geqslant(2+3)^3=125.\end{aligned}$$

当 $a=b=c=1$ 时,等式成立. □

1.8 Minkowski 不等式

由 Hölder 不等式推出的 Minkowski 不等式是一个十分有用的不等式.

定理 9(Minkowski 不等式) 设 $a_1,a_2,\cdots,a_n,b_1,b_2,\cdots,b_n$ 是正实数,$p>1$,那么

$$\left(\sum_{i=1}^{n}(a_i+b_i)^p\right)^{\frac{1}{p}}\leqslant\left(\sum_{i=1}^{n}a_i^p\right)^{\frac{1}{p}}+\left(\sum_{i=1}^{n}b_i^p\right)^{\frac{1}{p}}$$

当 $p<1$ 时,不等号反向,当且仅当

$$\frac{a_1}{b_1}=\frac{a_2}{b_2}=\cdots=\frac{a_n}{b_n}$$

时,等式成立.

证明 设 $q=\dfrac{p}{p-1}$,那么$\dfrac{1}{p}+\dfrac{1}{q}=1$.

利用 Hölder 不等式,我们得到

$$\begin{aligned}\sum_{i=1}^{n}(a_i+b_i)^p&=\sum_{i=1}^{n}a_i(a_i+b_i)^{p-1}+\sum_{i=1}^{n}b_i(a_i+b_i)^{p-1}\\&\leqslant\left(\sum_{i=1}^{n}a_i^p\right)^{\frac{1}{p}}\left(\sum_{i=1}^{n}(a_i+b_i)^{(p-1)q}\right)^{\frac{1}{q}}+\left(\sum_{i=1}^{n}b_i^p\right)^{\frac{1}{p}}\left(\sum_{i=1}^{n}(a_i+b_i)^{(p-1)q}\right)^{\frac{1}{q}}\end{aligned}$$

$$=\left[\left(\sum_{i=1}^{n}a_i^p\right)^{\frac{1}{p}}+\left(\sum_{i=1}^{n}b_i^p\right)^{\frac{1}{p}}\right]\left(\sum_{i=1}^{n}(a_i+b_i)^p\right)^{\frac{p-1}{p}}$$

将该不等式乘以$\left[\sum_{i=1}^{n}(a_i+b_i)^p\right]^{-\frac{p-1}{p}}$,得到

$$\left[\sum_{i=1}^{n}(a_i+b_i)^p\right]^{\frac{1}{p}}\leqslant\left(\sum_{i=1}^{n}a_i^p\right)^{\frac{1}{p}}+\left(\sum_{i=1}^{n}b_i^p\right)^{\frac{1}{p}}$$

不等式得证.

当且仅当$\frac{a_1}{b_1}=\frac{a_2}{b_2}=\cdots=\frac{a_n}{b_n}$时,等式成立. □

例 58 设 a,b 是正实数,且 $ab=1$,证明

$$\sqrt{a+3b}+\sqrt{a+8b}+\sqrt{b+3a}+\sqrt{b+8a}\geqslant 10$$

证明 利用 Minkowski 不等式,我们有

$$\begin{aligned}&\sqrt{a+3b}+\sqrt{a+8b}+\sqrt{b+3a}+\sqrt{b+8a}\\&=\sqrt{(\sqrt{a})^2+(\sqrt{3b})^2}+\sqrt{(\sqrt{b})^2+(\sqrt{3a})^2}+\sqrt{(\sqrt{a})^2+(\sqrt{8b})^2}+\sqrt{(\sqrt{b})^2+(\sqrt{8a})^2}\\&\geqslant\sqrt{(\sqrt{a}+\sqrt{b})^2+(\sqrt{3b}+\sqrt{3a})^2}+\sqrt{(\sqrt{a}+\sqrt{b})^2+(\sqrt{8b}+\sqrt{8a})^2}\\&=\sqrt{4(\sqrt{a}+\sqrt{b})^2}+\sqrt{9(\sqrt{a}+\sqrt{b})^2}\\&=5(\sqrt{a}+\sqrt{b})=5(\sqrt{a}-2\sqrt[4]{ab}+\sqrt{b})+10\sqrt[4]{ab}\\&=5(\sqrt[4]{a}-\sqrt[4]{b})^2+10\geqslant 10\end{aligned}$$

当 $a=b=1$ 时,等式成立. □

例 59 设 x,y,z 是非负实数,证明

$$\sqrt{x^2-xy+y^2}+\sqrt{y^2-yz+z^2}+\sqrt{z^2-zx+x^2}\geqslant\sqrt{(x+y+z)^2+3(x-z)^2}$$

证明 利用 Minkowski 不等式,我们有

$$\begin{aligned}\sum_{\text{cyc}}\sqrt{x^2-xy+y^2}&=\sum_{\text{cyc}}\sqrt{\left(\frac{x+y}{2}\right)^2+\left(\frac{\sqrt{3}(x-y)}{2}\right)^2}\\&\geqslant\sum_{\text{cyc}}\sqrt{\left(\frac{x+y+y+z+z+x}{2}\right)^2+\left(\frac{\sqrt{3}(x-y+y-z+x-z)}{2}\right)^2}\\&=\sqrt{(x+y+z)^2+3(x-z)^2}\end{aligned}$$

□

例 60 设 x,y,z 是实数,证明

$$\sqrt{x^2+(1-y)^2}+\sqrt{y^2+(1-z)^2}+\sqrt{z^2+(1-x)^2}\geqslant\frac{3\sqrt{2}}{2}$$

证明 利用 Minkowski 不等式,我们有

$$\begin{aligned}&\sqrt{x^2+(1-y)^2}+\sqrt{y^2+(1-z)^2}+\sqrt{z^2+(1-x)^2}\\&\geqslant\sqrt{(x+y+z)^2+(3-x-y-z)^2}\end{aligned}$$

$$=\sqrt{2(x+y+z)^2-6(x+y+z)+9}$$

$$=\sqrt{2\left(x+y+z-\frac{3}{2}\right)^2+\frac{9}{2}}\geqslant\sqrt{\frac{9}{2}}=\frac{3\sqrt{2}}{2}$$

当 $x=y=z=\frac{1}{2}$ 时,等式成立. □

例 61 设 a,b,c 是非负实数,证明

$$\sqrt{1+\frac{48a}{b+c}}+\sqrt{1+\frac{48b}{c+a}}+\sqrt{1+\frac{48c}{a+b}}\geqslant 15$$

证明 不失一般性,我们可以假定 $c=\min\{a,b,c\}$,那么由 Hölder 不等式,我们有

$$\left(\sqrt{\frac{a}{b+c}}+\sqrt{\frac{b}{c+a}}\right)^2[a^2(b+c)+b^2(c+a)]\geqslant(a+b)^3$$

另一方面

$$a^2(b+c)+b^2(c+a)=c(a+b)^2+ab(a+b-2c)$$

$$\leqslant c(a+b)^2+\frac{(a+b)^2}{4}(a+b-2c)$$

$$=\frac{(a+b)^2(a+b+2c)}{4}$$

因此

$$\left(\sqrt{\frac{a}{b+c}}+\sqrt{\frac{b}{c+a}}\right)^2\geqslant\frac{4(a+b)}{a+b+2c}$$

现在,由 Minkowski 不等式

$$\sqrt{1+\frac{48a}{b+c}}+\sqrt{1+\frac{48b}{c+a}}\geqslant\sqrt{(1+1)^2+48\left(\sqrt{\frac{a}{b+c}}+\sqrt{\frac{b}{c+a}}\right)^2}$$

$$\geqslant\sqrt{4+48\cdot\frac{4(a+b)}{a+b+2c}}=2\sqrt{1+\frac{48(a+b)}{a+b+2c}}$$

于是,余下来要证明

$$2\sqrt{1+\frac{48(a+b)}{a+b+2c}}+\sqrt{1+\frac{48c}{a+b}}\geqslant 15$$

或者如果设 $t=\frac{2c}{a+b}\leqslant 1$,那么

$$2\sqrt{1+\frac{48}{1+t}}+\sqrt{1+24t}\geqslant 15$$

该不等式等价于以下不等式中的每一个

$$2\left[\sqrt{1+\frac{48}{1+t}}-5\right]\geqslant 5-\sqrt{1+24t}$$

$$\frac{48(1-t)}{\sqrt{t^2+50t+49}+5t+5}-\frac{24(1-t)}{5+\sqrt{1+24t}}\geqslant 0$$

$$(1-t)[10+2\sqrt{1+24t}-5t-5-\sqrt{t^2+50t+49}]\geqslant 0$$

$$(1-t)[5(1-t)-\frac{t^2-46t+45}{2\sqrt{1+24t}+\sqrt{t^2+50t+49}}]\geqslant 0$$

$$(1-t)^2[5-\frac{45-t}{2\sqrt{1+24t}+\sqrt{t^2+50t+49}}]\geqslant 0$$

因为看出它是 t 的一个递增函数,并求出

$$5-\frac{45-t}{2\sqrt{1+24t}+\sqrt{t^2+50t+49}}\geqslant 5-\frac{45}{2\sqrt{1}+\sqrt{49}}=0$$

所以上式成立.

当 $t=1$,即 $2c=a+b\Rightarrow a=b=c$ 时;当 $t=0$,即 $c=0,a=b$ 时,等式成立. □

1.9 Schur 不等式

Schur 不等式是最强的不等式之一,具有最出色的结果.数学竞赛中有大量的问题或者作为这一结果的直接推论出现在数学杂志中,或者能利用这一不等式容易得到解决.Schur 不等式表述如下:

定理 10(Schur 不等式) 设 a,b,c 是非负实数,$r>0$,那么

$$a^r(a-b)(a-c)+b^r(b-c)(b-a)+c^r(c-a)(c-b)\geqslant 0$$

当且仅当 $a=b=c$ 或者 a,b,c 中有两个相等,且第三个为零时,等式成立.

证明 注意到该不等式的对称性,不失一般性,可以假定 $a\geqslant b\geqslant c$.现在只有中间一项 $b^r(b-c)(b-a)$ 非正.再使用 $a\geqslant b\geqslant c$ 给出

$$|a^r(a-b)(a-c)|\geqslant|b^r(b-c)(b-a)|$$

由此推出结论. □

注 2 当 $r=1$ 时,我们有以下与 Schur 不等式等价的形式:

(1)$a^3+b^3+c^3+3abc\geqslant ab(a+b)+bc(b+c)+ca(c+a)$;

(2)$4(a^3+b^3+c^3)+15abc\geqslant(a+b+c)^3$;

(3)$abc\geqslant(-a+b+c)(a-b+c)(a+b-c)$;

(4)$(a+b+c)^3+9abc\geqslant 4(a+b+c)(ab+bc+ca)$;

(5)$(b-c)^2(b+c-a)+(c-a)^2(c+a-b)+(a-b)^2(a+b-c)\geqslant 0$;

(6)$a^2+b^2+c^2+\dfrac{9abc}{a+b+c}\geqslant 2(ab+bc+ca)$;

(7)$\dfrac{a}{b+c}+\dfrac{b}{c+a}+\dfrac{c}{a+b}+\dfrac{4abc}{(a+b)(b+c)(c+a)}\geqslant 2$;

(8) $\frac{a}{b+c}+\frac{b}{c+a}+\frac{c}{a+b}\geqslant\frac{2ab}{(c+a)(c+b)}+\frac{2bc}{(a+b)(a+c)}+\frac{2ca}{(b+a)(b+c)}$;

(9) $a+b+c+abc\geqslant 4$，这里 a,b,c 是非零实数，且 $ab+bc+ca+abc=4$；

(10) $a^3+b^3+c^3+9abc\leqslant 2ab(a+b)+2bc(b+c)+2ca(c+a)$，这里 a,b,c 是三角形的边长.

前 8 个不等式容易由计算推得.

对于第 9 个不等式，通过变换

$$a=\frac{2x}{y+z},b=\frac{2y}{z+x},c=\frac{2z}{x+y}$$

变为齐次形式，就得到 Schur 不等式.

对于第 10 个不等式，通过 Ravi 变换，即 $a=y+z,b=z+x,c=x+y,x,y,z>0$，经过一些简单的运算也得到 Schur 不等式.

下面我们将引进 Schur 不等式的一般情况.

定理 11（一般的 Schur 不等式） 设 a,b,c 是三个实数，设 x,y,z 是三个非负实数，那么，当且仅当以下条件之一得到满足时，不等式

$$x(a-b)(a-c)+y(b-c)(b-a)+z(c-a)(c-b)\geqslant 0$$

成立：

(1) 我们有 $a\geqslant b\geqslant c$，且 $x\geqslant y$；

(2) 我们有 $a\geqslant b\geqslant c$，且 $z\geqslant y$；

(3) 我们有 $a\geqslant b\geqslant c$，且 $x+z\geqslant y$；

(4) 实数 a,b,c 非负，且满足 $a\geqslant b\geqslant c$ 和 $ax\geqslant by$；

(5) 实数 a,b,c 非负，且满足 $a\geqslant b\geqslant c$ 和 $cz\geqslant by$；

(6) 实数 a,b,c 非负，且满足 $a\geqslant b\geqslant c$ 和 $ax+cz\geqslant by$；

(7) 实数 x,y,z 是一个三角形的边长；

(8) 实数 x,y,z 是一个三角形的边长的平方.

证明 由条件(3) 显然可推出(1)(2) 和(7)；由条件(6) 显然可推出(4) 和(5). 因此，我们只要证明条件(3)(6) 和(8).

条件(3)，因为 $a-b\geqslant 0$ 和 $a-c\geqslant b-c$，我们有

$$x(a-b)(a-c)\geqslant x(a-b)(b-c)=-x(b-c)(b-a)$$

因为 $c-a\leqslant b-a$ 和 $c-b\leqslant 0$，我们有

$$z(c-a)(c-b)\geqslant z(b-a)(c-b)=-z(b-c)(b-a)$$

因此

$$\begin{aligned}&x(a-b)(a-c)+y(b-c)(b-a)+z(c-a)(c-b)\\\geqslant&-x(b-c)(b-a)+y(b-c)(b-a)-z(b-c)(b-a)\end{aligned}$$

$$=(x+z-y)(b-c)(a-b)\geqslant 0$$

条件(6),因为实数 cz,by,ax 非负,我们有

$$ab\geqslant ca\geqslant bc \text{ 和 } cz+ax\geqslant by$$

我们可以用实数 ab,ca,bc,cz,by,ax 分别代替 a,b,c,x,y,z,应用条件(3),得到

$$cz(ab-ca)(ab-bc)+by(ca-bc)(ca-ab)+ax(bc-ab)(bc-ca)\geqslant 0$$

或

$$abcz(c-a)(c-b)+abcy(b-c)(b-a)+abcx(a-b)(a-c)\geqslant 0$$

条件(8),我们必须证明

$$u^2(a-b)(a-c)+v^2(b-c)(b-a)+w^2(c-a)(c-b)\geqslant 0$$

这里 u,v,w 是一个三角形的边长.

因为 u,v,w 是一个三角形的边长,由三角形不等式得到 $v<u+w$,所以

$$v^2<(u+w)^2$$

不失一般性,假定 $a\geqslant b\geqslant c$,那么,$b-c\geqslant 0$,$b-a\leqslant 0$,所以

$$(b-c)(b-a)\leqslant 0$$

于是,$v^2<(u+w)^2$ 就变为

$$v^2(b-c)(b-a)\geqslant (u+w)^2(b-c)(b-a)$$

因此

$$\begin{aligned}
&u^2(a-b)(a-c)+v^2(b-c)(b-a)+w^2(c-a)(c-b)\\
\geqslant\ &u^2(a-b)(a-c)+(u+w)^2(b-c)(b-a)+w^2(c-a)(c-b)\\
=\ &u^2(a-b)(a-c)+(u^2+2uw+w^2)(b-c)(b-a)+w^2(c-a)(c-b)\\
=\ &u^2[(a-b)(a-c)+(b-c)(b-a)]+2uw(b-c)(b-a)+\\
&w^2[(b-c)(b-a)+(c-a)(c-b)]\\
=\ &u^2(b-a)^2+2u(b-a)w(b-c)+w^2(b-c)^2\\
=\ &[u(b-a)+w(b-c)]^2\geqslant 0
\end{aligned}$$

□

例 62(Titu Andreescu USA TST 2000) 设 a,b,c 是非负实数,证明

$$\frac{a+b+c}{3}-\sqrt[3]{abc}\leqslant \max\{(\sqrt{a}-\sqrt{b})^2,(\sqrt{b}-\sqrt{c})^2,(\sqrt{c}-\sqrt{a})^2\}$$

证明 注意到

$$\begin{aligned}
&\max\{(\sqrt{a}-\sqrt{b})^2,(\sqrt{b}-\sqrt{c})^2,(\sqrt{c}-\sqrt{a})^2\}\\
\geqslant\ &\frac{(\sqrt{a}-\sqrt{b})^2+(\sqrt{b}-\sqrt{c})^2+(\sqrt{c}-\sqrt{a})^2}{3}
\end{aligned}$$

我们希望在展开后证明

$$\frac{a+b+c}{3}+\sqrt[3]{abc}\geqslant \frac{2}{3}(\sqrt{ab}+\sqrt{bc}+\sqrt{ca})$$

设 $a=x^6,b=y^6,c=z^6$,那么由 Schur 不等式和 AM-GM 不等式,我们有

$$\begin{aligned} x^6+y^6+z^6+3x^2y^2z^2 &\geqslant x^2y^2(x^2+y^2)+y^2z^2(y^2+z^2)+z^2x^2(z^2+x^2) \\ &\geqslant x^2y^2 2xy+y^2z^2 2yz+z^2x^2 2zx \\ &=2(x^3y^3+y^3z^3+z^3x^3) \end{aligned}$$

这就是所求的. □

例 63(Mathlinks) 设 a,b,c 是正实数,且 $abc=1$,证明

$$a^3+b^3+c^3+6\geqslant(a+b+c)^2$$

证明 给定的不等式等价于

$$a^3+b^3+c^3+6abc\geqslant\sqrt[3]{abc}(a+b+c)^2$$

或

$$\frac{a^3+b^3+c^3}{3abc}+2\geqslant 3\sqrt[3]{\frac{(a+b+c)^6}{27^2a^2b^2c^2}}$$

由 AM-GM 不等式和 Schur 不等式,我们可写成

$$\begin{aligned} 3\sqrt[3]{\frac{(a+b+c)^6}{27^2a^2b^2c^2}} &\leqslant \frac{(a+b+c)^3}{27abc}+\frac{(a+b+c)^3}{27abc}+1 \\ &\leqslant \frac{8(a^3+b^3+c^3)+30abc}{27abc}+1 \\ &=\frac{8(a^3+b^3+c^3)+3abc}{27abc}+2 \\ &\leqslant \frac{8(a^3+b^3+c^3)+a^3+b^3+c^3}{27abc}+2 \\ &=\frac{a^3+b^3+c^3}{3abc}+2 \end{aligned}$$

□

例 64(Marius Stănean) 设 x,y,z 是正实数,且 $xyz(x+y+z)=3$,证明

$$\frac{1}{x^2}+\frac{1}{y^2}+\frac{1}{z^2}+\frac{54}{(x+y+z)^2}\geqslant 9$$

证明 由 Schur 不等式,如果 $a,b,c>0$,那么我们有

$$a^2+b^2+c^2+\frac{9abc}{a+b+c}\geqslant 2(ab+bc+ca)$$

用代换 $a=\frac{1}{x},b=\frac{1}{y},c=\frac{1}{z}$,我们得到以下不等式

$$\frac{1}{x^2}+\frac{1}{y^2}+\frac{1}{z^2}+\frac{9}{xy+yz+zx}\geqslant\frac{2(x+y+z)}{xyz}$$

或

$$\frac{1}{x^2}+\frac{1}{y^2}+\frac{1}{z^2}\geqslant\frac{2(x+y+z)}{xyz}-\frac{9}{xy+yz+zx}$$

但是由熟知的不等式

$$(xy+yz+zx)^2\geqslant 3xyz(x+y+z)=9$$

我们有 $xy+yz+zx\geqslant 3$.

作为上面的不等式的结果,我们得到

$$\frac{1}{x^2}+\frac{1}{y^2}+\frac{1}{z^2}\geqslant\frac{2(x+y+z)}{xyz}-3$$

所以,只要证明

$$\frac{2(x+y+z)}{xyz}+\frac{54}{(x+y+z)^2}\geqslant 12$$

或

$$\frac{x+y+z}{xyz}+\frac{27}{(x+y+z)^2}\geqslant 6$$

这是由AM-GM不等式,即

$$\frac{x+y+z}{xyz}+\frac{27}{(x+y+z)^2}\geqslant 2\sqrt{\frac{27(x+y+z)}{xyz\,(x+y+z)^2}}=6$$

推得的.

当 $x=y=z=1$ 时,等式成立. □

例65 设 $s=a+b+c,q=ab+bc+ca,\ p=abc$,证明

$$s^4-5s^2q+4q^2+6sp\geqslant 0$$

证明 利用Schur不等式

$$a^2(a-b)(a-c)+b^2(b-c)(b-a)+c^2(c-a)(c-b)\geqslant 0$$

加上并减去 $a^4+b^4+c^4$ 后,得到

$$2(a^4+b^4+c^4)-(a^3+b^3+c^3)(a+b+c)+abc(a+b+c)\geqslant 0 \tag{1}$$

此外,我们有

$$a^2+b^2+c^2=(a+b+c)^2-2(ab+bc+ca)=s^2-2q$$

$$\begin{aligned}a^3+b^3+c^3&=3abc+(a+b+c)[(a+b+c)^2-3(ab+bc+ca)]\\&=s^3-3sq+3p\end{aligned}$$

$$a^2b^2+b^2c^2+c^2a^2=(ab+bc+ca)^2-2abc(a+b+c)=q^2-2sp$$

$$\begin{aligned}a^4+b^4+c^4&=(a^2+b^2+c^2)^2-2(a^2b^2+b^2c^2+c^2a^2)\\&=(s^2-2q)^2-2(q^2-2sp)=s^4-4s^2q+2q^2+4sp\end{aligned}$$

所以,式(1)可改写为

$$2(s^4-4s^2q+2q^2+4sp)-(s^4-3s^2q+3sp)+sp\geqslant 0$$

推出结论. □

例66(Titu Andreescu and Gabriel Dospinescu,Mathematical Reflections) 设 a,b,c 是一个三角形的边长,证明

$$\sqrt{\frac{abc}{-a+b+c}}+\sqrt{\frac{abc}{a-b+c}}+\sqrt{\frac{abc}{a+b-c}}\geqslant a+b+c$$

证明 利用 Hölder 不等式,推得

$$\left(\sum_{cyc}\sqrt{\frac{abc}{-a+b+c}}\right)^2\left(\sum_{cyc}\frac{a^2(-a+b+c)}{bc}\right)\geqslant\left(\sum_{cyc}a\right)^3$$

只要证明

$$\sum_{cyc}a\geqslant\sum_{cyc}\frac{a^2(-a+b+c)}{bc}$$

容易检验最后一个不等式等价于 Schur 不等式

$$\sum_{cyc}a^2(a-b)(a-c)\geqslant 0$$

证明完毕. □

例 67(Titu Andreescu, Mathematical Reflections) 设 a,b,c 是正实数,证明

$$\frac{a^5+b^5+c^5}{a^2+b^2+c^2}\geqslant\frac{1}{2}(a^3+b^3+c^3-abc)$$

证明 给定的不等式等价于

$$a^5+b^5+c^5+abc(a^2+b^2+c^2)\geqslant a^3(b^2+c^2)+b^3(c^2+a^2)+c^3(a^2+b^2)\tag{1}$$

由 Schur 不等式,得到

$$\sum_{cyc}a^3(a-b)(a-c)\geqslant 0$$

或展开后

$$\sum_{cyc}a^5+\sum_{cyc}a^3bc\geqslant\sum_{cyc}a^4(b+c)\tag{2}$$

利用 AM-GM 不等式,我们有

$$\begin{aligned}&a^4(b+c)+b^4(c+a)+c^4(a+b)\\=&\frac{4a^4b+2b^4a}{6}+\frac{4a^4c+2c^4a}{6}+\frac{4b^4a+2a^4b}{6}+\frac{4b^4c+2c^4b}{6}+\frac{4c^4a+2a^4c}{6}+\frac{4c^4b+2b^4c}{6}\\\geqslant&a^3b^2+a^3c^2+b^3a^2+b^3c^2+c^3a^2+c^3b^2\\=&a^3(b^2+c^2)+b^3(a^2+c^2)+c^3(a^2+b^2)\end{aligned}\tag{3}$$

由不等式(2)和(3),得到(1).

仅当 $a=b=c$ 时,等式成立. □

例 68(Marius Stănean) 如果 a,b,c 是非负实数,且 $a^2+b^2+c^2=3$,证明

$$2(a+b+c)\geqslant 3+\frac{3}{8}(a+b)(b+c)(c+a)$$

证明 设 $p=a+b+c,q=ab+bc+ca,r=abc$. 由 $a^2+b^2+c^2=3$,我们有

$$p^2-2q=3\Rightarrow q=\frac{p^2-3}{2}$$

我们还注意到

$$\sqrt{a^2+b^2+c^2}\leqslant a+b+c\leqslant\sqrt{3(a^2+b^2+c^2)}\Rightarrow\sqrt{3}\leqslant p\leqslant 3$$

给定的不等式等价于

$$16p\geqslant 24+3(pq-r)$$

或

$$16p\geqslant 24+3\left[p\left(\frac{p^2-3}{2}\right)-r\right]$$

或

$$41p+6r\geqslant 48+3p^3$$

由 Schur 不等式,我们有

$$r\geqslant\frac{4pq-p^3}{9}=\frac{4p\left(\frac{p^2-3}{2}\right)-p^3}{9}=\frac{p^3-6p}{9}$$

我们有两种情况:

(1) 如果$\sqrt{3}\leqslant p\leqslant 6$,那么 $3p^3-41p+48\leqslant 0\leqslant r$,因为如果设 $f(p)=3p^3-41p+48$,那么

$$f(-1)=86,f(\sqrt{3})=48-32\sqrt{3}<0,f(\sqrt{6})=48-23\sqrt{6}<0,f(3)=6>0$$

于是,三次函数 f 在$(-\infty,-1)$,$(-1,\sqrt{3})$,$(\sqrt{6},3)$ 中的每一个区间内都有根. 因此在$[\sqrt{3},\sqrt{6}]$ 内没有根.

(2) 如果$\sqrt{6}\leqslant p\leqslant 3$,那么只要证明

$$41p+\frac{2p^3-12p}{3}\geqslant 48+3p^3$$

或

$$\frac{1}{3}(3-p)(7p^2+21p-48)\geqslant 0$$

这显然成立,因为

$$7p^2+21p\geqslant 42+21\sqrt{6}>48$$

当 $a=b=c=1$ 时,等式成立. □

例 69 证明:如果 $a,b,c>0$,那么

$$\frac{1}{a}+\frac{1}{b}+\frac{1}{c}\geqslant\frac{b+c}{a^2+bc}+\frac{c+a}{b^2+ca}+\frac{a+b}{c^2+ab}$$

证明 将不等式改写为

$$\left(\frac{1}{a}-\frac{b+c}{a^2+bc}\right)+\left(\frac{1}{b}-\frac{c+a}{b^2+ca}\right)+\left(\frac{1}{c}-\frac{a+b}{c^2+ab}\right)\geqslant 0$$

或

$$\frac{(a-b)(a-c)}{a^3+abc}+\frac{(b-c)(b-a)}{b^3+abc}+\frac{(c-a)(c-b)}{c^3+abc}\geqslant 0$$

不失一般性,假定 $a\geqslant b\geqslant c$.那么利用一般的 Schur 不等式,因为

$$\frac{1}{c^3+abc}\geqslant\frac{1}{b^3+abc}$$

所以不等式得证. □

例 70(Iran 1996) 设 a,b,c 是正实数,证明

$$\frac{1}{(a+b)^2}+\frac{1}{(b+c)^2}+\frac{1}{(c+a)^2}\geqslant\frac{9}{4(ab+bc+ca)}$$

证明 该不等式可以改写为

$$\frac{a}{b+c}+\frac{b}{c+a}+\frac{c}{a+b}+\frac{ab}{(a+b)^2}+\frac{bc}{(b+c)^2}+\frac{ca}{(c+a)^2}\geqslant\frac{9}{4}$$

这等价于以下不等式中的每一个

$$\frac{a}{b+c}+\frac{b}{c+a}+\frac{c}{a+b}-\frac{3}{2}+\frac{ab}{(a+b)^2}+\frac{bc}{(b+c)^2}+\frac{ca}{(c+a)^2}-\frac{3}{4}\geqslant 0$$

$$\sum_{\text{cyc}}\left[\frac{1}{2(b+c)(c+a)}+\frac{1}{2(b+c)(a+b)}\right](a-b)(a-c)-\sum_{\text{cyc}}\frac{(a-b)^2}{4(a+b)^2}\geqslant 0$$

$$\sum_{\text{cyc}}\left[\frac{1}{2(b+c)(c+a)}+\frac{1}{2(b+c)(a+b)}\right](a-b)(a-c)-$$

$$\sum_{\text{cyc}}\left[\frac{1}{4(a+b)^2}+\frac{1}{4(a+c)^2}\right](a-b)(a-c)\geqslant 0$$

$$\sum_{\text{cyc}}\left[\frac{1}{(b+c)(c+a)}+\frac{1}{(b+c)(a+b)}-\frac{1}{2(a+b)^2}-\frac{1}{2(a+c)^2}\right](a-b)(a-c)\geqslant 0$$

不失一般性,假定 $a\geqslant b\geqslant c$,那么

$$\frac{1}{(b+c)(c+a)}+\frac{1}{(b+c)(a+b)}-\frac{1}{2(a+b)^2}-\frac{1}{2(a+c)^2}$$

$$\geqslant\frac{1}{(c+a)(b+c)}+\frac{1}{(c+a)(a+b)}-\frac{1}{2(a+b)^2}-\frac{1}{2(b+c)^2}$$

等价于以下各不等式

$$\frac{1}{(b+c)(a+b)}+\frac{1}{2(b+c)^2}\geqslant\frac{1}{(c+a)(a+b)}+\frac{1}{2(a+c)^2}$$

$$\frac{1}{(b+c)(a+b)}-\frac{1}{(c+a)(a+b)}+\frac{1}{2(b+c)^2}-\frac{1}{2(a+c)^2}\geqslant 0$$

$$\frac{a-b}{(a+b)(b+c)(c+a)}+\frac{(a-b)(a+b+2c)}{2(a+c)^2(b+c)^2}\geqslant 0$$

这显然成立.因此,利用一般的 Schur 不等式,该不等式得证. □

例 71 设 a,b,c 是正实数,证明

$$\frac{a^2+2bc}{(b+c)^2}+\frac{b^2+2ca}{(c+a)^2}+\frac{c^2+2ab}{(a+b)^2}\geqslant\frac{9}{4}$$

证明 我们有

$$\frac{a^2+2bc}{(b+c)^2}+\frac{b^2+2ca}{(c+a)^2}+\frac{c^2+2ab}{(a+b)^2}-(ab+bc+ca)\sum_{\text{cyc}}\frac{1}{(b+c)^2}$$
$$=\frac{a^2+bc-ab-ac}{(b+c)^2}+\frac{b^2+ca-bc-ab}{(c+a)^2}+\frac{c^2+ab-ac-bc}{(a+b)^2}$$
$$=\sum_{\text{cyc}}\frac{(a-b)(a-c)}{(b+c)^2}$$

不失一般性,假定 $a\geqslant b\geqslant c$. 那么,利用一般的 Schur 不等式,因为

$$\frac{1}{(b+c)^2}\geqslant\frac{1}{(a+c)^2}$$

推出

$$\sum_{\text{cyc}}\frac{(a-b)(a-c)}{(b+c)^2}\geqslant 0$$

于是由上面的例题给出

$$\frac{a^2+2bc}{(b+c)^2}+\frac{b^2+2ca}{(c+a)^2}+\frac{c^2+2ab}{(a+b)^2}\geqslant(ab+bc+ca)\sum_{\text{cyc}}\frac{1}{(b+c)^2}\geqslant\frac{9}{4}$$ □

例 72 设 a,b,c 是正实数,证明

$$a^3+b^3+c^3+3abc\geqslant ab\sqrt{2(a^2+b^2)}+bc\sqrt{2(b^2+c^2)}+ca\sqrt{2(c^2+a^2)}$$

证明 由 Cauchy-Schwarz 不等式和 AM-GM 不等式,我们有

$$\left[\sum_{\text{cyc}}ab\sqrt{2(a^2+b^2)}\right]^2\leqslant\left[\sum_{\text{cyc}}ab(a+b)\right]\left[\sum_{\text{cyc}}\frac{2ab(a^2+b^2)}{a+b}\right]$$
$$\leqslant\frac{1}{4}\left[\sum_{\text{cyc}}ab(a+b)+\sum_{\text{cyc}}\frac{2ab(a^2+b^2)}{a+b}\right]^2$$

所以,只要证明

$$2(a^3+b^3+c^3+3abc)-\left[\sum_{\text{cyc}}ab(a+b)\right]\geqslant 2\sum_{\text{cyc}}\frac{2ab(a^2+b^2)}{a+b}$$

该不等式等价于以下不等式中的每一个

$$2\sum_{\text{cyc}}a(a-b)(a-c)\geqslant\sum_{\text{cyc}}\frac{ab\,(a-b)^2}{a+b}$$
$$2\sum_{\text{cyc}}a(a-b)(a-c)\geqslant\sum_{\text{cyc}}\frac{ab(a-b)(a-c+c-b)}{a+b}$$
$$2\sum_{\text{cyc}}a(a-b)(a-c)\geqslant\sum_{\text{cyc}}\left[\frac{ab(a-b)(a-c)}{a+b}+\frac{ab(b-a)(b-c)}{a+b}\right]$$
$$2\sum_{\text{cyc}}a(a-b)(a-c)\geqslant\sum_{\text{cyc}}\left[\frac{ab(a-b)(a-c)}{a+b}+\frac{ac(a-b)(a-c)}{a+c}\right]$$

$$\sum_{\text{cyc}}\left(\frac{a^2}{a+b}+\frac{a^2}{a+c}\right)(a-b)(a-c)\geqslant 0$$

由一般的 Schur 不等式，上式显然成立. 事实上，不失一般性，假定 $a\geqslant b\geqslant c$，那么

$$\frac{a^2}{a+b}+\frac{a^2}{a+c}-\frac{b^2}{a+b}-\frac{b^2}{b+c}=\frac{a^2-b^2}{a+b}+\frac{ab(a-b)+c(a^2-b^2)}{(a+c)(b+c)}\geqslant 0$$ □

1.10 Chebyshev 不等式

Chebyshev 不等式是解决奥林匹克类型的不等式极为有用而强有力的工具，表述如下：

定理 12（Chebyshev 不等式） 设 $a_1\geqslant a_2\geqslant\cdots\geqslant a_n$ 是实数.

（1）如果 $b_1\geqslant b_2\geqslant\cdots\geqslant b_n$，那么

$$n\sum_{i=1}^{n}a_ib_i\geqslant\left(\sum_{i=1}^{n}a_i\right)\left(\sum_{i=1}^{n}b_i\right)$$

（2）如果 $b_1\leqslant b_2\leqslant\cdots\leqslant b_n$，那么

$$n\sum_{i=1}^{n}a_ib_i\leqslant\left(\sum_{i=1}^{n}a_i\right)\left(\sum_{i=1}^{n}b_i\right)$$

证明 （1）由 $(a_i-a_j)(b_i-b_j)\geqslant 0$，我们有

$$\sum_{i,j}(a_i-a_j)(b_i-b_j)\geqslant 0 \tag{1}$$

因为 $\left(\sum\limits_{i=1}^{n}a_i\right)\left(\sum\limits_{i=1}^{n}b_i\right)=\sum\limits_{i,j}a_ib_j$，所以式(1)表明

$$\begin{aligned}0&\leqslant\sum_{i}a_ib_i-\sum_{i,j}a_ib_j-\sum_{i}a_jb_i+\sum_{j}a_jb_j\\&=2\left[n\sum_{i}a_ib_i-\left(\sum_{i=1}^{n}a_i\right)\left(\sum_{i=1}^{n}b_i\right)\right]\end{aligned}$$

（2）可由

$$(a_i-a_j)(b_i-b_j)\leqslant 0$$

的一个类似的方法推出，也可对数列 $-b_i$ 用结论(1)推出. □

例 73 设 $x_1,x_2,\cdots,x_n$ 是正实数，证明

$$n\left(\frac{1}{x_1}+\cdots+\frac{1}{x_n}\right)\geqslant\left(\frac{1}{x_1+1}+\cdots+\frac{1}{x_n+1}\right)\left(n+\frac{1}{x_1}+\cdots+\frac{1}{x_n}\right)$$

证明 不失一般性，假定 $x_1\leqslant x_2\leqslant\cdots\leqslant x_n$，那么对于任何 $i\in\{1,2,\cdots,n-1\}$，我们有

$$\frac{1}{x_i}\leqslant\frac{1}{x_{i+1}}\Rightarrow\frac{1}{x_i+1}\leqslant\frac{1}{x_{i+1}+1}$$

$$\frac{x_{i+1}}{x_i}\leqslant\frac{x_{i+1}+1}{x_i+1}$$

根据 Chebyshev 不等式,我们有

$$\left(\frac{1}{x_1+1}+\cdots+\frac{1}{x_n+1}\right)\left(\frac{x_1+1}{x_1}+\cdots+\frac{x_n+1}{x_n}\right)\leqslant n\left(\frac{1}{x_1}+\cdots+\frac{1}{x_n}\right)$$

或

$$\left(\frac{1}{x_1+1}+\cdots+\frac{1}{x_n+1}\right)\left(n+\frac{1}{x_1}+\cdots+\frac{1}{x_n}\right)\leqslant n\left(\frac{1}{x_1}+\cdots+\frac{1}{x_n}\right)$$

□

例 74(Vasile Cîrtoaje) 设 $a_1,a_2,\cdots,a_n$ 是非零实数,且 $a_1+a_2+\cdots+a_n=n$,证明

$$(n+1)(a_1^2+a_2^2+\cdots+a_n^2)\geqslant n^2+a_1^3+a_2^3+\cdots+a_n^3$$

证明 假定 $a_1\geqslant a_2\geqslant\cdots\geqslant a_n$. 用

$$n(a_1+a_2+\cdots+a_n)$$

代替 n^2,所求的不等式就变为

$$\sum_{i=1}^{n}[(n+1)a_i^2-na_i-a_i^3]\geqslant 0$$

或

$$\sum_{i=1}^{n}(a_i-1)(na_i-a_i^2)\geqslant 0$$

因为

$$a_1-1\geqslant a_2-1\geqslant\cdots\geqslant a_n-1$$

以及由于$(na_i-a_i^2)-(na_j-a_j^2)=(a_i-a_j)(n+a_i+a_j)$,我们有

$$na_1-a_1^2\geqslant na_2-a_2^2\geqslant\cdots\geqslant na_n-a_n^2$$

利用 Chebyshev 不等式得到

$$n\sum_{i=1}^{n}(a_i-1)(na_i-a_i^2)\geqslant\left[\sum_{i=1}^{n}(a_i-1)\right]\left[\sum_{i=1}^{n}(na_i-a_i^2)\right]=0$$

当 $a_1=a_2=\cdots=a_n=1$ 时,等式成立. □

例 75(Marius Stănean) 如果 a,b,c 是正实数,那么

$$\frac{bc}{a\sqrt{2(a^2+bc)}}+\frac{ca}{b\sqrt{2(b^2+ca)}}+\frac{ab}{c\sqrt{2(c^2+ab)}}\geqslant\frac{3}{2}$$

证明 由 AM-GM 不等式,我们有

$$\frac{1}{a\sqrt{2(a^2+bc)}}=\frac{\sqrt{b+c}}{\sqrt{2a}\sqrt{(ab+ac)(a^2+bc)}}\geqslant\frac{\sqrt{2(b+c)}}{\sqrt{a}(a+b)(a+c)}$$

于是,只要证明

$$\sum_{\text{cyc}}\sqrt{\frac{b+c}{2a}}\cdot\frac{bc}{(a+b)(a+c)}\geqslant\frac{3}{4}$$

或

$$\sum_{\text{cyc}}\sqrt{\frac{b+c}{2a}}\cdot\frac{1}{a(a+b)(a+c)}\geqslant\frac{3}{4abc}$$

不失一般性,假定 $a\geqslant b\geqslant c$.因为

$$\sqrt{\frac{b+c}{2a}}\leqslant\sqrt{\frac{c+a}{2b}}\leqslant\sqrt{\frac{a+b}{2c}}$$

以及

$$\frac{1}{a(a+b)(a+c)}\leqslant\frac{1}{b(b+c)(b+a)}\leqslant\frac{1}{c(c+a)(c+b)}$$

由 Chebyshev 不等式,我们得到

$$\sum_{\text{cyc}}\sqrt{\frac{b+c}{2a}}\cdot\frac{1}{a(a+b)(a+c)}\geqslant\frac{1}{3}\left(\sum_{\text{cyc}}\sqrt{\frac{b+c}{2a}}\right)\left(\sum_{\text{cyc}}\frac{1}{a(a+b)(a+c)}\right)$$

或

$$\sum_{\text{cyc}}\sqrt{\frac{b+c}{2a}}\cdot\frac{1}{a(a+b)(a+c)}\geqslant\frac{ab(a+b)+bc(b+c)+ca(c+a)}{3abc(a+b)(b+c)(c+a)}\sum_{\text{cyc}}\sqrt{\frac{b+c}{2a}}$$

所以,只要证明

$$\sum_{\text{cyc}}\sqrt{\frac{b+c}{2a}}\geqslant\frac{9(a+b)(b+c)(c+a)}{4\sum\limits_{\text{cyc}}ab(a+b)}$$

设

$$t=\sqrt[6]{\frac{(a+b)(b+c)(c+a)}{8abc}}\geqslant 1$$

由 AM-GM 不等式,我们有

$$\sum_{\text{cyc}}\sqrt{\frac{b+c}{2a}}\geqslant 3\sqrt[3]{\sqrt{\frac{b+c}{2a}}\cdot\sqrt{\frac{c+a}{2b}}\cdot\sqrt{\frac{a+b}{2c}}}=3t$$

此外,我们有

$$\frac{9(a+b)(b+c)(c+a)}{4\sum\limits_{\text{cyc}}ab(a+b)}=\frac{9(a+b)(b+c)(c+a)}{4(a+b)(b+c)(c+a)-8abc}=\frac{9t^6}{4t^6-1}$$

所以,只要证明

$$3t\geqslant\frac{9t^6}{4t^6-1}\Leftrightarrow t(4t^6-3t^5-1)\geqslant 0$$

当 $t\geqslant 1$ 时,这显然成立.

当且仅当 $a=b=c$ 时,等式成立. □

例 76(Mathlinks)　设 a,b,c 是非负实数,证明

$$(a^2+b^2-2c^2)\sqrt{c^2+ab}+(a^2+c^2-2b^2)\sqrt{b^2+ac}+(b^2+c^2-2a^2)\sqrt{a^2+bc}\leqslant 0$$

证明　不失一般性,假定 $a\geqslant b\geqslant c$.因此,我们有

$$b^2+c^2-2a^2\leqslant a^2+c^2-2b^2$$

以及

$$\sqrt{a^2+bc} \geqslant \sqrt{b^2+ac}$$

于是,根据 Chebyshev 不等式,我们有

$$(a^2+c^2-2b^2)\sqrt{b^2+ac}+(b^2+c^2-2a^2)\sqrt{a^2+bc}$$

$$\leqslant \frac{1}{2}[(a^2+c^2-2b^2)+(b^2+c^2-2a^2)](\sqrt{b^2+ac}+\sqrt{a^2+bc})$$

$$=\frac{1}{2}(2c^2-a^2-b^2)(\sqrt{a^2+bc}+\sqrt{b^2+ac})$$

只要证明

$$2(a^2+b^2-2c^2)\sqrt{c^2+ab}+(2c^2-a^2-b^2)(\sqrt{a^2+bc}+\sqrt{b^2+ac}) \leqslant 0$$

或(因为 $a^2+b^2-2c^2 \geqslant 0$)

$$\sqrt{a^2+bc}+\sqrt{b^2+ac} \geqslant 2\sqrt{ab+c^2}$$

由 Minkowski 不等式

$$\sqrt{a^2+bc}+\sqrt{b^2+ac} \geqslant \sqrt{a^2+c^2}+\sqrt{b^2+c^2}$$

$$\geqslant \sqrt{(a+b)^2+(c+c)^2}$$

$$\geqslant \sqrt{4ab+4c^2}=2\sqrt{ab+c^2}$$

所以上式成立.

当 $a=b=c$ 时,等式成立. □

1.11 排序不等式

排序不等式是一个基本的不等式,同时也是一个强有力的不等式.排序不等式是关于两个数列的两两之积的命题,它可以推广为 Chebyshev 不等式,表述如下:

定理13(排序不等式) 设 $a_1 \leqslant a_2 \leqslant \cdots \leqslant a_n$ 和 $b_1 \leqslant b_2 \leqslant \cdots \leqslant b_n$ 是实数.对于 $(b_1, b_2, \cdots, b_n)$ 的任何排列 $(c_1, c_2, \cdots, c_n)$,我们有

$$\sum_{i=1}^{n} a_{n-i+1} b_i \leqslant \sum_{i=1}^{n} a_i c_i \leqslant \sum_{i=1}^{n} a_i b_i$$

证明 设 $a_i > a_j$.考虑和

$$S_1 = a_1c_1 + \cdots + a_ic_i + \cdots + a_jc_j + \cdots + a_nc_n$$

$$S_2 = a_1c_1 + \cdots + a_ic_j + \cdots + a_jc_i + \cdots + a_nc_n$$

这里的 S_2 是由 S_1 中的 c_i 和 c_j 的位置对调得到的,那么

$$S_1 - S_2 = a_ic_i + a_jc_j - a_ic_j - a_jc_i = (a_i - a_j)(c_i - c_j)$$

因此

$$c_i > c_j \Rightarrow S_1 > S_2$$

$$c_i < c_j \Rightarrow S_1 < S_2$$

于是随着我们用连续交换的方法处理数列 c_i，$\sum_{i=1}^{n} a_i c_i$ 只会增加. 因此 $\sum_{i=1}^{n} a_i c_i \leqslant \sum_{i=1}^{n} a_i b_i$. 下界可用类似的方法推出，也可以用 $-b_i$ 的上界推出. 证毕. □

例 77　设 $a,b,c,d \in [0,1]$ 是实数，证明

$$\frac{a}{1+b}+\frac{b}{1+c}+\frac{c}{1+d}+\frac{d}{1+a} \leqslant 2$$

证法 1　设 $x \leqslant y \leqslant z \leqslant t$，且 $\{x,y,z,t\}=\{a,b,c,d\}$. 由排序不等式

$$\begin{aligned}
\text{左边} &\leqslant \frac{x}{1+t}+\frac{t}{1+x}+\frac{y}{1+z}+\frac{z}{1+y} \\
&= \frac{x+x^2+t+t^2}{(1+x)(1+t)}+\frac{y+y^2+z+z^2}{(1+y)(1+z)} \\
&\leqslant \frac{x+x+t+t}{(1+x)(1+t)}+\frac{y+y+z+z}{(1+y)(1+z)} \\
&\leqslant 1+1=2
\end{aligned}$$

□

证法 2　因为 $(a-1)(b-1) \geqslant 0 \Leftrightarrow ab \geqslant a+b-1$，我们有

$$\sum_{\text{cyc}} \frac{a}{1+b}=\sum_{\text{cyc}}\left(a-\frac{ab}{1+b}\right) \leqslant \sum_{\text{cyc}}\left(a-\frac{ab}{2}\right) \leqslant \sum_{\text{cyc}}\left(a-\frac{a+b-1}{2}\right)=2$$

□

例 78(Marius Stănean, Gazeta Matematică)　设 x,y,z 是正实数，且 $xyz=1$，证明

$$\frac{x^{20}}{y^{10}}+\frac{y^{10}}{x^{20}}+\frac{y^{20}}{z^{10}}+\frac{z^{10}}{y^{20}}+\frac{z^{20}}{x^{10}}+\frac{x^{10}}{z^{20}} \geqslant 2(x^{21}+y^{21}+z^{21})$$

证明　用排序不等式和 AM-GM 不等式，我们连续有

$$\begin{aligned}
\sum_{\text{cyc}} \frac{x^{20}}{y^{10}}+\sum_{\text{cyc}} \frac{x^{10}}{z^{20}} &\geqslant \sum_{\text{cyc}} \frac{x^{20}}{y^{10}}+\sum_{\text{cyc}} \left(\frac{x}{z^2}\right)^8 \left(\frac{z}{y^2}\right)^2 \\
&= \sum_{\text{cyc}} \frac{x^{20}}{y^{10}}+\sum_{\text{cyc}} \frac{x^{12}}{z^{10}} \\
&\geqslant 2\sum_{\text{cyc}} \sqrt{\frac{x^{20}}{y^{10}} \cdot \frac{x^{12}}{z^{10}}} \\
&= 2\sum_{\text{cyc}} x^{21}
\end{aligned}$$

□

例 79　如果 $a,b,c>0$，证明

$$\frac{a^2}{b^2+bc}+\frac{b^2}{c^2+ca}+\frac{c^2}{a^2+ab} \geqslant \frac{3}{2}$$

证明　不失一般性，假定 $a \geqslant b \geqslant c$. 因为数列 $\left(\frac{a^2}{b+c},\frac{b^2}{c+a},\frac{c^2}{a+b}\right)$ 和 $\left(\frac{1}{c},\frac{1}{b},\frac{1}{a}\right)$ 的顺序相同，由排序不等式和 Nesbitt 不等式(例 20)，我们得到

$$\frac{a^2}{b^2+bc}+\frac{b^2}{c^2+ca}+\frac{c^2}{a^2+ab}=\frac{a^2}{b+c} \cdot \frac{1}{b}+\frac{b^2}{c+a} \cdot \frac{1}{c}+\frac{c^2}{a+b} \cdot \frac{1}{a}$$

$$\geqslant \frac{a^2}{b+c}\cdot\frac{1}{a}+\frac{b^2}{c+a}\cdot\frac{1}{b}+\frac{c^2}{a+b}\cdot\frac{1}{c}$$

$$=\frac{a}{b+c}+\frac{b}{c+a}+\frac{c}{a+b}\geqslant\frac{3}{2}$$

当 $a=b=c$ 时,等式成立. □

例 80 设 a,b,c 是正实数,且 $a^2+b^2+c^2=3$,证明

$$a^3b^2+b^3c^2+c^3a^2\leqslant 3$$

证明 设 (x,y,z) 是 (a,b,c) 的一个排列,且 $x\geqslant y\geqslant z$,那么

$$x^2y^2\geqslant x^2z^2\geqslant y^2z^2$$

因此,由排序不等式得到

$$\begin{aligned}a^3b^2+b^3c^2+c^3a^2&=a\cdot a^2b^2+b\cdot b^2c^2+c\cdot c^2a^2\\&\leqslant x\cdot x^2y^2+y\cdot x^2z^2+z\cdot y^2z^2\\&=y(x^3y+yz^3+x^2z^2)\\&\leqslant y\left(x^2\cdot\frac{x^2+y^2}{2}+z^2\cdot\frac{y^2+z^2}{2}+x^2z^2\right)\\&=\frac{1}{2}y(x^2+z^2)(x^2+y^2+z^2)=\frac{3}{2}y(x^2+z^2)\\&\leqslant 3\sqrt{\left(\frac{y^2+\frac{x^2+z^2}{2}+\frac{x^2+z^2}{2}}{3}\right)^3}=3\end{aligned}$$

这就完成了证明.

当且仅当 $a=b=c=1$ 时,等式成立. □

例 81(Pham Huu Duc) 设 a,b,c 是正实数,证明

$$\frac{a+b}{b+c}+\frac{b+c}{c+a}+\frac{c+a}{a+b}\leqslant\frac{(a+b+c)^2}{ab+bc+ca}$$

证明 我们将原不等式改写为

$$\frac{(a+b)[a(b+c)+bc]}{b+c}+\frac{(c+b)[b(c+a)+ca]}{c+a}+\frac{(c+a)[c(a+b)+ab]}{a+b}$$
$$\leqslant(a+b+c)^2$$

或

$$\frac{bc(a+b)}{b+c}+\frac{ca(b+c)}{c+a}+\frac{ab(c+a)}{a+b}\leqslant ab+bc+ca$$

设 (x,y,z) 是 (a,b,c) 的一个排列,且 $x\geqslant y\geqslant z$,那么

$$x+y\geqslant z+x\geqslant y+z$$

$$\frac{xy}{x+y}\geqslant\frac{zx}{z+x}\geqslant\frac{yz}{y+z}$$

于是,根据排序不等式,我们得到

$$ab+bc+ca=xy+yz+zx=xy\cdot\frac{x+y}{x+y}+zx\cdot\frac{z+x}{z+x}+yz\cdot\frac{y+z}{y+z}$$
$$\geqslant(c+a)\cdot\frac{ab}{a+b}+(b+c)\cdot\frac{ca}{c+a}+(a+b)\cdot\frac{bc}{b+c}$$
$$=\frac{bc(a+b)}{b+c}+\frac{ca(b+c)}{c+a}+\frac{ab(c+a)}{a+b}$$

证明完毕. □

例 82 设 a,b,c 是非负实数,且其中没有两个为 0,证明

$$\frac{a^2+b^2+c^2}{ab+bc+ca}+\frac{4abc}{a^2b+b^2c+c^2a+abc}\geqslant 2$$

证明 设(x,y,z)是(a,b,c)的一个排列,且 $x\geqslant y\geqslant z$,那么 $xy\geqslant xz\geqslant yz$,所以由排序不等式,我们有

$$a^2b+b^2c+c^2a\leqslant y(x^2+z^2+xz)$$

于是,我们可将原不等式归结为

$$\frac{x^2+y^2+z^2}{xy+yz+zx}+\frac{4xyz}{y(x^2+z^2+xz)+xyz}\geqslant 2$$

或

$$\frac{x^2+y^2+z^2}{xy+yz+zx}\geqslant\frac{2(x^2+z^2)}{(x+z)^2}$$

上式可容易化简为

$$(xy+yz-x^2-z^2)^2\geqslant 0$$

这显然非负,于是证毕.

当且仅当 $a=b=c$ 或 $a=b,c=0$ 时,等式成立. □

例 83 设 a,b,c 是非负实数,且

$$a^2+b^2+c^2+abc=4$$

证明

$$(a^2+b^2+c^2)^2+3\sqrt{3}(a^2b+b^2c+c^2a)\leqslant 32$$

证明 不失一般性,假定 b 在 a 和 c 之间,即

$$(b-a)(b-c)\leqslant 0$$

由排序不等式

$$a^2b+b^2c+c^2a=a\cdot ab+b\cdot bc+c\cdot ca\leqslant a^2b+abc+c^2b$$
$$=b(a^2+c^2)+abc=b(4-b^2-abc)+abc$$
$$=b(4-b^2)+abc-a^2bc\leqslant b(4-b^2)+abc$$

但是,由 AM-GM 不等式,我们有

$$b(4-b^2)=\sqrt{b^2(4-b^2)^2}=\sqrt{\frac{2b^2(4-b^2)(4-b^2)}{2}}$$

$$\leqslant\sqrt{\frac{(2b^2+4-b^2+4-b^2)^3}{2\cdot 27}}=\frac{16}{3\sqrt{3}}$$

因此

$$a^2b+b^2c+c^2a\leqslant\frac{16}{3\sqrt{3}}+abc$$

设 $t=abc$,我们必须证明

$$(a^2+b^2+c^2)^2+3\sqrt{3}\left(\frac{16}{3\sqrt{3}}+abc\right)\leqslant 32$$

或

$$(4-t)^2+16+3\sqrt{3}t\leqslant 32\Leftrightarrow t(t-8+3\sqrt{3})\leqslant 0$$

因为 $t\in[0,1]$,所以这显然成立.

要求 $t=0$ 时等式成立,这导致 $a=\frac{2\sqrt{2}}{\sqrt{3}}, b=\frac{\sqrt{2}}{\sqrt{3}}, c=0$,或它们的循环排列时等式成立.

□

例 84(Walther Janous) 设 a,b,c 是正实数,证明

$$\frac{a}{\sqrt{a+b}}+\frac{b}{\sqrt{b+c}}+\frac{c}{\sqrt{c+a}}\geqslant\frac{\sqrt{a}+\sqrt{b}+\sqrt{c}}{\sqrt{2}}$$

证明 设 $x=\sqrt{a}, y=\sqrt{b}, z=\sqrt{c}$,然后两边平方,我们可将原不等式改写为

$$2\sum_{\text{cyc}}\frac{x^4}{x^2+y^2}+4\sum_{\text{cyc}}\frac{x^2y^2}{\sqrt{(x^2+y^2)(y^2+z^2)}}\geqslant(x+y+z)^2$$

设 (m,n,p) 是 (x,y,z) 的一个排列,且 $m\geqslant n\geqslant p$,那么

$$\frac{m^2n^2}{\sqrt{m^2+n^2}}\geqslant\frac{p^2m^2}{\sqrt{p^2+m^2}}\geqslant\frac{n^2p^2}{\sqrt{n^2+p^2}}$$

以及

$$\frac{1}{\sqrt{m^2+n^2}}\leqslant\frac{1}{\sqrt{p^2+m^2}}\leqslant\frac{1}{\sqrt{n^2+p^2}}$$

于是,利用排序不等式,我们得到

$$\begin{aligned}\sum_{\text{cyc}}\frac{x^2y^2}{x^2+y^2}&=\frac{m^2n^2}{m^2+n^2}+\frac{p^2m^2}{p^2+m^2}+\frac{n^2p^2}{n^2+p^2}\\&=\frac{m^2n^2}{\sqrt{m^2+n^2}}\cdot\frac{1}{\sqrt{m^2+n^2}}+\frac{p^2m^2}{\sqrt{p^2+m^2}}\cdot\frac{1}{\sqrt{p^2+m^2}}+\frac{n^2p^2}{\sqrt{n^2+p^2}}\cdot\frac{1}{\sqrt{n^2+p^2}}\\&\leqslant\frac{x^2y^2}{\sqrt{x^2+y^2}}\cdot\frac{1}{\sqrt{y^2+z^2}}+\frac{z^2x^2}{\sqrt{z^2+x^2}}\cdot\frac{1}{\sqrt{x^2+y^2}}+\frac{y^2z^2}{\sqrt{y^2+z^2}}\cdot\frac{1}{\sqrt{y^2+z^2}}\\&=\sum_{\text{cyc}}\frac{x^2y^2}{\sqrt{(x^2+y^2)(y^2+z^2)}}\end{aligned}$$

余下来要证明的是

$$2\sum_{cyc}\frac{x^4}{x^2+y^2}+4\sum_{cyc}\frac{x^2y^2}{x^2+y^2}\geqslant(x+y+z)^2$$

这显然成立,因为

$$\begin{aligned}2\sum_{cyc}\frac{x^4}{x^2+y^2}&=\sum_{cyc}\frac{x^4+y^4}{x^2+y^2}+\sum_{cyc}\frac{x^4-y^4}{x^2+y^2}\\&=\sum_{cyc}\frac{x^4+y^4}{x^2+y^2}+\sum_{cyc}(x^2-y^2)\\&=\sum_{cyc}\frac{x^4+y^4}{x^2+y^2}\end{aligned}$$

以及

$$\begin{aligned}&\sum_{cyc}\frac{x^4+y^4}{x^2+y^2}+4\sum_{cyc}\frac{x^2y^2}{x^2+y^2}\\&=\sum_{cyc}\left(\frac{x^4+y^4+4x^2y^2}{x^2+y^2}-\frac{x^2+y^2+4xy}{2}\right)+\sum_{cyc}\frac{x^2+y^2+4xy}{2}\\&=\sum_{cyc}\frac{(x-y)^4}{2(x^2+y^2)}+\left(\sum_{cyc}x\right)^2\geqslant\left(\sum_{cyc}x\right)^2\end{aligned}$$

□

例 85 设 x,y,z 是正实数,证明

$$\frac{x}{\sqrt{x+y}}+\frac{y}{\sqrt{y+z}}+\frac{z}{\sqrt{z+x}}\leqslant\frac{3\sqrt{3}}{4}\cdot\sqrt{\frac{(x+y)(y+z)(z+x)}{xy+yz+zx}}$$

证明 我们可将原不等式改写为

$$\sum_{cyc}\frac{x}{\sqrt{(x+y)(x+z)}}\cdot\frac{1}{\sqrt{(x+y)(y+z)}}\leqslant\frac{3\sqrt{3}}{4\sqrt{xy+yz+zx}}$$

设 (a,b,c) 是 (x,y,z) 的一个排列,且 $a\geqslant b\geqslant c$,那么

$$\frac{a}{\sqrt{(a+b)(a+c)}}\geqslant\frac{b}{\sqrt{(b+c)(b+a)}}\geqslant\frac{c}{\sqrt{(c+a)(c+b)}}$$

以及

$$\frac{1}{\sqrt{(a+b)(a+c)}}\leqslant\frac{1}{\sqrt{(b+c)(b+a)}}\leqslant\frac{1}{\sqrt{(c+a)(c+b)}}$$

因此,由排序不等式,我们得到

$$\begin{aligned}&\sum_{cyc}\frac{x}{\sqrt{(x+y)(x+z)}}\cdot\frac{1}{\sqrt{(x+y)(y+z)}}\\&\leqslant\frac{a}{\sqrt{(a+b)(a+c)}}\cdot\frac{1}{\sqrt{(c+a)(c+b)}}+\frac{b}{\sqrt{(b+c)(b+a)}}\cdot\frac{1}{\sqrt{(b+c)(b+a)}}+\\&\quad\frac{c}{\sqrt{(c+a)(c+b)}}\cdot\frac{1}{\sqrt{(a+b)(a+c)}}\end{aligned}$$

$$=\frac{1}{\sqrt{(b+c)(b+a)}}\left[1+\frac{b}{\sqrt{(b+c)(b+a)}}\right]$$

余下来要证明

$$\sqrt{\frac{ab+bc+ca}{(b+c)(b+a)}}\left[1+\frac{b}{\sqrt{(b+c)(b+a)}}\right]\leqslant\frac{3\sqrt{3}}{4}$$

事实上,设 $u=\frac{b}{\sqrt{(b+c)(b+a)}}\leqslant 1$,那么

$$\sqrt{\frac{ab+bc+ca}{(b+c)(b+a)}}=\sqrt{1-u^2}$$

应用 AM-GM 不等式,我们有

$$\sqrt{\frac{ab+bc+ca}{(b+c)(b+a)}}\left[1+\frac{b}{\sqrt{(b+c)(b+a)}}\right]=(1+u)\sqrt{1-u^2}$$

$$=\sqrt{(1+u)^3(1-u)}=\sqrt{\frac{(1+u)\cdot(1+u)\cdot(1+u)\cdot(3-3u)}{3}}$$

$$\leqslant\sqrt{\frac{\left(\frac{3}{2}\right)^4}{3}}=\frac{3\sqrt{3}}{4}$$

原不等式得证.

当且仅当 $x=y=z$ 时,等式成立. □

1.12 Bernoulli 不等式

在实分析中,Bernoulli 不等式(以 Jocob Bernoulli 命名)是近似于 $1+x$ 的幂的一个不等式.

定理 14(Bernoulli 不等式) 设 $x_i(i=1,2,\cdots,n)$ 同号,且是大于 -1 的实数,那么我们有

$$(1+x_1)(1+x_2)\cdots(1+x_n)\geqslant 1+x_1+x_2+\cdots+x_n$$

证明 我们将用归纳法证明该不等式.当 $n=1$ 时,我们有 $1+x_1\geqslant 1+x_1$.对 $n=k$,以及任意同号的实数 $x_i>-1,i=1,2,\cdots,k$,假定该不等式成立,即

$$(1+x_1)(1+x_2)\cdots(1+x_k)\geqslant 1+x_1+x_2+\cdots+x_k$$

设 $n=k+1$,以及同号的任意实数 $x_i>-1,i=1,2,\cdots,k+1$,我们有

$$\begin{aligned}&(1+x_1)(1+x_2)\cdots(1+x_{k+1})\\ \geqslant&(1+x_1+x_2+\cdots+x_k)(1+x_{k+1})\\ =&1+x_1+x_2+\cdots+x_k+x_{k+1}+(x_1+x_2+\cdots+x_k)x_{k+1}\\ \geqslant&1+x_1+x_2+\cdots+x_k+x_{k+1}\end{aligned}$$

因为 $x_1, x_2, \cdots, x_{k+1}$ 同号，所以有

$$(x_1 + x_2 + \cdots + x_k)x_{k+1} = 0$$

于是，当 $n = k + 1$ 时，不等式成立，证明完毕. □

推论 3(Bernoulli 不等式) 设 $n \in \mathbf{N}, x > -1$，那么

$$(1 + x)^n \geqslant 1 + nx$$

证明 根据定理 14，当 $x_1 = x_2 = \cdots = x_n = x$ 时，我们得到所求的结果. □

Bernoulli 不等式的改进形式可见下面的推论.

推论 4 如果 x 是非负实数，那么

$$(1 + x)^n \geqslant 1 + nx + \frac{n(n-1)}{2}x^2$$

证明 我们将用归纳法证明该不等式. 当 $n=1$ 时，不等式成立. 假定对于 $n=k$，不等式成立，即

$$(1 + x)^k \geqslant 1 + kx + \frac{k(k-1)}{2}x^2$$

设 $n = k + 1$，那么

$$\begin{aligned}(1 + x)^{k+1} &\geqslant [1 + kx + \frac{k(k-1)}{2}x^2](1 + x) \\ &= 1 + (k+1)x + \frac{k(k+1)}{2}x^2 + \frac{k(k-1)}{2}x^3 \\ &\geqslant 1 + (k+1)x + \frac{k(k+1)}{2}x^2\end{aligned}$$

于是，不等式对 $n = k + 1$ 成立，证明完毕. □

例 86 如果 $a_1, a_2, \cdots, a_n \geqslant 0$，证明

$$\prod_{i=1}^{n}(a_i^2 + n - 1) \geqslant n^{n-2}(a_1 + a_2 + \cdots + a_n)^2$$

证明 该不等式等价于

$$\prod_{i=1}^{n}(1 + \frac{a_i^2 - 1}{n}) \geqslant \frac{(a_1 + a_2 + \cdots + a_n)^2}{n^2}$$

不失一般性，假定

$$0 \leqslant a_1 \leqslant a_2 \leqslant \cdots \leqslant a_k \leqslant 1 \leqslant a_{k+1} \leqslant a_{k+2} \leqslant \cdots \leqslant a_n$$

那么，两次利用 Bernoulli 不等式和 Cauchy-Schwarz 不等式

$$\begin{aligned}&\prod_{i=1}^{n}(1 + \frac{a_i^2 - 1}{n}) \\ \geqslant &\prod_{i=1}^{k}(1 + \frac{a_i^2 - 1}{n}) \cdot \prod_{i=k+1}^{n}(1 + \frac{a_i^2 - 1}{n}) \\ \geqslant &\frac{1}{n^2}(a_1^2 + a_2^2 + \cdots + a_k^2 + n - k)(k + a_{k+1}^2 + \cdots + a_n^2)\end{aligned}$$

$$=\frac{1}{n^2}(a_1^2+a_2^2+\cdots+a_k^2+\underbrace{1+1+\cdots+1}_{n-k\text{个}})(\underbrace{1+1+\cdots+1}_{k\text{个}}+a_{k+1}^2+\cdots+a_n^2)$$

$$\geqslant\frac{(a_1+a_2+\cdots+a_n)^2}{n^2}$$ □

例 87 证明:对于一切 $a\geqslant 1$,有

$$a^{n+1}\geqslant\frac{n(n+1)}{2}a^2-(n^2-1)a+\frac{n(n-1)}{2}$$

证明 根据推论 4,我们有

$$a^{n+1}=(1+a-1)^{n+1}\geqslant 1+(n+1)(a-1)+\frac{n(n+1)}{2}(a-1)^2$$

$$=\frac{n(n+1)}{2}a^2-(n^2-1)a+\frac{n(n-1)}{2}$$ □

1.13 Karamata 不等式

Karamata 不等式是 Jensen 不等式的一般形式. 当 Jensen 不等式对一个凸函数的表达式(或凹函数的表达式)给出一个极值(极大值或者极小值)时,Karamata 不等式在某些情况下也都能给出其极大值或者极小值. 下面我们作为例题说明这一点. 为表述这一不等式,我们首先引进有序数列的优化的概念.

定义 2 设 $a=(a_1,a_2,\cdots,a_n)$,$b=(b_1,b_2,\cdots,b_n)$ 是两个(有限的)实数数列. 如果经过可能的重新排序后,数列 a 和 b 的项满足以下三个条件:

(1)$a_1\geqslant a_2\geqslant\cdots\geqslant a_n$ 以及 $b_1\geqslant b_2\geqslant\cdots\geqslant b_n$;

(2)对于每一个 k,$1\leqslant k\leqslant n-1$,有 $a_1+a_2+\cdots+a_k\geqslant b_1+b_2+\cdots+b_k$;

(3)$a_1+a_2+\cdots+a_n=b_1+b_2+\cdots+b_n$.

那么我们就说数列 a 优于数列 b,写成 $a\succ b$ 或 $b\prec a$.

第一个条件显然并不严格,因为我们总是可以重排该数列. 第二个条件是本质的. 显然,对于任何数列 a,有 $a\succ a$.

例 88 如果数列 $a=(a_i)_{i=1}^n$ 是和为 1 的任意非负数列,那么

$$(1,0,\cdots,0)\succ(a_1,a_2,\cdots,a_n)\succ\left(\frac{1}{n},\frac{1}{n},\cdots,\frac{1}{n}\right)$$

定理 15(Karamata 不等式) 设 $a=(a_i)_{i=1}^n$,$b=(b_i)_{i=1}^n$ 是区间 $I=(\alpha,\beta)$ 上的(有限的)实数数列. 如果数列 a 优于数列 b,即 $a\succ b$,且如果 $f:I\mapsto\mathbf{R}$ 是凸函数,那么不等式

$$\sum_{i=1}^n f(a_i)\geqslant\sum_{i=1}^n f(b_i)$$

成立. 对于严格的凸函数,当且仅当 $a_i=b_i(i=1,2,\cdots,n)$ 时,等式成立. 对于凹函数的命

题可以将不等式变向得到.

证明 首先我们回忆一下在后面要用到的一些记号. 设函数 $f:(a,b)\mapsto\mathbf{R}$. 容易检验:当且仅当对于区间 (a,b) 中的任意点 x_1,x_2,x,且 $x_1\leqslant x\leqslant x_2$,不等式

$$\frac{f(x)-f(x_1)}{x-x_1}\leqslant\frac{f(x_2)-f(x)}{x_2-x}\tag{1}$$

成立(分别有 $\frac{f(x)-f(x_1)}{x-x_1}<\frac{f(x_2)-f(x)}{x_2-x}$)时,函数 f 是凸函数. 对于凹函数(严格的凹函数),类似的检验也有效.

设 $f:(a,b)\mapsto\mathbf{R},x,y\in(a,b)$. 商

$$\Delta_f(x,y)=\frac{f(y)-f(x)}{y-x}$$

称为函数 f 在点 x,y 处的差商. 显然差商是关于 x,y 的对称函数,即

$$\Delta_f(x,y)=\Delta_f(y,x)$$

引理 1 设函数 $f:(a,b)\mapsto\mathbf{R}$,当且仅当差商 $\Delta_f(x,y)$ 对两个变量都递增(严格递增)时,函数 f 是凸函数(严格的凸函数). 对于凹函数(严格的凹函数),类似的断言也成立.

证明 设函数 f 是凸函数,设 $r<s<t$ 在区间 (a,b) 内. 由不等式(1) 我们有

$$\Delta_f(r,s)\leqslant\Delta_f(s,t)$$

但是我们还有

$$\Delta_f(r,t)=\frac{t-s}{t-r}\cdot\Delta_f(s,t)+\frac{s-r}{t-r}\cdot\Delta_f(r,s)$$

因为 $\frac{t-s}{t-r}$ 和 $\frac{s-r}{t-r}$ 为正以及式(1),推得对于 $r<s<t$,我们有

$$\Delta_f(r,s)\leqslant\Delta_f(r,t)\leqslant\Delta_f(s,t)\tag{2}$$

为完成证明,必须看出不等式(2) 以及函数 Δ_f 的对称性,这表明 Δ_f 递增. 实际上利用对称性重写下界的不等式,并结合上界的不等式得到 $\Delta_f(s,r)\leqslant\Delta_f(t,r)$,$\Delta_f(r,s)\leqslant\Delta_f(t,s)$ 和 $\Delta_f(r,t)\leqslant\Delta_f(s,t)$. 当 $x_1<x_2$ 时,以及 y 的值的不同范围(分别为 $y<x_1$,$x_1<y<x_2$ 和 $x_2<y$),其中每一种情况都有 $\Delta_f(x_1,y)\leqslant\Delta_f(x_2,y)$. 因为这些范围覆盖了所有可能的情况,所以我们可以看出在第一个论断中,Δ_f 递增. 由对称性,在第二个论断中,它也是递增函数.

反之,如果 Δ_f 在两个论断中都递增,那么当 $x_1<x<x_2$ 时,我们有 $\Delta_f(x_1,x)\leqslant\Delta_f(x_2,x)$,这就是不等式(1),所以函数 f 在 (a,b) 上是凸函数. □

现在我们来证明该定理. 在证明中,我们利用 Abel 变换. 设 c_i 是函数 f 在点 a_i,b_i 处的差商

$$c_i=\Delta_f(a_i,b_i)=\frac{f(b_i)-f(a_i)}{b_i-a_i}$$

因为函数 f 是凸函数,由引理1,条件(1)表明数列(c_i)递减.

此外,设

$$A_k=\sum_{i=1}^{k}a_i,B_k=\sum_{i=1}^{k}b_i,k=1,2,\cdots,n$$

$$A_0=B_0=0$$

假定条件(3)表明 $A_n=B_n$. 现在,我们有

$$\begin{aligned}\sum_{i=1}^{n}f(a_i)-\sum_{i=1}^{n}f(b_i)&=\sum_{i=1}^{n}[f(a_i)-f(b_i)]\\&=\sum_{i=1}^{n}c_i(a_i-b_i)\\&=\sum_{i=1}^{n}c_i(A_i-A_{i-1}-B_i+B_{i-1})\\&=\sum_{i=1}^{n}c_i(A_i-B_i)-\sum_{i=1}^{n}c_i(A_{i-1}-B_{i-1})\\&=\sum_{i=1}^{n-1}c_i(A_i-B_i)-\sum_{i=0}^{n-1}c_{i+1}(A_i-B_i)\\&=\sum_{i=1}^{n-1}(c_i-c_{i+1})(A_i-B_i)\end{aligned}$$

正如上面提到的,$c_i\geqslant c_{i+1}$,由假定条件(2),对 $i=1,2,\cdots,n-1$,有 $A_i\geqslant B_i$. 因此,最后的和式非负,所以差

$$\sum_{i=1}^{n}f(a_i)-\sum_{i=1}^{n}f(b_i)$$

也非负,这就是我们要证明的. □

注3 我们将证明 Karamata 不等式就是权重相等的 Jensen 不等式. 观察到如果 $a_1\geqslant a_2\geqslant\cdots\geqslant a_n$,那么$(a_1,a_2,\cdots,a_n)\succ(a,a,\cdots,a)$,这里 a 是 $a_1,a_2,\cdots,a_n$ 的算术平均数. 事实上,当 $k=1,2,\cdots,n-1$ 时,我们必须证明

$$a_1+a_2+\cdots+a_n\geqslant ka$$

或

$$(n-k)(a_1+a_2+\cdots+a_k)\geqslant k(a_{k+1}+a_{k+2}+\cdots+a_n)$$

这显然成立.

例89 设 a,b,c 是正实数,且 $a+b+c=3$,证明

$$9\leqslant\sqrt{5a^2+4}+\sqrt{5b^2+4}+\sqrt{5c^2+4}\leqslant 11$$

证明 因为 $f(x)=\sqrt{5x^2+4}$ 在$(0,+\infty)$上是凸函数,且

$$(1,1,1)\prec(a,b,c)\prec(3,0,0)$$

所以由 Karamata 不等式得到所求的结果. □

例 90 设 $x,y,z\in\left[0,\frac{7}{16}\right]$ 是实数，且 $x+y+z=1$，求表达式

$$(1+x)(1+y)(1+z)$$

的极值.

解 因为 $f(x)=\ln(1+x)$ 在 $(0,+\infty)$ 上是凹函数，且

$$\left(\frac{1}{3},\frac{1}{3},\frac{1}{3}\right)\prec(x,y,z)\prec\left(\frac{7}{16},\frac{7}{16},\frac{2}{16}\right)$$

所以由 Karamata 不等式

$$\ln\frac{23}{16}+\ln\frac{23}{16}+\ln\frac{18}{16}\leqslant\ln(1+x)+\ln(1+y)+\ln(1+z)\leqslant\ln\frac{4}{3}+\ln\frac{4}{3}+\ln\frac{4}{3}$$

这表明

$$\frac{9\ 522}{4\ 096}\leqslant(1+x)(1+y)(1+z)\leqslant\frac{64}{27}$$

□

例 91 设 a,b,c 是正实数，证明

$$\frac{a+b}{c}+\frac{b+c}{a}+\frac{c+a}{b}\geqslant 2\left(\frac{a}{b+c}+\frac{b}{c+a}+\frac{c}{a+b}\right)+3$$

证明 原不等式等价于

$$\frac{1}{a}+\frac{1}{b}+\frac{1}{c}\geqslant 2\left(\frac{1}{a+b}+\frac{1}{b+c}+\frac{1}{c+a}\right)$$

或

$$\frac{1}{2a}+\frac{1}{2b}+\frac{1}{2c}\geqslant\frac{1}{a+b}+\frac{1}{b+c}+\frac{1}{c+a}$$

注意到 $(2a,2b,2c)\succ(a+b,c+a,b+c)$. 看到这一点，不失一般性，假定 $a\geqslant b\geqslant c$. 那么 $a+b\geqslant c+a\geqslant b+c$，我们需要证明

$$2a\geqslant a+b$$

$$2a+2b\geqslant(a+b)+(a+c)$$

以及

$$2a+2b+2c=(a+b)+(a+c)+(b+c)$$

但是，所有这一切都可直接得出. 因为 $f(x)=\frac{1}{x}$ 在区间 $(0,+\infty)$ 上是凸函数，且 $(2a,2b,2c)\succ(a+b,c+a,b+c)$，由 Karamata 不等式，我们得到所求的不等式.

例 92 设 $-1\leqslant a,b,c\leqslant 1$，且 $a+b+c=-\frac{1}{2}$，证明

$$a^4+b^4+c^4\leqslant\frac{33}{16}$$

证明 不失一般性，我们可以假定 $1\geqslant a\geqslant b\geqslant c\geqslant -1$. 因为 $f(x)=x^4$ 在区间 $[-1,1]$ 上是凸函数，且

$$a\leqslant 1,a+b=-\frac{1}{2}-c\leqslant -\frac{1}{2}+1=\frac{1}{2}$$

那么

$$\left(1,-\frac{1}{2},-1\right)\succ (a,b,c)$$

所以由 Karamata 不等式,我们得到

$$a^4+b^4+c^4\leqslant 1+\left(-\frac{1}{2}\right)^4+(-1)^4=\frac{33}{16}$$

□

例 93 设 a,b,c 是非负实数,且 $a+b+c=1$,求表达式

$$P=\sqrt{\frac{1-a}{1+a}}+\sqrt{\frac{1-b}{1+b}}+\sqrt{\frac{1-c}{1+c}}$$

的最小值和最大值.

解 设 $f(x)=\sqrt{\frac{1-x}{1+x}}$,那么 $P=f(a)+f(b)+f(c)$. 我们可以看到

$$f''(x)=\frac{1-2x}{\sqrt{(1+x)^5(1-x)^3}}$$

因此当 $x\leqslant\frac{1}{2}$ 时,$f''(x)\geqslant 0$;当 $x\geqslant\frac{1}{2}$ 时,$f''(x)\leqslant 0$.

不失一般性,假定 $1\geqslant a\geqslant b\geqslant c\geqslant 0$. 现在,我们有两种情况:

(1)$a,b,c\in\left[0,\frac{1}{2}\right]$. 因为 f 在该区间上是凸函数,且

$$\left(\frac{1}{3},\frac{1}{3},\frac{1}{3}\right)\prec (a,b,c)\prec\left(\frac{1}{2},\frac{1}{2},0\right)$$

利用 Karamata 不等式,我们有

$$3\cdot f\left(\frac{1}{3}\right)\leqslant f(a)+f(b)+f(c)\leqslant 2\cdot f\left(\frac{1}{2}\right)+f(0)$$

或

$$\frac{3}{\sqrt{2}}\leqslant P\leqslant\frac{2}{\sqrt{3}}+1$$

(2)$b,c\in\left[0,\frac{1}{2}\right],a\geqslant\frac{1}{2}\left(b+c=1-a\leqslant\frac{1}{2}\right)$. 再一次利用 Karamata 不等式,且

$$\left(\frac{c+b}{2},\frac{b+c}{2}\right)\prec (b,c)\prec (b+c,0)$$

我们有

$$f(a)+2\cdot f\left(\frac{b+c}{2}\right)\leqslant f(a)+f(b)+f(c)\leqslant f(a)+f(b+c)+f(0)$$

或

$$f(a)+2\cdot f\left(\frac{1-a}{2}\right)\leqslant P\leqslant f(a)+f(1-a)+1$$

对左边的不等式,利用 AM-GM 不等式,我们有

$$\begin{aligned}f(a)+2\cdot f\left(\frac{1-a}{2}\right)&=\sqrt{\frac{1-a}{1+a}}+2\sqrt{\frac{1+a}{3-a}}\\&=\sqrt{\frac{1-a}{1+a}}+\sqrt{\frac{1+a}{3-a}}+\sqrt{\frac{1+a}{3-a}}\\&\geqslant\sqrt{\frac{3-a}{1+a}}+\sqrt{\frac{1+a}{3-a}}\geqslant 2\end{aligned}$$

等式需要 $a=1$ 时成立,这就导致 $b=c=0$. 对于右边的不等式,我们证明

$$f(a)+f(1-a)\leqslant\frac{2}{\sqrt{3}}$$

或

$$\sqrt{\frac{a}{2-a}}+\sqrt{\frac{1-a}{1+a}}\leqslant\frac{2}{\sqrt{3}}$$

或

$$\sqrt{3a(1+a)}+\sqrt{3(1-a)(2-a)}\leqslant 2\sqrt{(2-a)(1+a)}$$

两边平方后得到等价的不等式

$$3\sqrt{a(2-a)(1-a^2)}\leqslant 1+5a-5a^2$$

或再两边平方

$$16a^4-32a^3+24a^2-8a+1\geqslant 0\Leftrightarrow(2a-1)^4\geqslant 0$$

当 $a=\frac{1}{2}$ 时,等式成立,这导致 $b=\frac{1}{2}$,$c=0$. 因为$\frac{2}{\sqrt{3}}\geqslant 2$,我们推得当 $a=1$,$b=c=0$ 时,得到 P 的最小值是 2. 当 $a=b=\frac{1}{2}$,$c=0$ 时,得到 P 的最大值是$\frac{2}{\sqrt{3}}+1$. □

1.14 Popoviciu 不等式

在凸分析中,Popoviciu 不等式是关于凸函数的不等式. 与 Jensen 不等式类似,该不等式为罗马尼亚数学家 Tiberiu Popoviciu 于 1965 年发现. 表述如下:

定理 16(Popoviciu 不等式) 设 f 是区间 $I\subseteq\mathbf{R}$ 到 $\mathbf{R}$ 的凸函数,a,b,c 是 I 中的三点,那么

$$f(a)+f(b)+f(c)+3f\left(\frac{a+b+c}{3}\right)\geqslant 2f\left(\frac{a+b}{2}\right)+2f\left(\frac{b+c}{2}\right)+2f\left(\frac{c+a}{2}\right)$$

当 f 是严格凸函数时,除了 $a=b=c$ 外,不等式严格成立.

证明 如果我们能够证明

$$\left(a, b, \frac{a+b+c}{3}, \frac{a+b+c}{3}, \frac{a+b+c}{3}, c\right) \succ \left(\frac{a+b}{2}, \frac{a+b}{2}, \frac{c+a}{2}, \frac{c+a}{2}, \frac{b+c}{2}, \frac{b+c}{2}\right)$$

那么该不等式将由 Karamata 不等式直接推出,不失一般性,可以假定 $a \geqslant b \geqslant c$,这表明

$$a+b \geqslant a+c \geqslant b+c$$

$$a \geqslant \frac{a+b+c}{3} \geqslant c$$

但是余下来是要比较 b 和$\frac{a+b+c}{3}$ 的大小.于是我们有两种情况:

(1)$b \geqslant \frac{a+b+c}{3} \Leftrightarrow b \geqslant \frac{c+a}{2}$.

在这种情况下所需要的优于等价于以下的各个不等式,其中每一个都能直接推出

$$a \geqslant \frac{a+b}{2} \Leftrightarrow a \geqslant b$$

$$a+b \geqslant \frac{a+b}{2}+\frac{a+b}{2} \Leftrightarrow a+b \geqslant a+b$$

$$a+b+\frac{a+b+c}{3} \geqslant \frac{a+b}{2}+\frac{a+b}{2}+\frac{c+a}{2} \Leftrightarrow b \geqslant \frac{c+a}{2}$$

$$a+b+\frac{a+b+c}{3}+\frac{a+b+c}{3} \geqslant \frac{a+b}{2}+\frac{a+b}{2}+\frac{c+a}{2}+\frac{c+a}{2} \Leftrightarrow b \geqslant \frac{c+a}{2}$$

$$a+b+\frac{a+b+c}{3}+\frac{a+b+c}{3}+\frac{a+b+c}{3}$$
$$\geqslant \frac{a+b}{2}+\frac{a+b}{2}+\frac{c+a}{2}+\frac{c+a}{2}+\frac{b+c}{2}$$
$$\Leftrightarrow b \geqslant c$$

(2)$b \leqslant \frac{a+b+c}{3} \Leftrightarrow b \leqslant \frac{c+a}{2}$.

在这种情况下所需要的优于等价于以下的各个不等式,其中每一个都能直接推出

$$a \geqslant \frac{a+b}{2} \Leftrightarrow a \geqslant b$$

$$a+\frac{a+b+c}{3} \geqslant \frac{a+b}{2}+\frac{a+b}{2} \Leftrightarrow \frac{c+a}{2} \geqslant b$$

$$a+\frac{a+b+c}{3}+\frac{a+b+c}{3} \geqslant \frac{a+b}{2}+\frac{a+b}{2}+\frac{c+a}{2} \Leftrightarrow \frac{c+a}{2} \geqslant b$$

$$a+\frac{a+b+c}{3}+\frac{a+b+c}{3}+\frac{a+b+c}{3} \geqslant \frac{a+b}{2}+\frac{a+b}{2}+\frac{c+a}{2}+\frac{c+a}{2} \Leftrightarrow 0 \geqslant 0$$

$$a+\frac{a+b+c}{3}+\frac{a+b+c}{3}+\frac{a+b+c}{3}+b \geqslant \frac{a+b}{2}+\frac{a+b}{2}+\frac{c+a}{2}+\frac{c+a}{2}+\frac{b+c}{2} \Leftrightarrow b \geqslant c$$

于是我们可以利用 Karamata 不等式得到所求的结果. □

在2002年和2004年，Vasile Círtoaje将Popoviciu不等式推广到如下的有n个变量的情况：

定理17（一般的Popoviciu不等式）　设f是区间$I \subseteq \mathbf{R}$到$\mathbf{R}$的凸函数，$x_1, x_2, \cdots, x_n$是I中的有限多个点，那么

$$\sum_{i=1}^{n} f(x_i) + n(n-2) f(x) \geqslant (n-1)[f(y_1) + f(y_2) + \cdots + f(y_n)]$$

这里$x = \dfrac{x_1 + x_2 + \cdots + x_n}{n}$，对一切$i \in \{1, \cdots, n\}$，$y_i = \dfrac{1}{n-1} \sum\limits_{j \neq i} x_j$.

定理18（Vasile Círtoaje）　设f是区间$I \subseteq \mathbf{R}$到$\mathbf{R}$的凸函数，$x_1, x_2, \cdots, x_n$是I中的有限多个点，那么

$$\sum_{i=1}^{n} f(x_i) + \frac{n}{n-2} f(x) \geqslant \frac{2}{n-2} \sum_{1 \leqslant i < j \leqslant n} f\left(\frac{x_i + x_j}{2}\right)$$

这里$x = \dfrac{x_1 + x_2 + \cdots + x_n}{n}$.

例94　设a, b, c是正实数，且$a + b + c = 3$，证明

$$(a+b)(b+c)(c+a) \geqslant 8\sqrt{abc}$$

证明　首先，我们将原不等式写成齐次形式，得到以下的不等式

$$27(a+b)^2(b+c)^2(c+a)^2 \geqslant 64abc(a+b+c)^3$$

该不等式等价于

$$\left(\frac{a+b}{2}\right)^2 \left(\frac{b+c}{2}\right)^2 \left(\frac{c+a}{2}\right)^2 \geqslant abc\left(\frac{a+b+c}{3}\right)^3$$

或

$$2\ln \frac{a+b}{2} + 2\ln \frac{b+c}{2} + 2\ln \frac{c+a}{2} \geqslant \ln a + \ln b + \ln c + 3\ln \frac{a+b+c}{3}$$

这就是将Popoviciu不等式用于凸函数$f(x) = -\ln x$得到的. □

例95　设a, b, c是正实数，证明以下不等式

$$\frac{a+b}{c} + \frac{b+c}{a} + \frac{c+a}{b} \geqslant 4\left(\frac{a}{b+c} + \frac{b}{c+a} + \frac{c}{a+b}\right)$$

证明　原不等式可改写为

$$\frac{a+b+c-c}{c} + \frac{b+c+a-a}{a} + \frac{c+a+b-b}{b}$$

$$\geqslant 4\left(\frac{a+b+c-b-c}{b+c} + \frac{b+c+a-c-a}{c+a} + \frac{c+a+b-a-b}{a+b}\right)$$

或

$$(a+b+c)\left(\frac{1}{a} + \frac{1}{b} + \frac{1}{c}\right) - 3 \geqslant 4(a+b+c)\left(\frac{1}{b+c} + \frac{1}{c+a} + \frac{1}{a+b}\right) - 12$$

两边除以 $a+b+c$,就得到

$$\frac{1}{a}+\frac{1}{b}+\frac{1}{c}+\frac{9}{a+b+c}\geqslant\frac{4}{a+b}+\frac{4}{b+c}+\frac{4}{c+a}$$

就是将 Popoviciu 不等式用于凸函数 $f(x)=\frac{1}{x}$ 得到的. □

例 96 证明:如果 a,b,c 是正实数,且 $abc=1$,那么

$$a^2+b^2+c^2+3\geqslant 2\left(\frac{1}{a}+\frac{1}{b}+\frac{1}{c}\right)$$

证明 原不等式可由 Popoviciu 不等式推得,考虑凸函数 $f(x)=e^x$,写为

$$e^x+e^y+e^z+3\geqslant 2(e^{-\frac{x}{2}}+e^{-\frac{y}{2}}+e^{-\frac{z}{2}})$$

或

$$e^x+e^y+e^z+3e^{\frac{x+y+z}{3}}\geqslant 2(e^{\frac{y+z}{2}}+e^{\frac{z+x}{2}}+e^{\frac{x+y}{2}})$$

设 $a=e^{\frac{x}{2}},b=e^{\frac{y}{2}},c=e^{\frac{z}{2}}$,注意到 $x+y+z=0$,我们就看到该不等式就是所求的不等式.

换一种方法,使用变换

$$a=\frac{x^2}{yz},b=\frac{y^2}{zx},c=\frac{z^2}{xy}$$

得到熟知的不等式

$$x^6+y^6+z^6+3(xyz)^2\geqslant 3(y^3z^3+z^3x^3+x^3y^3)$$

这由 Schur 不等式和 AM-GM 不等式得到. □

例 97 证明:如果 a,b,c,d 是正实数,且 $abcd=1$,那么

$$a^3+b^3+c^3+d^3+8\geqslant 3\left(\frac{1}{a}+\frac{1}{b}+\frac{1}{c}+\frac{1}{d}\right)$$

证明 原不等式由一般的 Popoviciu 不等式推得,考虑凸函数 $f(x)=e^x$,写为

$$e^x+e^y+e^z+e^t+8\geqslant 3(e^{-\frac{x}{3}}+e^{-\frac{y}{3}}+e^{-\frac{z}{3}}+e^{-\frac{t}{3}})$$

或

$$e^x+e^y+e^z+e^t+8e^{\frac{x+y+z+t}{4}}\geqslant 3(e^{\frac{y+z+t}{3}}+e^{\frac{z+t+x}{3}}+e^{\frac{x+y+t}{3}}+e^{\frac{x+y+z}{3}})$$

使用变换

$$a=e^{\frac{x}{3}},b=e^{\frac{y}{3}},c=e^{\frac{z}{3}},d=e^{\frac{t}{3}}$$

注意到 $x+y+z+t=0$,我们看到该不等式就是所求的不等式. □

例 98 证明:如果 a,b,c,d 是正实数,且 $abcd=1$,那么

$$a^3+b^3+c^3+d^3+8\geqslant\frac{3}{2}\left(a+b+c+d+\frac{1}{a}+\frac{1}{b}+\frac{1}{c}+\frac{1}{d}\right)$$

证明 我们将前面例题中的不等式加上不等式

$$a^3+b^3+c^3+d^3+8\geqslant 3(a+b+c+d)$$

可得到本题的不等式.

本题的不等式可将以下不等式

$$a^3+2=a^3+1+1\geqslant 3\sqrt[3]{a^3\cdot 1\cdot 1}=3a$$

与 b,c,d 的类似的三个不等式相加得到. □

例 99 设 a,b,c,d 是正实数,证明

$$3(a^2+b^2+c^2+d^2)+4\sqrt{abcd}\geqslant (a+b+c+d)^2$$

证明 原不等式可改写为

$$a^2+b^2+c^2+d^2+2\sqrt{abcd}\geqslant ab+ac+ad+bc+bd+cd$$

用变换

$$a=\mathrm{e}^{\frac{x}{2}},b=\mathrm{e}^{\frac{y}{2}},c=\mathrm{e}^{\frac{z}{2}},d=\mathrm{e}^{\frac{t}{2}}$$

得到

$$\mathrm{e}^x+\mathrm{e}^y+\mathrm{e}^z+\mathrm{e}^t+2\mathrm{e}^{\frac{x+y+z+t}{4}}\geqslant \mathrm{e}^{\frac{x+y}{2}}+\mathrm{e}^{\frac{x+z}{2}}+\mathrm{e}^{\frac{x+t}{2}}+\mathrm{e}^{\frac{y+z}{2}}+\mathrm{e}^{\frac{y+t}{2}}+\mathrm{e}^{\frac{z+t}{2}}$$

将定理 18 用于函数 $f(x)=\mathrm{e}^x$,就得到上式. □

例 100 设 a,b,c,d 是正实数,且 $a+b+c+d=4$,证明

$$\sqrt{\frac{a+b}{2}}+\sqrt{\frac{b+c}{2}}+\sqrt{\frac{c+d}{2}}+\sqrt{\frac{d+a}{2}}\geqslant \sqrt{a}+\sqrt{b}+\sqrt{c}+\sqrt{d}+\frac{(a+c-b-d)^2}{64}$$

证明 将定理 18 用于凸函数 $f(x)=-\sqrt{x}$,我们得到

$$-\sqrt{a}-\sqrt{b}-\sqrt{c}-\sqrt{d}-2\geqslant -\sum_{\text{sym}}\sqrt{\frac{a+b}{2}}$$

可改写为

$$\sqrt{\frac{a+b}{2}}+\sqrt{\frac{b+c}{2}}+\sqrt{\frac{c+d}{2}}+\sqrt{\frac{d+a}{2}}$$

$$\geqslant \sqrt{a}+\sqrt{b}+\sqrt{c}+\sqrt{d}+2-\sqrt{\frac{a+c}{2}}-\sqrt{\frac{b+d}{2}}$$

于是,只要证明

$$2-\sqrt{\frac{a+c}{2}}-\sqrt{\frac{b+d}{2}}\geqslant \frac{(a+c-b-d)^2}{64}$$

设 $2x=a+c,2y=b+d$ 和 $x+y=2$,那么

$$2\sqrt{\frac{x+y}{2}}-\sqrt{x}-\sqrt{y}=\sqrt{\frac{x+y}{2}}-\sqrt{x}+\sqrt{\frac{x+y}{2}}-\sqrt{y}$$

$$=\frac{y-x}{2\sqrt{x}+2}+\frac{x-y}{2\sqrt{y}+2}$$

$$=\frac{2\,(x-y)^2}{(2\sqrt{x}+2)(2\sqrt{y}+2)(\sqrt{x}+\sqrt{y})}$$

$$\geqslant \frac{(a+c-b-d)^2}{64}$$

这是由 Cauchy-Schwarz 不等式

$$\sqrt{x}+\sqrt{y} \leqslant \sqrt{2(x+y)}=2$$

和 AM-GM 不等式

$$4(\sqrt{x}+1)(\sqrt{y}+1) \leqslant (2+\sqrt{x}+\sqrt{y})^2 \leqslant 16$$

得到的. □

2　116个不等式

2.1　入　门　题

1. 设 a 是大于 2 的实数,证明

$$a^3(a-2)^2+\frac{2}{a-2}\geqslant 3a$$

2. 设 a 是正实数,证明

$$\sqrt{a}+\frac{8}{a^2}\geqslant\frac{5}{2}$$

3. 设 x 是正实数,求

$$\sqrt{\frac{1}{1+x^2}}+2\sqrt{\frac{x}{1+x}}$$

的最大值.

4. 设 n 是正整数,对区间(0,1) 上的一切实数 x,求

$$\frac{n}{x}+\left(\frac{x}{1-x}\right)^n$$

的最小值.

5. 证明:对于任何 $a\geqslant 1$,有

$$a^7\geqslant 21a^2-35a+15$$

6. 设 x 是正实数,且 $x^9-x^7+x^5-x^3+x\geqslant 5$,证明:$x^5\geqslant 3$.

7. 设 x 是正实数,且 $n\in\mathbf{N}^*$,证明

$$x^{2n}-x^{2n-1}+x^{2n-2}-\cdots-x^3+x^2-x+\frac{1}{2}>0$$

8. 证明:对于在区间$\left[\frac{1}{2},2\right]$上的一切正实数 a,有

$$\frac{387a^3}{a^7+1}+8a\geqslant 40$$

9. 求表达式

$$f=\sqrt{x^2-2x+2}+\sqrt{x^2-8x+32}+\sqrt{x^2-6x+25}+\sqrt{x^2-4x+20}+\sqrt{x^2-10x+26}$$

的最小值.

10. 如果 $0 \leqslant a \leqslant 8$,求

$$8a + a(7-a)^2$$

的最大值.

11. 证明:如果 $a > b > 0$,那么

$$a + \frac{1}{b(a-b)} \geqslant 3$$

12. 设 a 和 b 是实数,且

$$9a^2 + 8ab + 7b^2 \leqslant 6$$

证明

$$7a + 5b + 12ab \leqslant 9$$

13. 设 a 和 b 是正实数,证明

$$\frac{6ab - b^2}{8a^2 + b^2} \leqslant \sqrt{\frac{a}{b}}$$

14. 设 a 和 b 是实数,且 $a^2 + ab + b^2 = 3$.求此时表达式

$$(5+a)(5+b)$$

的取值范围.

15. 设 a,b 是正实数,且 $a+b=1$,证明

$$(2a+b)^3 \geqslant 6\sqrt{3}\,ab$$

16. 设 m 和 n 是大于2的整数,证明

$$(mn+3)^3 + 27 \geqslant 8m^3 + 3(2mn+3)^2 + 8n^3$$

17. 设 x,y 是正实数,且 $x + y + \sqrt{xy} = 3$,证明

$$\frac{1}{x} + \frac{10}{y} \geqslant \frac{49}{6}$$

18. 假定实数 x 和 y 满足 $x^2 + y^2 - 2x - 4y + 1 = 0$,证明

$$3 \leqslant \sqrt{(x+3)^2 + (y+1)^2} \leqslant 7$$

19. 设 x,y 是非负实数,证明

$$\frac{1}{(1+x)^2} + \frac{1}{(1+y)^2} \geqslant \frac{1}{1+xy}$$

20. 设 x,y 是正实数,证明

$$\frac{x+y}{(1+x)(1+y)} \geqslant \frac{2\sqrt{xy}}{(1+\sqrt{xy})^2}$$

21. 设 a,b 是实数,且

$$3 \leqslant a^2 + ab + b^2 \leqslant 6$$

证明

$$2 \leqslant a^4 + b^4 \leqslant 72$$

22. 对一切 x, y，求最佳常数 α, β，使

$$\alpha < \frac{x}{2x+y} + \frac{y}{x+2y} \leqslant \beta$$

其中 $x, y \in (0, \infty)$.

23. 求最大的正实数 a，对一切 $x \in (0, a)$，有

$$\frac{1}{x^2} + \frac{1}{(a-x)^2} \geqslant \frac{1}{2}$$

24. 设 a, b, c 是大于或等于 1 的实数，证明

$$\frac{a^3+2}{b^2-b+1} + \frac{b^3+2}{c^2-c+1} + \frac{c^3+2}{a^2-a+1} \geqslant 9$$

25. 证明：对于任何实数 a, b, c，有

$$a^2 + (2-\sqrt{2})b^2 + c^2 \geqslant \sqrt{2}(ab - bc + ca)$$

26. 证明：对于任何非负实数 a, b, c，以下不等式成立

$$(a-2b+4c)(-2a+4b+c)(4a+b-2c) \leqslant 27abc$$

27. 设 a, b, c 是正实数，且 $abc = 1$，证明

$$\frac{1}{a^4+b+c^4} + \frac{1}{b^4+c+a^4} + \frac{1}{c^4+a+b^4} \leqslant \frac{3}{a+b+c}$$

28. 设 a, b, c 是正实数，且 $ab + bc + ca = 3$，证明

$$(a^3+1)(b^3+1)(c^3+1) \geqslant 8$$

29. 设 a, b, c 是大于 2 的实数，且

$$\frac{7-2a}{3a-6} + \frac{7-2b}{3b-6} + \frac{7-2c}{3c-6} = \frac{1}{a} + \frac{1}{b} + \frac{1}{c}$$

证明

$$\frac{1}{a} + \frac{1}{b} + \frac{1}{c} \leqslant 1$$

30. 如果 a, b, c 是非负实数，且 $a^2 + b^2 + c^2 = 3$，证明

$$(a^3+a+1)(b^3+b+1)(c^3+c+1) \leqslant 27$$

31. 对于正实数 a, b, c，且 $abc = 1$，证明

$$\left(a+\frac{1}{b}\right)^2 + \left(b+\frac{1}{c}\right)^2 + \left(c+\frac{1}{a}\right)^2 \geqslant 6(a+b+c-1)$$

32. 设 a, b, c 是正实数，证明

$$\frac{a^2}{b^2} + \frac{b^2}{c^2} + \frac{c^2}{a^2} + \frac{32abc}{(a+b)(b+c)(c+a)} \geqslant 7$$

33. 设 a, b, c 是正实数，且

$$a^4+b^4+c^4\leqslant a+b+c$$

证明

$$a^3+b^3+c^3\leqslant abc+2$$

34. 设 a,b,c 是实数,且 $a+b+c>0$,证明

$$\frac{a^2+b^2+c^2-2ab-2bc-2ca}{a+b+c}+\frac{6abc}{a^2+b^2+c^2+ab+bc+ca}\geqslant 0$$

35. 设 a,b,c 是正实数,且 $abc=1$,证明

$$(a+b+c)^2\left(\frac{1}{a^2+2}+\frac{1}{b^2+2}+\frac{1}{c^2+2}\right)\geqslant 9$$

36. 设 a,b,c 是正实数,满足

$$\frac{1}{a^3+b^3+1}+\frac{1}{b^3+c^3+1}+\frac{1}{c^3+a^3+1}\geqslant 1$$

证明

$$(a+b)(b+c)(c+a)\leqslant 6+\frac{2}{3}(a^3+b^3+c^3)$$

37. 设 $a,b,c,d>0$,证明

$$\frac{1}{a^2+b^2+c^2+\sqrt{abcd}}+\frac{1}{b^2+c^2+d^2+\sqrt{abcd}}+\frac{1}{c^2+d^2+a^2+\sqrt{abcd}}+\frac{1}{d^2+a^2+b^2+\sqrt{abcd}}\leqslant\frac{1}{\sqrt{abcd}}$$

38. 证明:对于任何实数 a,b,c,d,有

$$a^2+b^2+c^2+d^2+\sqrt{5}\min\{a^2,b^2,c^2,d^2\}\geqslant(\sqrt{5}-1)(ab+bc+cd+da)$$

39. 设实数 a,b,x,y 满足 $ay-bx=1$,证明

$$a^2+b^2+x^2+y^2+ax+by\geqslant\sqrt{3}$$

40. 设 a,b,c,d 是实数,且

$$(a^2+1)(b^2+1)(c^2+1)(d^2+1)=16$$

证明

$$-3\leqslant ab+bc+cd+da+ac+bd-abcd\leqslant 5$$

41. 已知 a,b,c,d 是非负实数,且 $a+b+c+d=4$. 求

$$\frac{a}{b^3+4}+\frac{b}{c^3+4}+\frac{c}{d^3+4}+\frac{d}{a^3+4}$$

的可能的最小值.

42. 设 a,b,c,d 是非负实数,且 $a+b+c+d=6$. 求

$$4a+2ab+2abc+abcd$$

的最大值.

43. 设 a,b,c,d 是正实数，且 $a,b,c,d \leqslant 1$，证明

$$\frac{1}{a+b+c+d} \geqslant \frac{1}{4}+\frac{64}{27}(1-a)(1-b)(1-c)(1-d)$$

44. 设 a,b,c,d 是正实数，且

$$a+b+c+d=4$$

证明

$$\frac{1}{ab}+\frac{1}{cd} \geqslant \frac{a^2+b^2+c^2+d^2}{2}$$

45. 设 a,b,c,d 是正实数，证明

$$(a^3+3)(b^3+3)(c^3+3)(d^3+3) \geqslant 4(a+b+c+d)^3$$

46. 设 a,b,c,d 是正实数，且

$$\frac{a+d}{b+c} \geqslant 2$$

证明

$$(a+b)(b+c)(c+d)(d+a) \geqslant 18abcd$$

47. 设 a,b,c,d 是实数，且

$$a+b+c+d=2$$

证明

$$\frac{a}{a^2-a+1}+\frac{b}{b^2-b+1}+\frac{c}{c^2-c+1}+\frac{d}{d^2-d+1} \leqslant \frac{8}{3}$$

48. 设 a,b,c,d 是实数，且 $a+b+c+d=6$ 以及 $a^2+b^2+c^2+d^2=12$.
证明：$abcd \leqslant 3$.

49. 设 a,b,c,d 是正实数，且 $abcd \geqslant 1$，证明

$$\frac{1}{a+b^5+c^5+d^5}+\frac{1}{b+c^5+d^5+a^5}+\frac{1}{c+d^5+a^5+b^5}+\frac{1}{d+a^5+b^5+c^5} \leqslant 1$$

50. 给定 n 个正实数，且

$$\frac{1}{1+x_1}+\frac{1}{1+x_2}+\cdots+\frac{1}{1+x_n}=1$$

证明

$$x_1x_2\cdots x_n \geqslant (n-1)^n$$

51. 设 a,b,c,x,y,z 是正实数，且

$$ab+bc+ca=xy+yz+zx=1$$

证明

$$a(y+z)+b(z+x)+c(x+y) \geqslant 2$$

52. 设整数 $n \geqslant 2$，$a_1,a_2,\cdots,a_n$ 是正实数，且 $a_1a_2\cdots a_n=1$，证明

$$\frac{n}{\sum_{i=1}^{n} a_i} \leqslant \sum_{i=1}^{n} \frac{1}{a_i+(n-1)} \leqslant 1$$

53. 设 $x_1, x_2, \cdots, x_n$ 是非负实数,且 $x_1+x_2+\cdots+x_n=1$. 求

$$\sqrt{x_1+1}+\sqrt{2x_2+1}+\cdots+\sqrt{nx_n+1}$$

的最小可能的值.

54. 设 $a_1, a_2, \cdots, a_n$ 是正实数,且

$$\sqrt{a_1}+\sqrt{a_2}+\cdots+\sqrt{a_n}=a_1+a_2+\cdots+a_n$$

证明

$$\sqrt{a_1^2+1}+\sqrt{a_2^2+1}+\cdots+\sqrt{a_n^2+1} \leqslant n\sqrt{2}$$

55. 设 $a, b, c, d, e \in [1,2]$,证明

$$a^2+b^2+c^2+d^2+e^2-3abcde \leqslant 2$$

56. 设 x, y, z 是非负实数,且对某个可能的正实数 a, b, c,有

$$ax+by+cz \leqslant 3abc$$

证明

$$\sqrt{\frac{x+y}{2}}+\sqrt{\frac{y+z}{2}}+\sqrt{\frac{z+x}{2}}+\sqrt[4]{xyz} \leqslant \frac{1}{4}(abc+5a+5b+5c)$$

57. 设 $x_1, x_2, \cdots, x_n$ 是正实数,$n \geqslant 1$,$x_1^2+x_2^2+\cdots+x_n^2=1$,证明

$$(1+x_1)(1+x_2)\cdots(1+x_n)(1+x_1+x_2+\cdots+x_n) \geqslant (1+\sqrt{n})^{n+1} x_1 x_2 \cdots x_n$$

58. 设 $n \geqslant 3$,$0=a_0<a_1<\cdots<a_{n+1}$,且

$$a_1a_2+a_2a_3+\cdots+a_{n-1}a_n=a_na_{n+1}$$

证明

$$\frac{1}{a_3^2-a_0^2}+\frac{1}{a_4^2-a_1^2}+\cdots+\frac{1}{a_{n+1}^2-a_{n-2}^2} \geqslant \frac{1}{a_{n-1}^2}$$

2.2 提 高 题

1. 如果 x 是实数,证明

$$x^3-x \leqslant \frac{\sqrt{2}}{4}(x^4+1)$$

2. 设 x 是实数,且 $-1<x<1$,证明

$$\sqrt[4]{1-x^2}+\sqrt[4]{1-x}+\sqrt[4]{1+x} \leqslant 3$$

3. 设 a 是正实数,n 是自然数,证明

$$a^n+\frac{1}{a^n}-2 \geqslant n^2\left(a+\frac{1}{a}-2\right)$$

4. 如果 x 是正实数,证明

$$\frac{\sqrt[3]{x+1}+\sqrt[3]{x+27}}{2} \geqslant \sqrt[3]{x+8}$$

5. 设 a 是非负实数,证明

$$\frac{1+a^2}{1+a} \geqslant \sqrt[3]{\frac{1+a^3}{2}}$$

6. 如果 a 是非负实数,证明

$$\sqrt[4]{\frac{a^4+a^3+a^2+a+1}{5}} \geqslant \sqrt[3]{\frac{a^3+a^2+a+1}{4}}$$

7. 如果 a 是非负实数,证明

$$\frac{a^3+1}{2} \geqslant \sqrt[2]{\frac{a^2+1}{2}} \cdot \sqrt[3]{\frac{a^3+1}{2}} \cdot \sqrt[4]{\frac{a^4+1}{2}}$$

8. 设 x 是正实数,$n \in \mathbf{N}^*$,证明

$$\frac{x^n+x^{n-1}+\cdots+x+1}{n+1} \geqslant \left(\frac{x+1}{2}\right)^n$$

9. 如果 x,y 是正实数,证明

$$\left(\frac{2x+y}{3} \cdot \frac{x+2y}{3}\right)^4 \geqslant \sqrt{xy}\left(\frac{x+y}{2}\right)^7$$

10. 设 a,b 是非负实数,证明

$$\left(a+2b+\frac{12}{a+1}\right)\left(b+2a+\frac{12}{b+1}\right) \geqslant 81$$

11. 设 a,b 是正实数,且 $a^2+b^2=2$,证明

$$\frac{1}{1+a^2}+\frac{1}{1+b^2} \geqslant 1+(2-a-b)\sqrt{ab}$$

12. 设 a,b 是实数,且

$$3(a+b) \geqslant 2|ab+1|$$

证明

$$9(a^3+b^3) \geqslant |a^3b^3+1|$$

13. 设 a,b 是正实数,且 $a+b=1$,证明

$$\sqrt{\left(a^3-\frac{1}{a^2}\right)\left(b^3-\frac{1}{b^2}\right)} \geqslant \frac{31}{8}$$

14. 设 a,b 是正实数,证明

$$\frac{1}{4a}+\frac{3}{a+b}+\frac{1}{4b} \geqslant \frac{4}{3a+b}+\frac{4}{a+3b}$$

15. 设 a,b 是非负实数,证明

$$(a+b)^4(a^4+b^4)\leqslant 2\left[a^2+b^2+\frac{(a-b)^2}{4}\right]^4$$

16. 设 x,y 是非负实数,且 $x+y=2$,证明

$$\sqrt{x^2+3}+\sqrt{y^2+3}+\sqrt{xy+3}\geqslant 6$$

17. 证明:对于任何 $a,b>-1$,有

$$\max\{(a+3)(b^2+3),(a^2+3)(b+3)\}\geqslant 2(a+b+2)^{\frac{3}{2}}$$

18. 设 a,b 是有理数,且

$$|a|\leqslant\frac{47}{|a^2-3ab^2|},|b|\leqslant\frac{52}{|b^2-3a^2|}$$

证明:$a^2+b^2\leqslant 17$.

19. 设 a,b 是实数,且 $a+b\geqslant 0,a^2+4ab+b^2=6$,证明

$$a+b+\sqrt{\frac{(a-1)^2+(b+5)^2}{2}}\geqslant 6$$

20. (Marius Stănean) 设 a,b 是正实数,且 $a+b\leqslant 2$. 求表达式

$$P=\frac{1}{a^2+1}+\frac{1}{b^2+1}-\sqrt{\frac{1}{2ab}-\frac{1}{4}}$$

的最大值.

21. 设 a,b,c 是正实数,证明

$$\frac{1}{(a+b)^2}+\frac{1}{(b+c)^2}+\frac{1}{(c+a)^2}+\frac{15}{(a+b+c)^2}\geqslant\frac{6}{ab+bc+ca}$$

22. 设 a,b,c 是非负实数,且 $ab+bc+ca=a+b+c>0$,证明

$$a^2+b^2+c^2+5abc\geqslant 8$$

23. 设 a,b,c 是正实数,证明

$$\frac{a+b}{6c}+\frac{b+c}{6a}+\frac{c+a}{6b}+2\geqslant\sqrt{\frac{a+b}{2c}}+\sqrt{\frac{b+c}{2a}}+\sqrt{\frac{c+a}{2b}}$$

24. 设 a,b,c 是正实数,且

$$a^2+b^2+c^2+abc=4$$

证明

$$a+b+c\leqslant\sqrt{2-a}+\sqrt{2-b}+\sqrt{2-c}$$

25. 设 x,y,z 是实数,且 $x+y+z=-2$,证明

$$x^2y^2+y^2z^2+z^2x^2+8xyz+\frac{16}{9}\geqslant 0$$

26. 设 a,b,c 是正实数,且 $abc=1$,证明

$$\frac{1}{a}+\frac{1}{b}+\frac{1}{c}+\frac{6}{a+b+c}\geqslant 5$$

27. 设 $a,b,c>0$，且 $abc(a+b+c)=3$，证明

$$8(a^4+b^4+c^4)+81a^4b^4c^4\geqslant 105$$

28. 设 a,b,c 是非负实数，且 $a\geqslant 1\geqslant b\geqslant c, a+b+c=3$，证明

$$\frac{a}{b+c}+\frac{b}{c+a}+\frac{c}{a+b}\geqslant\frac{2(a^2+b^2+c^2)}{3(ab+bc+ca)}+\frac{5}{6}$$

29. 设 a,b,c 是正实数，证明

$$\sqrt{\frac{9a+b}{9b+a}}+\sqrt{\frac{9b+c}{9c+b}}+\sqrt{\frac{9c+a}{9a+c}}\geqslant 3$$

30. 设 a,b,c 是正实数，且 $abc=1$，证明

$$\frac{a+ab+1}{(a+ab+1)^2+1}+\frac{b+bc+1}{(b+bc+1)^2+1}+\frac{c+ca+1}{(c+ca+1)^2+1}\leqslant\frac{9}{10}$$

31. 设 a,b,c 是实数，且

$$a^2+b^2+c^2-abc=4$$

求 $(ab-c)(bc-a)(ca-b)$ 的最小值以及使取到最小值的一切三元数组 (a,b,c).

32. 设 $\{x,y,z\}\subset(-1,1)$，且 $x+y+z+xyz=0$，证明

$$\sqrt{1+x}+\sqrt{1+y}+\sqrt{1+z}\leqslant\sqrt{9+xy+xz+yz}$$

33. 设 a,b,c 是正实数，证明

$$\frac{a}{(b+c)^2}+\frac{b}{(c+a)^2}+\frac{c}{(a+b)^2}+\frac{2(ab+bc+ca)}{(a+b)(b+c)(c+a)}\geqslant\frac{3(a+b+c)}{2(ab+bc+ca)}$$

34. 设 a,b,c,d 是非负实数，证明

$$(-a+b+c+d)(a-b+c+d)(a+b-c+d)(a+b+c-d)$$
$$\leqslant(a+b+c+d)(abc+bcd+cda+dab)$$

35. 设 a,b,c,d 是非负实数，且

$$a+b+c+d=4$$

证明

$$a^2bc+b^2cd+c^2da+d^2ab\leqslant 4$$

36. 设 a,b,c,d 是正实数，证明

$$\left(1+\frac{2a}{b+c}\right)\left(1+\frac{2b}{c+d}\right)\left(1+\frac{2c}{d+a}\right)\left(1+\frac{2d}{a+b}\right)\geqslant 9$$

37. 设 a,b,c,d 是正实数，且

$$a^2+b^2+c^2+d^2=1$$

证明

$$(1-a)(1-b)(1-c)(1-d)\geqslant abcd$$

38. 设 a,b,c,d 是非负实数，且 $a^2+b^2+c^2+d^2=4$，证明

$$\frac{1}{5-\sqrt{ab}}+\frac{1}{5-\sqrt{bc}}+\frac{1}{5-\sqrt{cd}}+\frac{1}{5-\sqrt{da}}\leqslant 1$$

39. 设正实数 a,b,c,d 满足 $abcd=1$,证明

$$\frac{1}{a}+\frac{1}{b}+\frac{1}{c}+\frac{1}{d}+\frac{9}{a+b+c+d}\geqslant\frac{25}{4}$$

40. 设 a,b,c,d 是正实数,且

$$\frac{1}{a^2+1}+\frac{1}{b^2+1}+\frac{1}{c^2+1}+\frac{1}{d^2+1}=1$$

证明

$$a+b+c+d\geqslant 3\left(\frac{1}{a}+\frac{1}{b}+\frac{1}{c}+\frac{1}{d}\right)$$

41. 设 a,b,c,d 是正实数,且

$$a+b+c+d=2$$

证明

$$\frac{1}{3a^2+1}+\frac{1}{3b^2+1}+\frac{1}{3c^2+1}+\frac{1}{3d^2+1}\geqslant\frac{16}{7}$$

42. 假定 $a,b,c,d\geqslant 0$,且 $a+b+c+d=4$,证明

$$bcd+cda+dab+abc-abcd\leqslant\frac{1}{2}(ab+ac+ad+bc+bd+cd)$$

43. 设 a,b,c,d 是非负实数,且 $a\geqslant b\geqslant 1\geqslant c\geqslant d$,$a+b+c+d=4$,证明

$$4(a^2+b^2+c^2+d^2)\geqslant 12+a^3+b^3+c^3+d^3$$

44. 设 a,b,c,d 是非负实数,且 $a\geqslant 1\geqslant b\geqslant c\geqslant d$,$a+b+c+d=4$,证明

$$abcd+\frac{15}{2(ab+bc+cd+da+ac+bd)}\geqslant\frac{9}{a^2+b^2+c^2+d^2}$$

45. 设 $a,b,c,d\geqslant 0$ 是实数,且 $a+b+c+d=1$,证明

$$\sqrt{a+\frac{(b-c)^2}{6}+\frac{(c-d)^2}{6}+\frac{(d-b)^2}{6}}+\sqrt{b}+\sqrt{c}+\sqrt{d}\leqslant 2$$

46. 设 $a_1,a_2,\cdots,a_n$ 是正实数,且 $a_1+a_2+\cdots+a_n=1$,证明

$$(a_1a_2+a_2a_3+\cdots+a_na_1)\left(\frac{a_1}{a_2^2+a_2}+\frac{a_2}{a_3^2+a_3}+\cdots+\frac{a_n}{a_1^2+a_1}\right)\geqslant\frac{n}{n+1}$$

47. 设 $x_1,x_2,\cdots,x_n$ 是非负实数,且

$$x_1+x_2+\cdots+x_n=1$$

(a) 求 $x_1\sqrt{1+x_1}+x_2\sqrt{1+x_2}+\cdots+x_n\sqrt{1+x_n}$ 的最小值.

(b) 求 $\frac{x_1}{1+x_2}+\frac{x_2}{1+x_3}+\cdots+\frac{x_n}{1+x_1}$ 的最大值.

48. 假定 $a_i\geqslant 1(i=1,2,\cdots,n)$,证明

$$(1+a_1)(1+a_2)\cdots(1+a_n)\geqslant\frac{2^n}{n+1}(1+a_1+a_2+\cdots+a_n)$$

49. 设整数 $n\geqslant 2$，$x_1,x_2,\cdots,x_n$ 是正实数，且 $x_1+x_2+\cdots+x_n=n$，证明

$$\frac{1}{x_1}+\frac{1}{x_2}+\cdots+\frac{1}{x_n}+\frac{n+1}{x_1^2+x_2^2+\cdots+x_n^2}\geqslant\frac{n^2+n+1}{n}$$

50. 设 a,b,c,d,e 是实数，且

$$\sin a+\sin b+\sin c+\sin d+\sin e\geqslant 3$$

证明

$$\cos a+\cos b+\cos c+\cos d+\cos e\leqslant 4$$

51. 设整数 $n\geqslant 2$，$x_1,x_2,\cdots,x_n$ 是正实数，且

$$x_1+x_2+\cdots+x_n=1$$

证明

$$\left(\sum_{i=1}^{n}\frac{1}{1-x_i}\right)\left(\sum_{1\leqslant i<j\leqslant n}x_ix_j\right)\leqslant\frac{n}{2}$$

52. 设 a,b,c,d,e,f 是实数，且

$$ad-bc=1,e,f\geqslant\frac{1}{2}$$

证明

$$\sqrt{e^2(a^2+b^2+c^2+d^2)+e(ac+bd)}+\sqrt{f^2(a^2+b^2+c^2+d^2)-f(ac+bd)}\geqslant(e+f)\sqrt{2}$$

53. 设 $x_1,x_2,\cdots,x_n$ 是非负实数，证明

$$\frac{x_1}{(1+x_1+x_2+\cdots+x_n)^2}+\frac{x_2}{(1+x_2+\cdots+x_n)^2}+\cdots+\frac{x_n}{(1+x_n)^2}\leqslant k_n^2$$

其中数列 $\{k_n\}$ 满足 $k_1=\frac{1}{2}$，$k_{n+1}=\frac{k_n^2+1}{2}$.

54. 设 $x_1,x_2,\cdots,x_n$ 是正实数，且 $x_1+x_2+\cdots+x_n=1$，证明

$$\sum_{i=1}^{n}\sqrt{\frac{1}{x_i}-1}\geqslant(n-1)\cdot\sum_{i=1}^{n}\frac{1}{\sqrt{\frac{1}{x_i}-1}}$$

55. 设 $a_1,a_2,\cdots,a_n,b_1,b_2,\cdots,b_n$ 是正实数，且对一切 $i\in\{1,2,\cdots,n\}$，有 $a_ib_i>1$. 设

$$a=\frac{a_1+a_2+\cdots+a_n}{n}$$

$$b=\frac{b_1+b_2+\cdots+b_n}{n}$$

证明

$$\frac{1}{\sqrt{a_1b_1-1}}+\frac{1}{\sqrt{a_2b_2-1}}+\cdots+\frac{1}{\sqrt{a_nb_n-1}}\geqslant\frac{n}{\sqrt{ab-1}}$$

56. 设整数 $n \geqslant 2$,$x_1, x_2, \cdots, x_n$ 是正实数(这里解释一下,下标是循环的,如 $x_n = x_0$,$x_{n+1} = x_1$),证明

$$\sum_{i=1}^{n} \frac{1}{x_i^3 + x_{i-1}x_i x_{i+1}} \leqslant \sum_{i=1}^{n} \frac{1}{x_i x_{i+1}(x_i + x_{i+1})}$$

57. 设 $x_1, x_2, \cdots, x_n$ 是正实数,整数 $n \geqslant 2$,证明

$$\sum_{i=1}^{n} \frac{x_i}{1 + x_1^2 + x_2^2 + \cdots + x_i^2} < \sqrt{n}$$

58. 设 $x_1, x_2, \cdots, x_n$ 是非负实数,且 $x_1 + x_2 + \cdots + x_n = n$,证明

$$\frac{x_1}{x_2} + \frac{x_2}{x_3} + \cdots + \frac{x_n}{x_1} \leqslant \frac{4}{x_1 x_2 x_3 \cdots x_n} + n - 4$$

2.3 入门题的解答

1. 设 a 是大于 2 的实数,证明

$$a^3(a-2)^2 + \frac{2}{a-2} \geqslant 3a$$

证明 原不等式等价于

$$(a^2 - 2a)^3 + 2 \geqslant 3(a^2 - 2a)$$

设 $b = a^2 - 2a > 0$. 只要证明 $b^3 + 2 \geqslant 3b$,这或者由 AM-GM 不等式

$$b^3 + 1^3 + 1^3 \geqslant 3b$$

推出,或者由

$$(b-1)^2(b+2) \geqslant 0$$

推出.

当且仅当 $b = 1$,即 $a = 1 + \sqrt{2}$ 时,等号成立. □

2. 设 a 是正实数,证明

$$\sqrt{a} + \frac{8}{a^2} \geqslant \frac{5}{2}$$

证明 该不等式由 AM-GM 不等式

$$\frac{1}{4}\sqrt{a} + \frac{1}{4}\sqrt{a} + \frac{1}{4}\sqrt{a} + \frac{1}{4}\sqrt{a} + \frac{8}{a^2} \geqslant 5\sqrt[5]{\frac{8}{4^4}} = \frac{5}{2}$$

推出. □

3. 设 x 是正实数,求

$$\sqrt{\frac{1}{1+x^2}} + 2\sqrt{\frac{x}{1+x}}$$

的最大值.

解 利用 Cauchy-Schwarz 不等式和 AM-GM 不等式,我们有

$$\sqrt{\frac{1}{1+x^2}}+2\sqrt{\frac{x}{1+x}}\leqslant\frac{\sqrt{2}}{1+x}+2\sqrt{\frac{x}{1+x}}$$

$$=\frac{\sqrt{2}}{1+x}(1+\sqrt{2x(x+1)})$$

$$\leqslant\frac{\sqrt{2}}{1+x}\left(1+\frac{2x+x+1}{2}\right)=\frac{3}{\sqrt{2}}$$

当 $x=1$ 时,等式成立. □

4.(Titu Andreescu) 设 n 是正整数.对区间(0,1) 上的一切实数 x,求

$$\frac{n}{x}+\left(\frac{x}{1-x}\right)^n$$

的最小值.

解 设给定表达式为 $f(x)$.我们有

$$f(x)=n+n\frac{x}{1-x}+\left(\frac{x}{1-x}\right)^n$$

$$=n+\frac{x}{1-x}+\frac{x}{1-x}+\cdots+\frac{x}{1-x}+\left(\frac{x}{1-x}\right)^n$$

由 AM-GM 不等式,上式大于或等于

$$n+(n+1)=2n+1$$

于是当且仅当

$$\frac{x}{1-x}=\left(\frac{x}{1-x}\right)^n$$

时,取到最小值 $2n+1$.

这等价于 $\frac{x}{1-x}=1$,即 $x=\frac{1}{2}$. □

5.证明:对于任何 $a\geqslant 1$,有

$$a^7\geqslant 21a^2-35a+15$$

证法1 在例87中,如果取 $n=6$,那么得到所需的不等式.

证法2 分解因式后,我们必须证明

$$(a-1)^3(a^4+3a^3+6a^2+10a+15)\geqslant 0$$

当 $a\geqslant 1$ 时,这显然成立. □

6.设 x 是正实数,且 $x^9-x^7+x^5-x^3+x\geqslant 5$,证明:$x^5\geqslant 3$.

证明 我们有 $x(x^8-x^6+x^4-x^2+1)\geqslant 5$,乘以 x^2+1 后变为

$$x(x^{10}+1)\geqslant 5(x^2+1)\Leftrightarrow x^{10}+1\geqslant 5\left(x+\frac{1}{x}\right)$$

但是,由 AM-GM 不等式 $x+\frac{1}{x}\geqslant 2$,于是

$$x^{10}+1\geqslant 10\Leftrightarrow x^{10}\geqslant 9\Leftrightarrow x^{5}\geqslant 3$$ □

7. 设 x 是正实数,且 $n\in \mathbf{N}^{*}$,证明

$$x^{2n}-x^{2n-1}+x^{2n-2}-\cdots-x^{3}+x^{2}-x+\frac{1}{2}>0$$

证明 如果 $x\leqslant 0$ 或 $x\geqslant 1$,那么不等式显然成立.因此,只要证明当 $x\in(0,1)$ 时,不等式成立.原不等式可改写成

$$x^{2n}-x^{2n-1}+x^{2n-2}-\cdots-x^{3}+x^{2}-x+1>\frac{1}{2}$$

或乘以 $x+1$ 后

$$x^{2n+1}+1>\frac{x+1}{2}$$

但是这可由

$$x^{2n+1}+1>1>\frac{x+1}{2}$$

推得. □

8. (Titu Andreescu) 证明:对于在区间$[\frac{1}{2},2]$上的一切正实数 a,有

$$\frac{387a^{3}}{a^{7}+1}+8a\geqslant 40$$

证明 我们看到当 $a=2$ 时,有

$$\frac{387a^{3}}{a^{7}+1}=24=8(a+1)$$

可改写为

$$\frac{387a^{3}}{a^{7}+1}+8(a+1)\geqslant 48$$

对两个正的实数值函数 $f(x)$ 和 $g(x)$ 应用 AM-GM 不等式时,为了从一开始就紧扣主题,在这两个函数的公共定义域中至少有 x 的一个值,使 $f(x)=g(x)$. 对于 $f(x)=\frac{387x^{3}}{x^{7}+1}$ 和 $g(x)=8(x+1)$ 的情况,正如我们所见的有 $f(2)=g(2)$. 因此,要证明对于一切 $x>0$,有 $f(x)+g(x)\geqslant 48$,只要证明对于一切正实数 a,有

$$2\sqrt{\frac{387a^{3}}{a^{7}+1}\cdot 8(a+1)}\geqslant 48$$

上式等价于对一切 $a>0$,有

$$387\cdot\frac{8a^{3}}{a^{6}-a^{5}+a^{4}-a^{3}+a^{2}-a+1}\geqslant 24^{2}$$

或

$$\frac{a^6-a^5+a^4-a^3+a^2-a+1}{8a^3}\leqslant\frac{43}{8}$$

将最后一个不等式改写为

$$\left(a^3+\frac{1}{a^3}\right)-\left(a^2+\frac{1}{a^2}\right)+\left(a+\frac{1}{a}\right)-1\leqslant\frac{43}{8}$$

或

$$\left(a+\frac{1}{a}\right)^3-3\left(a+\frac{1}{a}\right)-\left(a+\frac{1}{a}\right)^2+2+\left(a+\frac{1}{a}\right)-1\leqslant\frac{43}{8}$$

设 $a+\frac{1}{a}=b$,只要证明

$$b^3-b^2-2b-\frac{35}{8}\leqslant 0$$

因为 $2+\frac{1}{2}=\frac{5}{2}$,可分解出 $b-\frac{5}{2}$.用综合除法,得到

$$\left(b-\frac{5}{2}\right)\left(b^2+\frac{3b}{2}+\frac{7}{4}\right)\leqslant 0$$

但是这显然成立,因为条件 $a\in[\frac{1}{2},2]$ 表明 $b\leqslant\frac{5}{2}$. □

9.(Mathematics and Youth Magazine 2007) 求表达式

$$f=\sqrt{x^2-2x+2}+\sqrt{x^2-8x+32}+\sqrt{x^2-6x+25}+\sqrt{x^2-4x+20}+\sqrt{x^2-10x+26}$$

的最小值.

解 由 Minkowski 不等式

$$\begin{aligned}f&=\sqrt{(x-1)^2+1}+\sqrt{(x-4)^2+16}+\sqrt{(x-3)^2+16}+\sqrt{(x-2)^2+16}+\sqrt{(x-5)^2+1}\\&=[\sqrt{(x-1)^2+1}+\sqrt{(5-x)^2+1}]+[\sqrt{(4-x)^2+16}+\sqrt{(x-2)^2+16}]+\\&\quad\sqrt{(x-3)^2+16}\\&\geqslant\sqrt{(5-x+x-1)^2+(1+1)^2}+\sqrt{(4-x+x-2)^2+(4+4)^2}+4\\&=\sqrt{20}+\sqrt{68}+4=4+2\sqrt{5}+2\sqrt{17}\end{aligned}$$

当 $|x-1|=|5-x|$, $|x-2|=|4-x|$, $x=3$,即 $x=3$ 时,等号成立. □

10.如果 $0\leqslant a\leqslant 8$,求

$$8a+a(7-a)^2$$

的最大值.

解 利用代换 $x=8-a\in[8,0]$,我们有

$$8a+a(7-a)^2=8(8-x)+(8-x)(x-1)^2$$

$$=(8-x)(9+x^2-2x)$$
$$=72+8x^2-16x-9x-x^3+2x^2$$
$$=72-x(x-5)^2\leqslant 72$$

当 $x=0$,即 $a=8$ 时,或 $x=5$,即 $a=3$ 时,等式成立. □

11. 证明:如果 $a>b>0$,那么

$$a+\frac{1}{b(a-b)}\geqslant 3$$

证明 该不等式由 AM-GM 不等式

$$(a-b)+b+\frac{1}{b(a-b)}\geqslant 3$$

推得. 当且仅当 $a-b=b=\frac{1}{b(a-b)}$,即 $a=2,b=1$ 时,等式成立. □

12. (Titu Andreescu) 设 a 和 b 是实数,且

$$9a^2+8ab+7b^2\leqslant 6$$

证明

$$7a+5b+12ab\leqslant 9$$

证明 我们可将 $9a^2+8ab+7b^2\leqslant 6$ 写成

$$2(a-b)^2+7\left(a-\frac{1}{2}\right)^2+5\left(b-\frac{1}{2}\right)^2+7a+5b+12ab\leqslant 9$$

得到

$$7a+5b+12ab\leqslant 9$$

当且仅当 $a=b=\frac{1}{2}$ 时,等式成立. □

13. (Titu Andreescu,Mathematical Reflections) 设 a 和 b 是正实数,证明

$$\frac{6ab-b^2}{8a^2+b^2}\leqslant\sqrt{\frac{a}{b}}$$

证明 设 $u=\sqrt{a}$,$v=\sqrt{b}$. 原不等式可改写为

$$v(6u^2v^2-v^4)\leqslant u(8u^4+v^4)$$

它等价于

$$6u^2v^3\leqslant 8u^5+uv^4+v^5$$

但这可由 AM-GM 不等式推得. □

14. 设 a 和 b 是实数,且 $a^2+ab+b^2=3$. 求此时表达式

$$(5+a)(5+b)$$

的取值范围.

解 将条件改写为 $(a+b)^2-ab=3$. 注意到由 AM-GM 不等式得 $(a+b)^2\geqslant 4ab$. 因

此,我们有

$$(a+b)^2 \leqslant 3+\frac{(a+b)^2}{4} \Leftrightarrow -2 \leqslant a+b \leqslant 2$$

设 $f(a,b)=(5+a)(5+b)$,那么我们有

$$f(a,b)=25+5(a+b)+ab=22+5(a+b)+(a+b)^2$$

所以,我们只要求出 $x^2+5x+22, x\in[-2,2]$ 的取值范围. 注意到 $f(-2)=16$, $f(2)=36$,以及当 $x=-\frac{5}{2}<-2$ 时有最小值. 于是,$f(a,b)$ 的取值范围就是 $[16,36]$. 当 $a=b=-1$ 时,得到最小值;当 $a=b=1$ 时,得到最大值. □

15. 设 a,b 是正实数,且 $a+b=1$,证明

$$(2a+b)^3 \geqslant 6\sqrt{3}ab$$

证明 由 AM-GM 不等式,我们有

$$2\cdot 3^3 ab=27\cdot(\sqrt{3}+1)a\cdot b\cdot(\sqrt{3}-1)(a+b) \leqslant (2\sqrt{3}a+\sqrt{3}b)^3$$

或等价于

$$6\sqrt{3}ab \leqslant (2a+b)^3$$

这就是所求的.

当且仅当 $b=(\sqrt{3}+1)a$,即 $a=2-\sqrt{3}, b=\sqrt{3}-1$ 时,等式成立. □

16. (Titu Andreescu) 设 m 和 n 是大于 2 的整数,证明

$$(mn+3)^3+27 \geqslant 8m^3+3(2mn+3)^2+8n^3$$

证明 原不等式等价于是

$$(mn+3)^3-8m^3-8n^3-12mn(mn+3) \geqslant 0$$

由恒等式

$$a^3+b^3+c^3-3abc=\frac{1}{2}(a+b+c)[(a-b)^2+(b-c)^2+(c-a)^2]$$

上式可改写为

$$\frac{1}{2}(mn+3-2m-2n)[(mn+3-2m)^2+(2m-2n)^2+(2n-mn+3)^2] \geqslant 0$$

余下来要证明的是

$$mn+3-2m-2n \geqslant 0$$

这是显然的,因为 $(m-2)(n-2) \geqslant 1$.

当且仅当 $m=n=3$ 时,等式成立. □

17. (Mathlinks) 设 x,y 是正实数,且 $x+y+\sqrt{xy}=3$,证明

$$\frac{1}{x}+\frac{10}{y} \geqslant \frac{49}{6}$$

证明 由 AM-GM 不等式和 Cauchy-Schwarz 不等式

$$\text{左边}=\frac{1}{2x}+\frac{1}{2x}+\frac{2}{y}+\frac{8}{y}\geqslant\frac{1}{2x}+\frac{2}{\sqrt{xy}}+\frac{8}{y}$$

$$\geqslant\frac{\left(\frac{1}{\sqrt{2}}+\sqrt{2}+2\sqrt{2}\right)^2}{x+\sqrt{xy}+y}=\frac{49}{6}$$

当 $y=4x$,即 $x=\frac{3}{7}$,$y=\frac{12}{7}$ 时,等式成立. □

18. 假定实数 x 和 y 满足 $x^2+y^2-2x-4y+1=0$,证明

$$3\leqslant\sqrt{(x+3)^2+(y+1)^2}\leqslant 7$$

证明 将已知条件改写为

$$(x-1)^2+(y-2)^2=4$$

或

$$\left(\frac{x-1}{2}\right)^2+\left(\frac{y-2}{2}\right)^2=1$$

设 $\frac{x-1}{2}=\cos\vartheta$,$\frac{y-2}{2}=\sin\vartheta$,这里 $\vartheta\in[0,2\pi)$,于是

$$\begin{aligned}(x+3)^2+(y+1)^2&=x^2+y^2+6x+2y+10\\&=(2x+4y-1)+6x+2y+10\\&=8x+6y+9\\&=8(2\cos\vartheta+1)+6(2\sin\vartheta+2)+9\\&=16\cos\vartheta+12\sin\vartheta+29\\&=20\cos(\vartheta-\varphi)+29\end{aligned}$$

这里 $\tan\varphi=\frac{3}{4}$.

因为 $9\leqslant 20\cos(\vartheta-\varphi)+29\leqslant 49$,推出

$$3\leqslant\sqrt{(x+3)^2+(y+1)^2}\leqslant 7$$

□

19. 设 x,y 是非负实数,证明

$$\frac{1}{(1+x)^2}+\frac{1}{(1+y)^2}\geqslant\frac{1}{1+xy}$$

证明 通分后得到恒等式

$$\frac{1}{(1+x)^2}+\frac{1}{(1+y)^2}-\frac{1}{1+xy}=\frac{(xy-1)^2+xy(x-y)^2}{(1+x)^2(1+y)^2(1+xy)}$$

当 $x=y=1$ 时,等式成立. □

20. 设 x,y 是正实数,证明

$$\frac{x+y}{(1+x)(1+y)} \geqslant \frac{2\sqrt{xy}}{(1+\sqrt{xy})^2}$$

证明 原不等式可改写为

$$\frac{(1+\sqrt{xy})^2}{\sqrt{xy}} \geqslant \frac{2(1+x)(1+y)}{x+y}$$

或

$$\frac{1}{\sqrt{xy}}+2+\sqrt{xy} \geqslant \frac{2}{x+y}+2+\frac{2xy}{x+y}$$

这是显然的,因为 $x+y \geqslant 2\sqrt{xy}$.

当 $x=y$ 时,等式成立. □

21.(Titu Andreescu) 设 a,b 是实数,且

$$3 \leqslant a^2+ab+b^2 \leqslant 6$$

证明

$$2 \leqslant a^4+b^4 \leqslant 72$$

证明 设 $S=(a+b)^2, D=(a-b)^2$. 于是问题等价于证明:如果 $12 \leqslant 3S+D \leqslant 24$,这里 S,D 是非负实数,那么 $16 \leqslant S^2+6SD+D^2 \leqslant 576$. 现在

$$S^2+6SD+D^2=\frac{(3S+D)^2}{9}+\frac{8D}{9}(3S+D)+\frac{14DS}{3}$$

$$\geqslant 16+\frac{16DS}{3}+\frac{32D}{3} \geqslant 16$$

当且仅当 $D=0$,且 $S=4$,即当且仅当

$$a=b=\pm 1$$

时,等式成立.

同时

$$S^2+6SD+D^2 \leqslant (3S+D)^2-8S^2 \leqslant 576-8S^2 \leqslant 576$$

当且仅当 $S=0$,且 $D=24$,即当且仅当 $a=-b=\pm\sqrt{6}$ 时,等式成立. □

22.(Angel Plaza) 对一切 x,y,求最佳常数 α,β,使

$$\alpha < \frac{x}{2x+y}+\frac{y}{x+2y} \leqslant \beta$$

其中 $x,y \in (0,+\infty)$.

解 由 AM-GM 不等式

$$\frac{x}{2x+y}+\frac{y}{x+2y}=2-(x+y)\left(\frac{1}{2x+y}+\frac{1}{x+2y}\right)$$

$$\leqslant 2-\frac{4(x+y)}{(2x+y)+(x+2y)}=\frac{2}{3}$$

即当且仅当 $x=y$ 时,等式成立.因此 $\beta=\frac{2}{3}$.

另一方面,假定 $x\geqslant y$,那么

$$2(2x+y)>2x+y\geqslant x+2y$$

于是

$$\frac{x}{2x+y}-\frac{1}{2}+\frac{y}{x+2y}=y\left(\frac{1}{x+2y}-\frac{1}{2(2x+y)}\right)>0$$

对于确定的 x,当 $y\to 0$ 时,这一表达式趋近于0.因此 $\alpha=\frac{1}{2}$. □

23.(Titu Andreescu) 求最大的正实数 a,对一切 $x\in(0,a)$,有

$$\frac{1}{x^2}+\frac{1}{(a-x)^2}\geqslant\frac{1}{2}$$

解 取 $x=\frac{a}{2}$,得到 $a\leqslant 4$.对 $(0,4)$ 中的一切 x,我们将证明

$$\frac{1}{x^2}+\frac{1}{(4-x)^2}\geqslant\frac{1}{2}$$

事实上,因为对一切实数 u,v,有 $u^2+v^2\geqslant\frac{1}{2}(u+v)^2$,所以我们有

$$\frac{1}{x^2}+\frac{1}{(4-x)^2}\geqslant\frac{1}{2}\left(\frac{1}{x}+\frac{1}{4-x}\right)^2\geqslant\frac{8}{x^2(4-x)^2}\geqslant\frac{1}{2}$$

这是因为对一切实数 x,有 $x(4-x)\leqslant 4$.

因此答案是 $a=4$. □

24.(Titu Andreescu, Mathematical Reflections) 设 a,b,c 是大于或等于1的实数,证明

$$\frac{a^3+2}{b^2-b+1}+\frac{b^3+2}{c^2-c+1}+\frac{c^3+2}{a^2-a+1}\geqslant 9$$

证明 首先注意到 $a^3+2\geqslant 3(a^2-a+1)$ 等价于

$$a^3-3a^2+3a-1=(a-1)^3\geqslant 0$$

根据假定上式显然成立,当且仅当 $a=1$ 时,等式成立.对 b,c 有类似的不等式.于是,应用 AM-GM 不等式得到

$$\frac{a^3+2}{b^2-b+1}+\frac{b^3+2}{c^2-c+1}+\frac{c^3+2}{a^2-a+1}$$

$$\geqslant 3\sqrt[3]{\frac{a^3+2}{b^2-b+1}\cdot\frac{b^3+2}{c^2-c+1}\cdot\frac{c^3+2}{a^2-a+1}}\geqslant 3\sqrt[3]{3^3}=9$$

推出结论,等式成立的必要条件 $a=b=c=1$,显然也是充分的. □

25.(Titu Andreescu, Mathematical Reflections) 证明:对于任何实数 a,b,c,有

$$a^2+(2-\sqrt{2})b^2+c^2\geqslant\sqrt{2}(ab-bc+ca)$$

证明 将原不等式改写为

$$(2-\sqrt{2})b^2+\sqrt{2}(c-a)b+a^2-\sqrt{2}ac+c^2\geqslant 0$$

将左边看作是关于 b 的二次式.

因为 b^2 的系数为正,所以只要证明判别式非正,即

$$\Delta_b=2(c-a)^2-4(2-\sqrt{2})(a^2-\sqrt{2}ac+c^2)\leqslant 0$$

推得

$$-(3-2\sqrt{2})c^2-2(3-2\sqrt{2})ac-(3-2\sqrt{2})a^2\leqslant 0$$

或等价的

$$[(\sqrt{2}-1)(a+c)]^2\geqslant 0$$

这就是所求的.

当且仅当 $a=-c$,且

$$(\sqrt{2}+1)a^2-2ab+(\sqrt{2}-1)b^2=0$$

时,即当且仅当对某个实数 t,有 $a=t,b=(\sqrt{2}+1)t,c=-t$ 时,等式成立. □

26.(Adrian Andreescu,Mathematical Reflections) 证明:对于任何非负实数 a,b,c,以下不等式成立

$$(a-2b+4c)(-2a+4b+c)(4a+b-2c)\leqslant 27abc$$

证明 设变量 x,y,z,使

$$a-2b+4c=x$$
$$-2a+4b+c=y$$
$$4a+b-2c=z$$

注意到 $a=\dfrac{2z+x}{9},b=\dfrac{2y+z}{9},c=\dfrac{2x+y}{9}$. 因此,给定的不等式就转化为

$$(2x+y)(2y+z)(2z+x)\geqslant 27xyz \tag{$*$}$$

现在观察到因为 a,b,c 非负,所以式($*$)的左边永远非负. 如果 $xyz\leqslant 0$,那么不等式显然成立;所以假定 $xyz>0$. 于是在 x,y,z 中或者两个为负,或者没有负数. 如果两个为负,例如 $x<0,y<0,z>0$,那么 $c=\dfrac{2x+y}{9}<0$,得到矛盾. 因此 x,y,z 都为正,所以由 AM-GM 不等式

$$(2x+y)(2y+z)(2z+x)\geqslant 3\sqrt[3]{x^2y}\cdot 3\sqrt[3]{y^2z}\cdot 3\sqrt[3]{z^2x}=27xyz$$

当且仅当 $x=y=z$,或 $a=b=c$ 时,等式成立. □

27.(Titu Andreescu,Mathematical Reflections) 设 a,b,c 是正实数,且 $abc=1$,证明

$$\frac{1}{a^4+b+c^4}+\frac{1}{b^4+c+a^4}+\frac{1}{c^4+a+b^4}\leqslant\frac{3}{a+b+c}$$

证明 我们有

$$a^4+b+c^4=a^4+c^4+ab^2c\geqslant ac(a^2+c^2)+ab^2c$$

所以

$$\frac{1}{a^4+b+c^4}\leqslant\frac{1}{ac(a^2+b^2+c^2)}=\frac{b}{a^2+b^2+c^2}$$

推出

$$\sum_{\text{cyc}}\frac{1}{a^4+b+c^4}\leqslant\frac{a+b+c}{a^2+b^2+c^2}\leqslant\frac{3}{a+b+c}$$

这是因为 $3(a^2+b^2+c^2)\geqslant(a+b+c)^2$. □

28.(Titu Andreescu) 设 a,b,c 是正实数,且 $ab+bc+ca=3$,证明

$$(a^3+1)(b^3+1)(c^3+1)\geqslant 8$$

证法1 注意到由 Hölder 不等式

$$(a^3+1+a^3+1)(b^3+b^3+1+1)(1+c^3+c^3+1)\geqslant(ab+bc+ca+1)^3=64$$

这就是结果. □

证法2 注意到由 Hölder 不等式和 Cauchy-Schwarz 不等式

$$\begin{aligned}&(a^3+1+a^3+a^3+1+1)(b^3+b^3+1+1+b^3+1)(1+c^3+1+c^3+1+c^3)\\ \geqslant&(ab+bc+ca+a+b+c)^3\\ \geqslant&[ab+bc+ca+\sqrt{3(ab+bc+ca)}]^3=6^3\end{aligned}$$

□

29.(Titu Andreescu,Mathematical Reflections) 设 a,b,c 是大于2的实数,且

$$\frac{7-2a}{3a-6}+\frac{7-2b}{3b-6}+\frac{7-2c}{3c-6}=\frac{1}{a}+\frac{1}{b}+\frac{1}{c}$$

证明

$$\frac{1}{a}+\frac{1}{b}+\frac{1}{c}\leqslant 1$$

证明 因为

$$\frac{7-2a}{3a-6}+\frac{7-2b}{3b-6}+\frac{7-2c}{3c-6}=-\frac{2}{3}+\frac{1}{a-2}-\frac{2}{3}+\frac{1}{b-2}-\frac{2}{3}+\frac{1}{c-2}$$

所以给定的条件可改写为

$$\frac{1}{a(a-2)}+\frac{1}{b(b-2)}+\frac{1}{c(c-2)}=1$$

不失一般性,假定 $a\leqslant b\leqslant c$. 如果

$$\frac{1}{a}+\frac{1}{b}+\frac{1}{c}>1$$

那么 $\frac{1}{a-2}+\frac{1}{b-2}+\frac{1}{c-2}>3$,由 Chebyshev 不等式

$$3<\left(\frac{1}{a}+\frac{1}{b}+\frac{1}{c}\right)\left(\frac{1}{a-2}+\frac{1}{b-2}+\frac{1}{c-2}\right)\leqslant 3$$

得到矛盾. □

30.(Gazeta Matamatică) 如果 a,b,c 是非负实数,且 $a^2+b^2+c^2=3$,证明

$$(a^3+a+1)(b^3+b+1)(c^3+c+1)\leqslant 27$$

证明　利用 AM-GM 不等式,得到

$$\prod_{cyc}(a^3+a+1)=\prod_{cyc}\left[\frac{1}{2}\cdot 2a(a^2+1)+1\right]\leqslant\prod_{cyc}\left[\frac{4a^2+(a^2+1)^2}{4}+1\right]$$

$$=\prod_{cyc}\frac{(a^2+1)(a^2+5)}{4}=\frac{1}{64}\prod_{cyc}(a^2+1)\prod_{cyc}(a^2+5)$$

$$\leqslant\frac{(a^2+b^2+c^2+3)^3\ (a^2+b^2+c^2+15)^3}{4^3\cdot 3^3\cdot 3^3}=27$$

当 $a=b=c=1$ 时,等式成立. □

31.(Marius Stănean,Mathlinks) 对于正实数 a,b,c,且 $abc=1$,证明

$$\left(a+\frac{1}{b}\right)^2+\left(b+\frac{1}{c}\right)^2+\left(c+\frac{1}{a}\right)^2\geqslant 6(a+b+c-1)$$

证明　由 AM-GM 不等式,我们有

$$\sum_{cyc}[(a+\frac{1}{b})^2-6a+2]=\sum_{cyc}(a^2+a^2b^2+2a^2c+2-6a)$$

$$\geqslant\sum_{cyc}(6\sqrt[6]{a^2\cdot a^2b^2\cdot(a^2c)^2\cdot 1\cdot 1}-6a)=0$$

当 $a=b=c=1$ 时,等式成立. □

32.(Marius Stănean,Mathlinks) 设 a,b,c 是正实数,证明

$$\frac{a^2}{b^2}+\frac{b^2}{c^2}+\frac{c^2}{a^2}+\frac{32abc}{(a+b)(b+c)(c+a)}\geqslant 7$$

证明　原不等式可改写为

$$\frac{a^2+b^2}{b^2}+\frac{b^2+c^2}{c^2}+\frac{c^2+a^2}{a^2}+\frac{32abc}{(a+b)(b+c)(c+a)}\geqslant 10$$

利用 AM-GM 不等式和 Cauchy-Schwarz 不等式,那么得到

$$\frac{a^2+b^2}{b^2}+\frac{b^2+c^2}{c^2}+\frac{c^2+a^2}{a^2}+\frac{16abc}{(a+b)(b+c)(c+a)}+\frac{16abc}{(a+b)(b+c)(c+a)}$$

$$\geqslant 5\sqrt[5]{\frac{256a^2b^2c^2(a^2+b^2)(b^2+c^2)(c^2+a^2)}{a^2b^2c^2\ (a+b)^2\ (b+c)^2\ (c+a)^2}}$$

$$=10\sqrt[5]{\frac{2(a^2+b^2)}{(a+b)^2}\cdot\frac{2(b^2+c^2)}{(b+c)^2}\cdot\frac{2(c^2+a^2)}{(c+a)^2}}\geqslant 10$$

当 $a=b=c$ 时,等式成立. □

33.(Andrian Andreescu,Mathematical Reflections) 设 a,b,c 是正实数,且

$$a^4+b^4+c^4\leqslant a+b+c$$

证明

$$a^3+b^3+c^3\leqslant abc+2$$

证明 Schur 不等式中 $r=2$ 的情况

$$a^2(a-b)(a-c)+b^2(b-c)(b-a)+c^2(c-a)(c-b)\geqslant 0$$

可改写为

$$a^2[2a^2-a(a+b+c)+bc]+b^2[2b^2-b(a+b+c)+ac]+$$
$$c^2[2c^2-c(a+b+c)+ab]\geqslant 0$$

因此

$$2(a^4+b^4+c^4)\geqslant(a+b+c)(a^3+b^3+c^3-abc)$$

于是问题的约束条件给出

$$2(a+b+c)\geqslant(a+b+c)(a^3+b^3+c^3-abc)$$

因此

$$2\geqslant a^3+b^3+c^3-abc$$ □

34.(Titu Andreescu,Mathematical Reflections) 设 a,b,c 是实数,且 $a+b+c>0$,证明

$$\frac{a^2+b^2+c^2-2ab-2bc-2ca}{a+b+c}+\frac{6abc}{a^2+b^2+c^2+ab+bc+ca}\geqslant 0$$

证法 1 两边乘以分母之积,整理后,所求证的不等式变为

$$(a^2+b^2+c^2+ab+bc+ca)(a^2+b^2+c^2-2ab-2bc-2ca)+$$
$$6abc(a+b+c)\geqslant 0$$
$$\Leftrightarrow(a^2+b^2+c^2)^2-(a^2+b^2+c^2)(ab+bc+ca)-2(ab+bc+ca)^2+$$
$$6abc(a+b+c)\geqslant 0$$
$$\Leftrightarrow(a^2+b^2+c^2)(a^2+b^2+c^2-ab-bc-ca)-$$
$$2[a^2b^2+b^2c^2+c^2a^2-abc(a+b+c)]\geqslant 0$$

利用以下恒等式

$$x^2+y^2+z^2-xy-yz-zx=(x-y)(x-z)+(y-z)(y-x)+(z-x)(z-y)$$

最后的不等式变为

$$(a^2+b^2+c^2)\sum_{cyc}(a-b)(a-c)-2\sum_{cyc}bc(a-b)(a-c)\geqslant 0$$

或

$$\sum_{cyc}[a^2+(b-c)^2](a-b)(a-c)\geqslant 0$$

不失一般性,假定 $a\geqslant b\geqslant c$. 那么,利用一般的 Schur 不等式,因为

$$a^2+(b-c)^2\geqslant b^2+(c-a)^2\Leftrightarrow 2c(a-b)\geqslant 0$$

不等式得证.

当 $a=b=c$ 时,等式成立. □

证法 2 设

$$s=a+b+c,q=ab+bc+ca,p=abc$$

不等式等价于

$$\frac{s^2-4q}{s}+\frac{6p}{s^2-q}\geqslant 0$$

给出 $s>0$,进一步改写为

$$s^4-5s^2q+4q^2+6sp\geqslant 0$$

这就是例 65 中的不等式. □

35.(An Zhenping,Mathematical Reflections) 设 a,b,c 是正实数,且 $abc=1$,证明

$$(a+b+c)^2\left(\frac{1}{a^2+2}+\frac{1}{b^2+2}+\frac{1}{c^2+2}\right)\geqslant 9$$

证明 利用代换

$$a=\frac{x^2}{yz},b=\frac{y^2}{zx},c=\frac{z^2}{xy},x,y,z>0$$

原不等式变为

$$\left(\frac{x^2+y^2+z^2}{xyz}\right)^3\left(\frac{y^2z^2}{x^4+2y^2z^2}+\frac{z^2x^2}{y^4+2z^2x^2}+\frac{x^2y^2}{z^4+2x^2y^2}\right)\geqslant 9$$

但是,由 Cauchy-Schwarz 不等式

$$\begin{aligned}&\frac{y^2z^2}{x^4+2y^2z^2}+\frac{z^2x^2}{y^4+2z^2x^2}+\frac{x^2y^2}{z^4+2x^2y^2}\\ \geqslant&\frac{(xy+yz+zx)^2}{x^4+2y^2z^2+y^4+2z^2x^2+z^4+2x^2y^2}\\ =&\frac{(xy+yz+zx)^2}{(x^2+y^2+z^2)^2}\end{aligned}$$

于是,只要证明

$$\left(\frac{x^3+y^3+z^3}{xyz}\right)^2\left(\frac{xy+yz+zx}{x^2+y^2+z^2}\right)^2\geqslant 9$$

该不等式等价于以下不等式中的每一个

$$\frac{x^3+y^3+z^3}{3xyz}\geqslant\frac{x^2+y^2+z^2}{xy+yz+zx}$$

$$\frac{x^3+y^3+z^3-3xyz}{3xyz}\geqslant\frac{x^2+y^2+z^2-xy-yz-zx}{xy+yz+zx}$$

$$\frac{(x+y+z)(x^2+y^2+z^2-xy-yz-zx)}{3xyz}\geqslant\frac{x^2+y^2+z^2-xy-yz-zx}{xy+yz+zx}$$

$$(x^2+y^2+z^2-xy-yz-zx)[(x+y+z)(xy+yz+zx)-3xyz]\geqslant 0$$

这是成立的,因为

$$x^2+y^2+z^2-xy-yz-zx=\frac{(x-y)^2+(y-z)^2+(z-x)^2}{2}\geqslant 0$$

由 AM-GM 不等式

$$(x+y+z)(xy+yz+zx)\geqslant 3\sqrt[3]{xyz}\cdot 3\sqrt[3]{x^2y^2z^2}=9xyz>3xyz$$

当 $x=y=z$,即 $a=b=c=1$ 时,等式成立. □

36.(Nguyen Viet Hung,Mathematical Reflections) 设 a,b,c 是正实数,满足

$$\frac{1}{a^3+b^3+1}+\frac{1}{b^3+c^3+1}+\frac{1}{c^3+a^3+1}\geqslant 1$$

证明

$$(a+b)(b+c)(c+a)\leqslant 6+\frac{2}{3}(a^3+b^3+c^3)$$

证明 去分母后,已知条件变为

$$2(1+a^3+b^3+c^3)\geqslant(a^3+b^3)(b^3+c^3)(c^3+a^3)$$

因为 $a^3+b^3\geqslant 2(\frac{a+b}{2})^3$,我们进一步得到

$$2(1+a^3+b^3+c^3)\geqslant 8x^3$$

其中

$$x=\frac{1}{8}(a+b)(b+c)(c+a)$$

于是

$$2(a^3+b^3+c^3)+18-24x\geqslant 8x^3-24x+16=8(x-1)^2(x+2)\geqslant 0$$

这等价于所断言的不等式. □

37.(Titu Andreescu) 设 $a,b,c,d>0$,证明

$$\frac{1}{a^2+b^2+c^2+\sqrt{abcd}}+\frac{1}{b^2+c^2+d^2+\sqrt{abcd}}+\frac{1}{c^2+d^2+a^2+\sqrt{abcd}}+$$
$$\frac{1}{d^2+a^2+b^2+\sqrt{abcd}}\leqslant\frac{1}{\sqrt{abcd}}$$

证明 利用对 $\sqrt{ab}$,$\sqrt{bc}$,$\sqrt{ca}$ 使用的熟知的不等式

$$a^2+b^2+c^2\geqslant ab+bc+ca$$

得到以下不等式

$$ab+bc+ca\geqslant\sqrt{ab}\cdot\sqrt{bc}+\sqrt{bc}\cdot\sqrt{ca}+\sqrt{ca}\cdot\sqrt{ab}=\sqrt{abc}(\sqrt{a}+\sqrt{b}+\sqrt{c})$$

于是

$$a^2+b^2+c^2\geqslant\sqrt{abc}(\sqrt{a}+\sqrt{b}+\sqrt{c})$$

现在我们回到原来的不等式. 我们有

$$\sum_{\text{cyc}}\frac{1}{a^2+b^2+c^2+\sqrt{abcd}}\leqslant\sum_{\text{cyc}}\frac{1}{\sqrt{abc}(\sqrt{a}+\sqrt{b}+\sqrt{c})+\sqrt{abcd}}$$

$$=\sum_{cyc}\frac{1}{\sqrt{abc}(\sqrt{a}+\sqrt{b}+\sqrt{c}+\sqrt{d})}$$

$$=\frac{1}{\sqrt{abcd}}\sum_{cyc}\frac{\sqrt{d}}{\sqrt{a}+\sqrt{b}+\sqrt{c}+\sqrt{d}}$$

$$=\frac{1}{\sqrt{abcd}}$$

当 $a=b=c$ 时,等式成立. □

38.(Titu Andreescu) 证明:对于任何实数 a,b,c,d,有

$$a^2+b^2+c^2+d^2+\sqrt{5}\min\{a^2,b^2,c^2,d^2\}\geqslant(\sqrt{5}-1)(ab+bc+cd+da)$$

证法1 假定 $\min\{a^2,b^2,c^2,d^2\}=d^2$,将原不等式改写为

$$(\sqrt{5}+1)d^2-(\sqrt{5}-1)(a+c)d+a^2+b^2+c^2-(\sqrt{5}-1)b(a+c)\geqslant 0$$

将该式看作为 d 的二次多项式,只要证明判别式非正

$$\Delta_d=(\sqrt{5}-1)^2(a+c)^2-4(\sqrt{5}+1)(a^2+b^2+c^2)+4(5-1)b(a+c)\leqslant 0$$

即

$$-4(\sqrt{5}-1)b^2+16(a+c)b-2(-1+3\sqrt{5})(a^2+c^2)+2(6-2\sqrt{5})ac\geqslant 0$$

等价于

$$2(1+\sqrt{5})b^2-8(a+c)b-(1-3\sqrt{5})(a^2+c^2)-(6-2\sqrt{5})ac\geqslant 0$$

将该式看作 b 的二次多项式,只要证明判别式非正

$$\Delta_b=64(a+c)^2+8(1+\sqrt{5})[(1-3\sqrt{5})(a^2+c^2)+(6-2\sqrt{5})ac]\leqslant 0$$

这就归结为

$$-16(3+\sqrt{5})(a-c)^2\leqslant 0$$

证毕.

当且仅当

$$a=c,b=\frac{-16(a+c)}{-8(\sqrt{5}+1)}=(\sqrt{5}-1)a$$

以及

$$d=\frac{(\sqrt{5}-1)(a+c)}{2(\sqrt{5}+1)}=\frac{(3-\sqrt{5})a}{2}$$

时,等式成立.

因此当且仅当对某个 t,有 (a,b,c,d) 是 $\left(t,(\sqrt{5}-1)t,t,\frac{(3-\sqrt{5})t}{2}\right)$ 的一个轮换时,等式成立. □

证法2 设 $\mu=\frac{\sqrt{5}-1}{2}$. 我们可以假定 $a,b,c,d\geqslant 0$(因为 $|ab+bc+cd+da|\leqslant$

$|a||b|+|b||c|+|c||d|+|d||a|$). 此外,我们可以假定 $d=\min\{a,b,c,d\}$. 由 AM-GM 不等式

$$\mu^3a^2+\frac{1}{\mu}d^2\geqslant 2\mu ad$$

$$\mu^3c^2+\frac{1}{\mu}d^2\geqslant 2\mu cd$$

$$(1-\mu^3)a^2+\frac{1}{2}b^2\geqslant 2\sqrt{1-\mu^3}\sqrt{\frac{1}{2}}ab=\sqrt{2-2\mu^3}ab=2\mu ab$$

$$(1-\mu^3)c^2+\frac{1}{2}b^2\geqslant 2\sqrt{1-\mu^3}\sqrt{\frac{1}{2}}cb=\sqrt{2-2\mu^3}cb=2\mu cb$$

这里我们用了 $1-\mu^3=2\mu^2$. 将这四个不等式相加,得到

$$a^2+b^2+c^2+\frac{2}{\mu}d^2\geqslant 2\mu(ab+bc+cd+da)$$

这一不等式等价于所述的不等式. □

39. (Gazeta Matamatică) 设实数 a,b,x,y 满足 $ay-bx=1$,证明

$$a^2+b^2+x^2+y^2+ax+by\geqslant\sqrt{3}$$

证明 首先,观察到

$$(ay-bx)^2+(ax+by)^2=(a^2+b^2)(x^2+y^2)$$

或

$$1+(ax+by)^2=(a^2+b^2)(x^2+y^2) \tag{1}$$

由 Cauchy-Schwarz 不等式

$$[1+(ax+by)^2]\left(1+\frac{1}{3}\right)\geqslant\left(1+\frac{|ax+by|}{\sqrt{3}}\right)^2$$

或

$$1+(ax+by)^2\geqslant\frac{(\sqrt{3}+|ax+by|)^2}{4} \tag{2}$$

因此由式(1)和(2),我们得到

$$2\sqrt{(a^2+b^2)(x^2+y^2)}\geqslant\sqrt{3}+|ax+by|$$

于是,由 AM-GM 不等式

$$a^2+b^2+x^2+y^2\geqslant 2\sqrt{(a^2+b^2)(x^2+y^2)}\geqslant\sqrt{3}+|ax+by|\geqslant\sqrt{3}-(ax+by)$$

推出所求的结果.

当且仅当

$$ax+by=-\frac{1}{\sqrt{3}},ay-bx=1$$

以及

$$a^2+b^2=x^2+y^2$$

时,等式成立.

该方程组的一组解是 $a=\frac{\sqrt{2}}{\sqrt[4]{3}}, b=0, x=-\frac{1}{\sqrt{2}\sqrt[4]{3}}, y=\frac{\sqrt[4]{3}}{\sqrt{2}}$. □

40.(Titu Andreescu and Gabriel Dospinescu, Mathematical Reflections) 设 a,b,c,d 是实数,且

$$(a^2+1)(b^2+1)(c^2+1)(d^2+1)=16$$

证明

$$-3\leqslant ab+bc+cd+da+ac+bd-abcd\leqslant 5$$

证明 考虑复数

$$Z=(1+\mathrm{i}a)(1+\mathrm{i}b)(1+\mathrm{i}c)(1+\mathrm{i}d)$$

简单的计算得到

$$\mathrm{Re}(Z)=1-(ab+bc+cd+da+ac+bd)+abcd$$

以及

$$|Z|^2=(a^2+1)(b^2+1)(c^2+1)(d^2+1)$$

现在由假定给出 $|Z|=4$,所以不等式 $|\mathrm{Re}(Z)|\leqslant|Z|$ 可改写为

$$|(ab+bc+cd+da+ac+bd-abcd)-1|\leqslant 4$$

即

$$-3\leqslant ab+bc+cd+da+ac+bd-abcd\leqslant 5$$

这就是所求的. □

41.(Titu Andreescu, USAMO 2017) 已知 a,b,c,d 是非负实数,且 $a+b+c+d=4$. 求

$$\frac{a}{b^3+4}+\frac{b}{c^3+4}+\frac{c}{d^3+4}+\frac{d}{a^3+4}$$

的可能的最小值.

解 由 AM-GM 不等式,观察到

$$b^3+4=\frac{b^3}{2}+\frac{b^3}{2}+4\geqslant 3\sqrt[3]{\frac{b^3}{2}\cdot\frac{b^3}{2}\cdot 4}=3b^2$$

于是

$$\frac{4}{b^3+4}=\frac{4+b^3-b^3}{b^3+4}=1-\frac{b^3}{b^3+4}\geqslant 1-\frac{b^3}{3b^2}=1-\frac{b}{3}$$

推得

$$\frac{1}{b^3+4}\geqslant\frac{1}{4}-\frac{b}{12}$$

当 $b=0$ 或 $b=2$ 时,等式成立.

因此

$$\frac{a}{b^3+4}+\frac{b}{c^3+4}+\frac{c}{d^3+4}+\frac{d}{a^3+4}\geqslant\frac{a+b+c+d}{4}-\frac{ab+bc+cd+da}{12}$$
$$\geqslant 1-\frac{1}{3}=\frac{2}{3}$$

这是因为由 AM-GM 不等式

$$ab+bc+cd+da=(a+c)(b+d)\leqslant\left(\frac{a+b+c+d}{2}\right)^2=4$$

结论是最小值是$\frac{2}{3}$,且在

$$(a,b,c,d)\in\{(2,2,0,0),(2,0,0,2),(0,2,2,0),(0,0,2,2)\}$$

处取得. □

42.(Marius Stănean,Mathematical Reflections) 设 a,b,c,d 是非负实数,且 $a+b+c+d=6$. 求

$$4a+2ab+2abc+abcd$$

的最大值.

解 为计算方便,设 $E=4a+2ab+2abc+abcd$. 我们有

$$E=4a+ab(2+2c+cd)=4a+ab[(1+c)(2+d)-d]$$
$$\leqslant 4a+ab(1+c)(2+d)$$

对 $b,1+c,2+d$ 用 AM-GM 不等式,得到

$$b(1+c)(2+d)\leqslant\frac{(b+1+c+2+d)^3}{27}=\frac{(9-a)^3}{27}$$

因此,我们推得

$$E\leqslant 4a+\frac{a(9-a)^3}{27}$$

但是

$$4a+\frac{a(9-a)^3}{27}=\frac{108a+a(3-a+6)^3}{27}$$
$$=\frac{108a+a(3-a)^3+3a(3-a)^2\cdot 6+3a(3-a)\cdot 36+216a}{27}$$
$$=\frac{(3-a)^2(3a-a^2+18a)+108a(3-a)+324a-3\cdot 324+3\cdot 324}{27}$$
$$=\frac{(3-a)^2(21a-a^2)-108(3-a)^2+3\cdot 324}{27}$$
$$=36-\frac{(3-a)^2(a^2-21a+108)}{27}$$
$$=36-\frac{(3-a)^2(9-a)(12-a)}{27}\leqslant 36$$

于是,E 的最大值是 36,且当 $a=3,b=1+c=2+d,d=0$,因此当 $a=3,b=2,c=1,d=0$ 时,取到最大值. □

43.(An Zhenping,Mathematical Reflections) 设 a,b,c,d 是正实数,且 $a,b,c,d\leqslant 1$,证明

$$\frac{1}{a+b+c+d}\geqslant\frac{1}{4}+\frac{64}{27}(1-a)(1-b)(1-c)(1-d)$$

证明 由 AM-GM 不等式

$$(1-a)(1-b)(1-c)(1-d)\leqslant\left(\frac{4-a-b-c-d}{2}\right)^4$$

所以只要证明

$$\frac{1}{a+b+c+d}\geqslant\frac{1}{4}+\frac{1}{108}(4-a-b-c-d)^4$$

设 $x=a+b+c+d$,那么我们必须证明当 $0<x\leqslant 4$ 时,有

$$\frac{1}{x}\geqslant\frac{1}{4}+\frac{1}{108}(4-x)^4$$

该式等价于

$$(x-1)^2(4-x)[(x-5)^2+2]\leqslant 0$$

当 $0<x\leqslant 4$ 时,上式显然成立.

当 $x=1$ 和 $x=4$ 时,等式成立,这分别相当于 $a=b=c=d=\frac{1}{4}$ 和 $a=b=c=d=1$ 时,等式成立. □

44.(PI Magazine) 设 a,b,c,d 是正实数,且

$$a+b+c+d=4$$

证明

$$\frac{1}{ab}+\frac{1}{cd}\geqslant\frac{a^2+b^2+c^2+d^2}{2}$$

证明 原不等式等价于

$$ab+\frac{1}{ab}+cd+\frac{1}{cd}\geqslant\frac{(a+b)^2}{2}+\frac{(c+d)^2}{2}$$

不失一般性,假定 $c+d\geqslant 2\geqslant a+b$. 由 AM-GM 不等式,我们有

$$4ab(c+d)\leqslant(a+b)^2(c+d)\leqslant(a+b)\left(\frac{a+b+c+d}{2}\right)^2=4(a+b)$$

于是

$$ab(c+d)\leqslant a+b\Leftrightarrow ab\leqslant\frac{a+b}{c+d}$$

函数 $f:(0,+\infty)\mapsto(0,+\infty)$,$f(x)=x+\frac{1}{x}$ 在$(0,1)$上是递减,因为当 $x\leqslant y\leqslant 1$ 时,

我们有

$$f(x)-f(y)=\frac{(y-x)(1-xy)}{xy}\geqslant 0$$

因此,$ab\leqslant\frac{a+b}{c+d}\leqslant 1$ 表明

$$ab+\frac{1}{ab}\geqslant\frac{a+b}{c+d}+\frac{c+d}{a+b}$$

又由 AM-GM 不等式

$$cd+\frac{1}{cd}\geqslant 2$$

于是,只要证明

$$\frac{a+b}{c+d}+\frac{c+d}{a+b}+2\geqslant\frac{(a+b)^2}{2}+\frac{(c+d)^2}{2}\tag{1}$$

设 $t=a+b\in(0,2]$,那么不等式(1)可改写为

$$\frac{16}{t(4-t)}\geqslant\frac{t^2}{2}+\frac{(4-t)^2}{2}$$

$$\Leftrightarrow 16\geqslant t(4-t)(t^2-4t+8)$$

$$\Leftrightarrow t^4-8t^3+24t^2-32t+16\geqslant 0$$

$$\Leftrightarrow(t-2)^4\geqslant 0$$

这是显然的. □

45.(Mathlinks) 设 a,b,c,d 是正实数,证明

$$(a^3+3)(b^3+3)(c^3+3)(d^3+3)\geqslant 4(a+b+c+d)^3$$

证明 由 Hölder 不等式

$$(a^3+3)(b^3+3)\left[2+\frac{(c+d)^3}{4}\right]=(a^3+1+2)(1+b^3+2)\left[1+1+\frac{(c+d)^3}{4}\right]$$

$$\geqslant 4(a+b+c+d)^3$$

因此,余下来要证明的是

$$(c^3+3)(d^3+3)\geqslant 8+(c+d)^3$$

或

$$c^3d^3+1+2c^3+2d^3\geqslant 3cd(c+d)$$

这是由 AM-GM 不等式和 Cauchy-Schwarz 不等式

$$c^3d^3+1+4c^3+c^3d^3+1+4d^3\geqslant 6\sqrt[6]{c^{15}d^3}+6\sqrt[6]{c^3d^{15}}$$

$$=6\sqrt{cd}(c^2+d^2)\geqslant 3\sqrt{cd}(c+d)^2$$

$$\geqslant 3\sqrt{cd}\cdot 2\sqrt{cd}\cdot(c+d)=6cd(c+d)$$

得到的.

当 $a=b=c=d=1$ 时,等式成立. □

46.(Marius Stănean) 设 a,b,c,d 是正实数,且

$$\frac{a+d}{b+c}\geqslant 2$$

证明

$$(a+b)(b+c)(c+d)(d+a)\geqslant 18abcd$$

证明 设

$$S=a+b+c+d$$

我们有

$$(a+b)(a+d)=aS+bd-ac$$

以及

$$(c+b)(c+d)=cS+bd-ac$$

因此

$$\begin{aligned}(a+b)(b+c)(c+d)(d+a)&=(aS+bd-ac)(cS+bd-ac)\\&=acS^2+(a+c)S(bd-ac)+(bd-ac)^2\\&=S[acS+(a+c)(bd-ac)]+(bd-ac)^2\\&=(a+b+c+d)(abc+bcd+cda+dab)+(bd-ac)^2\end{aligned}$$

于是

$$(a+b)(b+c)(c+d)(d+a)\geqslant abcd(a+b+c+d)(\frac{1}{a}+\frac{1}{b}+\frac{1}{c}+\frac{1}{d}) \tag{1}$$

当 $ac=bd$ 时,等式成立.

利用这一点,只要证明

$$(a+b+c+d)(\frac{1}{a}+\frac{1}{b}+\frac{1}{c}+\frac{1}{d})\geqslant 18 \tag{2}$$

由 AM-GM 不等式和 Cauchy-Schwarz 不等式

$$\begin{aligned}&(a+b+c+d)(\frac{1}{a}+\frac{1}{b}+\frac{1}{c}+\frac{1}{d})\\&\geqslant(a+b+c+d)(\frac{4}{a+d}+\frac{4}{b+c})\\&=4+4+\frac{4(a+d)}{b+c}+\frac{4(b+c)}{a+d}\\&=8+\frac{3(a+d)}{b+c}+\frac{a+d}{b+c}+\frac{4(b+c)}{a+d}\\&\geqslant 8+6+2\sqrt{\frac{a+d}{b+c}\cdot\frac{4(b+c)}{a+d}}=18\end{aligned}$$

当 $a+d=2(b+c)$,$a=d$,$b=c$ 时,式(1)中的等式成立;当 $ac=bd$ 时,式(2)中的等式成

立,所以当 $a=2b=2c=d$ 时,等式成立. □

47.(Titu Andreescu,Mathematical Reflections)设 a,b,c,d 是实数,且

$$a+b+c+d=2$$

证明

$$\frac{a}{a^2-a+1}+\frac{b}{b^2-b+1}+\frac{c}{c^2-c+1}+\frac{d}{d^2-d+1}\leqslant\frac{8}{3}$$

证明 使用变换 $x=a-\frac{1}{2},y=b-\frac{1}{2},z=c-\frac{1}{2},w=d-\frac{1}{2}$ 后,原不等式变为

$$\frac{4x+2}{4x^2+3}+\frac{4y+2}{4y^2+3}+\frac{4z+2}{4z^2+3}+\frac{4w+2}{4w^2+3}\leqslant\frac{8}{3}$$

其中 $x+y+z+w=0$,它等价于

$$\frac{(2x-1)^2}{4x^2+3}+\frac{(2y-1)^2}{4y^2+3}+\frac{(2z-1)^2}{4z^2+3}+\frac{(2w-1)^2}{4w^2+3}\geqslant\frac{4}{3}$$

但是,$4x^2=3x^2+(y+z+w)^2\leqslant 3x^2+3(y^2+z^2+w^2)$,于是我们有

$$\frac{(2x-1)^2}{4x^2+3}\geqslant\frac{(2x-1)^2}{3(x^2+y^2+z^2+w^2+1)}$$

当且仅当 $x=\frac{1}{2}$ 或 $y=z=w$ 时,等号成立.将类似的几个不等式相加后,就推得结论.

当且仅当 $x=y=z=w=0$ 或 $x=y=z=\frac{1}{2},w=-\frac{3}{2}$ 及其排列时,等号成立.这意味着 $a=b=c=d=\frac{1}{2}$ 或在 a,b,c,d 中有三个等于 1,第四个等于 -1 时,等号成立. □

48.(Marius Stănean,Gazeta Matamatică)设 a,b,c,d 是实数,且 $a+b+c+d=6$ 以及 $a^2+b^2+c^2+d^2=12$.

证明:$abcd\leqslant 3$.

证明 我们有

$$\begin{aligned}a^3+b^3+c^3+d^3&=(a+b+c+d)(a^2+b^2+c^2+d^2)-\sum_{cyc}ab(a+b)\\&=72-\sum_{cyc}ab(6-c-d)=72-6\sum_{cyc}ab+3\sum_{cyc}abc\\&=72-3[(a+b+c+d)^2-a^2-b^2-c^2-d^2]+3\sum_{cyc}abc\\&=3(abc+bcd+cda+dab)\end{aligned}$$

另一方面

$$\begin{aligned}6(a^3+b^3+c^3+d^3)&=(a+b+c+d)(a^3+b^3+c^3+d^3)\\&=\sum_{cyc}a^4+\sum_{cyc}ab(a^2+b^2)\\&=\sum_{cyc}a^4+\sum_{cyc}ab(12-c^2-d^2)\end{aligned}$$

$$=\sum_{cyc}a^4+12\sum_{cyc}ab-\sum_{cyc}abc(a+b+c)$$
$$=\sum_{cyc}a^4+144-\sum_{cyc}a\sum_{cyc}abc+4abcd$$
$$=\sum_{cyc}a^4+144-2\sum_{cyc}a^3+4abcd$$

这意味着

$$4abcd=8(a^3+b^3+c^3+d^3)-(a^4+b^4+c^4+d^4)-144$$

因此,我们要证明的不等式可改写为

$$8(a^3+b^3+c^3+d^3)-(a^4+b^4+c^4+d^4)-144\leqslant 12$$

或

$$(a^4+b^4+c^4+d^4)-8(a^3+b^3+c^3+d^3)+156\geqslant 0$$

但是对任何 $x\in\mathbf{R}$,以下不等式成立

$$x^4-8x^3+22x^2-24x+9=(x-1)^2(x-3)^2\geqslant 0$$

写出对变量 a,b,c,d 的每一个不等式,然后相加,得到

$$\sum_{cyc}a^4-8\sum_{cyc}a^3+22\sum_{cyc}a^2-24\sum_{cyc}a+36\geqslant 0$$
$$\Leftrightarrow(a^4+b^4+c^4+d^4)-8(a^3+b^3+c^3+d^3)+22\cdot 12-24\cdot 6+36\geqslant 0$$
$$\Leftrightarrow(a^4+b^4+c^4+d^4)-8(a^3+b^3+c^3+d^3)+156\geqslant 0$$

所以,推出不等式.

当 $a,b,c,d\in\{1,3\}$ 时,即在 a,b,c,d 中有三个等于3,第四个等于1时,等号成立.

□

49.(Nguyen Viet Hung,Mathematical Reflections) 设 a,b,c,d 是正实数,且 $abcd\geqslant 1$,证明

$$\frac{1}{a+b^5+c^5+d^5}+\frac{1}{b+c^5+d^5+a^5}+\frac{1}{c+d^5+a^5+b^5}+\frac{1}{d+a^5+b^5+c^5}\leqslant 1$$

证明 由AM-GM不等式推得的一般的幂平均不等式(定理5),我们有

$$\frac{b^5+c^5+d^5}{3}\geqslant\left(\frac{b^2+c^2+d^2}{3}\right)^{\frac{5}{2}}\geqslant bcd\cdot\frac{b^2+c^2+d^2}{3}$$

因为 $bcd\geqslant\frac{1}{a}$,我们有

$$a+b^5+c^5+d^5\geqslant a+bcd(b^2+c^2+d^2)$$
$$\geqslant a+\frac{1}{a}(b^2+c^2+d^2)$$
$$=\frac{a^2+b^2+c^2+d^2}{a}$$

因此

$$\sum_{\text{cyc}} \frac{1}{a+b^5+c^5+d^5} \leqslant \sum_{\text{cyc}} \frac{a}{a^2+b^2+c^2+d^2} = \frac{a+b+c+d}{a^2+b^2+c^2+d^2}$$

此外,由一般的幂平均不等式和 AM-GM 不等式,我们有

$$\frac{a^2+b^2+c^2+d^2}{4} \geqslant \left(\frac{a+b+c+d}{4}\right)^2 \geqslant \sqrt[4]{abcd} \cdot \frac{a+b+c+d}{4}$$

因此

$$\frac{a+b+c+d}{a^2+b^2+c^2+d^2} \leqslant \frac{a+b+c+d}{\sqrt[4]{abcd}\,(a+b+c+d)} = \frac{1}{\sqrt[4]{abcd}} \leqslant 1$$

□

50. 给定 n 个正实数,且

$$\frac{1}{1+x_1}+\frac{1}{1+x_2}+\cdots+\frac{1}{1+x_n}=1$$

证明

$$x_1x_2\cdots x_n \geqslant (n-1)^n$$

证明 作代换

$$y_1=\frac{1}{1+x_1}, y_2=\frac{1}{1+x_2}, \cdots, y_n=\frac{1}{1+x_n}$$

本题中的关系式变为

$$y_1+y_2+\cdots+y_n=1$$

我们必须证明

$$\frac{(1-y_1)(1-y_2)\cdots(1-y_n)}{y_1y_2\cdots y_n} \geqslant (n-1)^n$$

它等价于以下不等式

$$(y_2+y_3+\cdots+y_n)(y_1+y_3+\cdots+y_n)\cdots(y_1+y_2+\cdots+y_{n-1}) \geqslant (n-1)^n y_1y_2\cdots y_n$$

对左边的每一个因式利用 AM-GM 不等式,得到

$$y_2+y_3+\cdots+y_n \geqslant (n-1)\cdot \sqrt[n-1]{y_2y_3\cdots y_n}$$

$$y_1+y_3+\cdots+y_n \geqslant (n-1)\cdot \sqrt[n-1]{y_1y_3\cdots y_n}$$

$$\vdots$$

$$y_1+y_2+\cdots+y_{n-1} \geqslant (n-1)\cdot \sqrt[n-1]{y_1y_2\cdots y_{n-1}}$$

将这 n 个不等式相乘,就得到结果.

当 $y_1=y_2=\cdots=y_n=\frac{1}{n}$,即 $x_1=x_2=\cdots=x_n=n-1$ 时,等式成立. □

51. (Dorin Andrica, Mathematical Reflections) 设 a,b,c,x,y,z 是正实数,且

$$ab+bc+ca=xy+yz+zx=1$$

证明

$$a(y+z)+b(z+x)+c(x+y)\geqslant 2$$

证明 设

$$A=a^2+b^2+c^2, X=x^2+y^2+z^2, P=ab+bc+ca, Q=xy+yz+zx$$

因为

$$a(y+z)+b(z+x)+c(x+y)=(a+b+c)(x+y+z)-\sum_{\text{cyc}}ax$$

所以,所求的不等式等价于

$$(a+b+c)(x+y+z)\geqslant \sum_{\text{cyc}}ax+2$$

平方后,利用 $P=Q=1$,我们得到

$$(A+2)(X+2)\geqslant \left(2+\sum_{\text{cyc}}ax\right)^2$$

由 Cauchy-Schwarz 不等式,得到

$$\sum_{\text{cyc}}ax\leqslant \sqrt{AX}$$

于是我们得到

$$(A+2)(X+2)\geqslant (2+\sqrt{AX})^2$$

或

$$AX+2A+2X+4\geqslant 4+4\sqrt{AX}+AX\Leftrightarrow A+X\geqslant 2\sqrt{AX}$$

这是 AM-GM 不等式. □

52. 设整数 $n\geqslant 2$,$a_1,a_2,\cdots,a_n$ 是正实数,且 $a_1a_2\cdots a_n=1$,证明

$$\frac{n}{\sum_{i=1}^{n}a_i}\leqslant \sum_{i=1}^{n}\frac{1}{a_i+(n-1)}\leqslant 1$$

证明 对于第二个不等式,我们有

$$\sum_{i=1}^{n}\frac{1}{a_i+(n-1)}\leqslant 1\Leftrightarrow \sum_{i=1}^{n}\frac{a_i}{a_i+(n-1)}\geqslant 1$$

由 Cauchy-Schwarz 不等式和 AM-GM 不等式

$$\sum_{i=1}^{n}\frac{a_i}{a_i+(n-1)}\geqslant \frac{\left(\sum\sqrt{a_i}\right)^2}{\sum a_i+n(n-1)}$$

$$=\frac{\sum a_i+2\sum_{1\leqslant i<j\leqslant n}\sqrt{a_ia_j}}{\sum a_i+n(n-1)}$$

$$\geqslant \frac{\sum a_i+2\binom{n}{2}\sqrt[n]{a_1a_2\cdots a_n}}{\sum a_i+n(n-1)}=1$$

对于第一个不等式,由 Cauchy-Schwarz 不等式

$$\left(\sum_{i=1}^{n}\frac{1}{a_i+(n-1)}\right)\left(\sum_{i=1}^{n}a_i+(n-1)\right)\geqslant n^2$$

这意味着

$$\sum_{i=1}^{n}\frac{1}{a_i+n-1}\cdot\sum_{i=1}^{n}a_i\geqslant n^2-n(n-1)\sum_{i=1}^{n}\frac{1}{a_i+n-1}\geqslant n^2-n(n-1)=n$$

当 $a_1=a_2=\cdots=a_n=1$ 时,等式成立. □

53. (Nguyen Viet Hung, Mathematical Reflections) 设 $x_1,x_2,\cdots,x_n$ 是非负实数,且 $x_1+x_2+\cdots+x_n=1$. 求

$$\sqrt{x_1+1}+\sqrt{2x_2+1}+\cdots+\sqrt{nx_n+1}$$

的最小可能的值.

解 断言:设 $u,v\geqslant 0,k\geqslant 2$ 是正整数,那么

$$\sqrt{u+1}+\sqrt{kv+1}\geqslant\sqrt{u+v+1}+1$$

当且仅当 $v=0$ 时,等式成立.

证明:两边平方,得到等价的不等式

$$(k-1)v+2\sqrt{(u+1)(kv+1)}\geqslant 2\sqrt{u+v+1}$$

现在

$$(u+1)(kv+1)-u-v-1=(ku+k-1)v\geqslant 0$$

当且仅当 $v=0$ 时,等式成立,显然当且仅当 $v=0$ 时,$(k-1)v\geqslant 0$ 中的等式成立. 断言得证.

对 n 进行一般的归纳,现在我们可以证明

$$\sqrt{x_1+1}+\sqrt{2x_2+1}+\cdots+\sqrt{nx_n+1}\geqslant\sqrt{2}+n-1$$

当且仅当 $x_1=1,x_2=x_3=\cdots=x_n=0$ 时,等式成立. 事实上,当 $n=2$ 时的结果是断言中 $k=2$ 的特殊情况. 如果当 $n-1$ 时结果成立,那么由 $k=n$ 的断言,我们有

$$\sqrt{x_1+1}+\sqrt{nx_n+1}\geqslant\sqrt{(x_1+x_n)+1}+1$$

当且仅当 $x_n=0$,或重新命名 x_1+x_n 为 x_1,并利用归纳假定,推出结论. □

54. (Titu Andreescu, Mathematical Reflections) 设 $a_1,a_2,\cdots,a_n$ 是正实数,且

$$\sqrt{a_1}+\sqrt{a_2}+\cdots+\sqrt{a_n}=a_1+a_2+\cdots+a_n$$

证明

$$\sqrt{a_1^2+1}+\sqrt{a_2^2+1}+\cdots+\sqrt{a_n^2+1}\leqslant n\sqrt{2}$$

证明 设 $A=\sqrt{a_1}+\sqrt{a_2}+\cdots+\sqrt{a_n}=a_1+a_2+\cdots+a_n$.

由 Cauchy-Schwarz 不等式

$$\sqrt{a_1^2+1}+\cdots+\sqrt{a_n^2+1}=\sqrt{(a_1+\sqrt{2a_1}+1)(a_1-\sqrt{2a_1}+1)}+\cdots+$$

$$\sqrt{(a_n+\sqrt{2a_n}+1)(a_n-\sqrt{2a_n}+1)}$$
$$\leqslant\sqrt{(A+\sqrt{2}A+n)(A-\sqrt{2}A+n)}$$
$$=\sqrt{2n^2-(n-A)^2}\leqslant n\sqrt{2}$$

当 $a_1=a_2=\cdots=a_n=1$ 时,等式成立. □

55.(An Zhenping) 设 $a,b,c,d,e\in[1,2]$,证明

$$a^2+b^2+c^2+d^2+e^2-3abcde\leqslant 2$$

证明 由 $a,b,c,d,e\in[1,2]$,我们有

$$(a-1)(a-2)\leqslant 0\Leftrightarrow a^2+2\leqslant 3a$$
$$(b-1)(3a-b-1)\geqslant 0\Leftrightarrow b^2+3a\leqslant 3ab+1$$
$$(c-1)(3ab-c-1)\geqslant 0\Leftrightarrow c^2+3ab\leqslant 3abc+1$$
$$(d-1)(3abc-d-1)\geqslant 0\Leftrightarrow d^2+3abc\leqslant 3abcd+1$$
$$(e-1)(3abcd-e-1)\geqslant 0\Leftrightarrow e^2+3abcd\leqslant 3abcde+1$$

将以上不等式相加,消去一些项后,得到

$$a^2+b^2+c^2+d^2+e^2-3abcde\leqslant 2$$

当 $a=b=c=d=e=1$ 时,等式成立. □

56.(Titu Andreescu, Mathematical Reflections) 设 x,y,z 是非负实数,且对某个可能的正实数 a,b,c,有

$$ax+by+cz\leqslant 3abc$$

证明

$$\sqrt{\frac{x+y}{2}}+\sqrt{\frac{y+z}{2}}+\sqrt{\frac{z+x}{2}}+\sqrt[4]{xyz}\leqslant\frac{1}{4}(abc+5a+5b+5c)$$

证明 由已知条件,我们有

$$3a\geqslant\frac{ax}{bc}+\frac{y}{c}+\frac{z}{b}$$
$$3b\geqslant\frac{x}{c}+\frac{by}{ca}+\frac{z}{a}$$
$$3c\geqslant\frac{x}{b}+\frac{y}{a}+\frac{cz}{ab}$$

于是

$$3(a+b+c)\geqslant\frac{x+y}{c}+\frac{y+z}{a}+\frac{z+x}{b}+(\frac{ax}{bc}+\frac{by}{ca}+\frac{cz}{ab})$$

因此,利用 AM-GM 不等式,我们有

$$abc+5(a+b+c)\geqslant\left(\frac{x+y}{c}+2c\right)+\left(\frac{y+z}{a}+2a\right)+\left(\frac{z+x}{b}+2b\right)+$$

$$\left(abc+\frac{ax}{bc}+\frac{by}{ca}+\frac{cz}{ab}\right)$$
$$\geqslant 2\sqrt{2(x+y)}+2\sqrt{2(y+z)}+2\sqrt{2(z+x)}+4\sqrt[4]{xyz}$$

推出结论.

当且仅当

$$x+y=2c^2, y+z=2a^2, z+x=2b^2$$

以及

$$\frac{ax}{bc}=\frac{by}{ca}=\frac{cz}{ab}=abc$$

时,等式成立.

这表明 $b^2c^2+c^2a^2=2c^2, c^2a^2+a^2b^2=2a^2, a^2b^2+b^2c^2=2b^2$,即 $b^2+a^2=c^2+b^2=a^2+c^2=2$,这表明 $a=b=c=1$ 以及 $x=y=z=1$. 如果 $a=b=c=x=y=z=1$,则等式成立,且满足已知条件. □

57.(Marius Stănean,Forum GIL) 设 $x_1, x_2, \cdots, x_n$ 是正实数,$n\geqslant 1, x_1^2+x_2^2+\cdots+x_n^2=1$,证明

$$(1+x_1)(1+x_2)\cdots(1+x_n)(1+x_1+x_2+\cdots+x_n)\geqslant(1+\sqrt{n})^{n+1}x_1x_2\cdots x_n$$

证明 原不等式可改写为

$$\left(1+\frac{1}{x_1}\right)\left(1+\frac{1}{x_2}\right)\cdots\left(1+\frac{1}{x_n}\right)(1+x_1+x_2+\cdots+x_n)\geqslant(1+\sqrt{n})^{n+1}$$

利用 Hölder 不等式

$$\text{左边}\geqslant\left(1+\sqrt[n+1]{\frac{x_1+x_2+\cdots+x_n}{x_1x_2\cdots x_n}}\right)^{n+1}$$

因此,只要证明

$$x_1+x_2+\cdots+x_n\geqslant(\sqrt{n})^{n+1}x_1x_2\cdots x_n$$

但是,由 AM-GM 不等式,我们连续有

$$x_1+x_2+\cdots+x_n=(x_1+x_2+\cdots+x_n)\left(\sqrt{x_1^2+x_2^2+\cdots+x_n^2}\right)^{n-1}$$
$$\geqslant n\sqrt[n]{x_1x_2\cdots x_n}\left(\sqrt{n}\sqrt[n]{x_1x_2\cdots x_n}\right)^{n-1}$$
$$=(\sqrt{n})^{n+1}x_1x_2\cdots x_n$$

当 $x_1=x_2=\cdots=x_n=\frac{1}{\sqrt{n}}$ 时,等式成立. □

58.(Titu Andreescu,Mathematical Reflections) 设 $n\geqslant 3, 0=a_0<a_1<\cdots<a_{n+1}$,且

$$a_1a_2+a_2a_3+\cdots+a_{n-1}a_n=a_na_{n+1}$$

证明

$$\frac{1}{a_3^2-a_0^2}+\frac{1}{a_4^2-a_1^2}+\cdots+\frac{1}{a_{n+1}^2-a_{n-2}^2}\geqslant\frac{1}{a_{n-1}^2}$$

证明　左边的表达式可改写为

$$\frac{a_1^2a_2^2}{a_1^2a_2^2a_3^2-a_0^2a_1^2a_2^2}+\frac{a_2^2a_3^2}{a_2^2a_3^2a_4^2-a_1^2a_2^2a_3^2}+\cdots+\frac{a_{n-1}^2a_n^2}{a_{n-1}^2a_n^2a_{n+1}^2-a_{n-2}^2a_{n-1}^2a_n^2}$$

于是利用 Cauchy-Schwarz 不等式，得到

$$\frac{a_1^2a_2^2}{a_1^2a_2^2a_3^2-a_0^2a_1^2a_2^2}+\frac{a_2^2a_3^2}{a_2^2a_3^2a_4^2-a_1^2a_2^2a_3^2}+\cdots+\frac{a_{n-1}^2a_n^2}{a_{n-1}^2a_n^2a_{n+1}^2-a_{n-2}^2a_{n-1}^2a_n^2}$$

$$\geqslant\frac{(a_1a_2+a_2a_3+\cdots+a_{n-1}a_n)^2}{a_1^2a_2^2a_3^2-a_0^2a_1^2a_2^2+a_2^2a_3^2a_4^2-a_1^2a_2^2a_3^2+\cdots+a_{n-1}^2a_n^2a_{n+1}^2-a_{n-2}^2a_{n-1}^2a_n^2}$$

$$=\frac{a_n^2a_{n+1}^2}{a_{n-1}^2a_n^2a_{n+1}^2-a_0^2a_1^2a_2^2}=\frac{1}{a_{n-1}^2}$$

□

2.4　提高题的解答

1. 如果 x 是实数，证明

$$x^3-x\leqslant\frac{\sqrt{2}}{4}(x^4+1)$$

证明　如果 $x=0$，那么不等式成立.

假定 $x\neq 0$，那么两边除以 x^2，原不等式变为

$$x-\frac{1}{x}\leqslant\frac{\sqrt{2}}{4}\left(x^2+\frac{1}{x^2}\right)$$

设 $t=x-\frac{1}{x}$，所以我们必须证明

$$t\leqslant\frac{\sqrt{2}}{4}(t^2+2)\Leftrightarrow t^2-2\sqrt{2}t+2\geqslant 0\Leftrightarrow(t-\sqrt{2})^2\geqslant 0$$

这显然成立. 当

$$t=\sqrt{2}\Rightarrow x^2-\sqrt{2}x-1=0$$

时，等式成立，因此 $x=\frac{1\pm\sqrt{3}}{\sqrt{2}}$.　□

2. 设 x 是实数，且 $-1<x<1$，证明

$$\sqrt[4]{1-x^2}+\sqrt[4]{1-x}+\sqrt[4]{1+x}\leqslant 3$$

证明　我们可将原不等式改写为

$$(1+\sqrt[4]{1-x})(1+\sqrt[4]{1+x})\leqslant 4$$

由 Hölder 不等式，我们有

$$(1+1)(1+1)(1+1)(1+1-x)\geqslant(1+\sqrt[4]{1-x})^4$$

因此有

$$(1+\sqrt[4]{1-x})\leqslant\sqrt[4]{8(2-x)}$$

此外

$$(1+1)(1+1)(1+1)(1+1+x)\geqslant(1+\sqrt[4]{1+x})^4$$

于是

$$(1+\sqrt[4]{1+x})\leqslant\sqrt[4]{8(2+x)}$$

于是,将这两个不等式相乘,我们有

$$(1+\sqrt[4]{1-x})(1+\sqrt[4]{1+x})\leqslant\sqrt[4]{64(4-x^2)}\leqslant\sqrt[4]{64\cdot4}=4$$

当 $x=0$ 时,等式成立. □

3. 设 a 是正实数,n 是自然数,证明

$$a^n+\frac{1}{a^n}-2\geqslant n^2\left(a+\frac{1}{a}-2\right)$$

证明 原不等式等价于

$$\frac{(a^n-1)^2}{a^n}\geqslant n^2\frac{(a-1)^2}{a}$$

或

$$(a-1)^2(a^{n-1}+a^{n-2}+\cdots+a+1)^2\geqslant n^2a^{n-1}(a-1)^2$$

或

$$a^{n-1}+a^{n-2}+\cdots+a+1\geqslant na^{\frac{n-1}{2}}$$

这是由 AM-GM 不等式

$$a^{n-1}+a^{n-2}+\cdots+a+1\geqslant n\sqrt[n]{a^{\frac{n(n-1)}{2}}}=na^{\frac{n-1}{2}}$$

推得的. □

4. 如果 x 是正实数,证明

$$\frac{\sqrt[3]{x+1}+\sqrt[3]{x+27}}{2}\geqslant\sqrt[3]{x+8}$$

证明 由 Hölder 不等式,我们有

$$(x+1)(x+8)^2\geqslant(x+4)^3\Leftrightarrow\sqrt[3]{x+1}\sqrt[3]{(x+8)^2}\geqslant x+4$$

$$(x+27)(x+8)^2\geqslant(x+12)^3\Leftrightarrow\sqrt[3]{x+27}\sqrt[3]{(x+8)^2}\geqslant x+12$$

将这两个不等式相加,得到

$$\sqrt[3]{(x+8)^2}(\sqrt[3]{x+1}+\sqrt[3]{x+27})\geqslant2(x+8)$$

因此得到所求的结果. □

5. 设 a 是非负实数,证明

$$\frac{1+a^2}{1+a} \geqslant \sqrt[3]{\frac{1+a^3}{2}}$$

证明 两边立方,再去分母,我们看到原不等式等价于

$$2(1+a^2)^3 \geqslant (1+a)^3(1+a^3)$$

$$\Leftrightarrow a^6-3a^5+3a^4-2a^3+3a^2-3a+1 \geqslant 0$$

$$\Leftrightarrow (a-1)^4(a^2+a+1) \geqslant 0$$

于是原不等式成立.当且仅当 $a=1$ 时,等式成立. □

6.如果 a 是非负实数,证明

$$\sqrt[4]{\frac{a^4+a^3+a^2+a+1}{5}} \geqslant \sqrt[3]{\frac{a^3+a^2+a+1}{4}}$$

证法1 原不等式等价于

$$\left(\frac{a^4+a^3+a^2+a+1}{5}\right)^3 \geqslant \left(\frac{a^3+a^2+a+1}{4}\right)^4$$

或

$$4^4\left(a^2+\frac{1}{a^2}+a+\frac{1}{a}+1\right)^3 \geqslant 5^3\left(a\sqrt{a}+\frac{1}{a\sqrt{a}}+\sqrt{a}+\frac{1}{\sqrt{a}}\right)^4$$

或

$$4^4\left(a^2+\frac{1}{a^2}+a+\frac{1}{a}+1\right)^3 \geqslant 5^3\left[a^3+\frac{1}{a^3}+2(a^2+\frac{1}{a^2})+3(a+\frac{1}{a})+4\right]^2$$

设 $2t=a+\frac{1}{a} \geqslant 2$.我们有 $a^2+\frac{1}{a^2}=4t^2-2$,以及 $a^3+\frac{1}{a^3}=8t^3-6t$,所以我们必须证明

$$4^4(4t^2+2t-1)^3 \geqslant 5^3(8t^3+8t^2)^2 \Leftrightarrow 4(4t^2+2t-1)^3 \geqslant 5^3t^4(t+1)^2$$

但是 $2t-1 \geqslant t$,所以只要证明

$$4(4t^2+t)^3 \geqslant 5^3t^4(t+1)^2 \Leftrightarrow 4(4t+1)^3 \geqslant 5^3t(t+1)^2$$

$$\Leftrightarrow \left(\frac{4t+1}{5}\right)^3 \geqslant \frac{t(t+1)^2}{4}$$

由 AM-GM 不等式

$$\frac{t(t+1)^2}{4}=t\cdot\frac{t+1}{2}\cdot\frac{t+1}{2} \leqslant \left(\frac{t+\frac{t+1}{2}+\frac{t+1}{2}}{3}\right)^3$$

$$=\left(\frac{2t+1}{3}\right)^3=\left(\frac{10t+5}{15}\right)^3$$

$$\leqslant \left(\frac{12t+3}{15}\right)^3=\left(\frac{4t+1}{5}\right)^3$$

当且仅当 $t=1 \Rightarrow a=1$ 时,等式成立. □

证法2 定义 M_n 是 $1,a,a^2,\cdots,a^n$ 的算术平均数,或用公式表示为

$$M_n=\frac{a^n+a^{n-1}+\cdots+a+1}{n+1}$$

我们要证明的是$\sqrt[4]{M_4}\geqslant\sqrt[3]{M_3}$,或等价的 $M_4^3\geqslant M_3^4$.

我们将首先证明对一切 $n\geqslant 1$,有 $M_{n+1}M_{n-1}\geqslant M_n^2$. 注意到

$$(a^{n+1}+a^n+\cdots+a+1)(a^{n-1}+a^{n-2}+\cdots+a+1)=(a^n+a^{n-1}+\cdots+a+1)^2-a^n$$

或者换句话说

$$n(n+2)M_{n+1}M_{n-1}=(n+1)^2M_n^2-a^n$$

但是 AM-GM 不等式给出

$$M_n\geqslant\sqrt[n+1]{a^{n+(n-1)+\cdots+1}}=\sqrt[n+1]{a^{\frac{n(n+1)}{2}}}=a^{\frac{n}{2}}$$

于是我们有

$$n(n+2)M_{n+1}M_{n-1}=(n+1)^2M_n^2-a^n\geqslant[(n+1)^2-1]M_n^2$$

因此 $M_{n+1}M_{n-1}\geqslant M_n^2$,这就是所求的.

现在我们将对 n 用归纳法证明这一不等式对 $n\geqslant 1$ 成立,即

$$M_{n+1}^n\geqslant M_n^{n+1}$$

基本情况 $n=1$,得到 $M_2\geqslant M_1^2$,这就是当 $n=1$ 时上面的不等式,观察到 $M_0=1$. 对于归纳步骤,我们利用了上面的不等式和归纳假定

$$M_{n+1}^nM_{n-1}^n\geqslant M_n^{2n}=M_n^{n+1}M_n^{n-1}\geqslant M_n^{n+1}M_{n-1}^n$$

因此 $M_{n+1}^n\geqslant M_n^{n+1}$,这就是所求的. □

7. 如果 a 是非负实数,证明

$$\frac{a^3+1}{2}\geqslant\sqrt[2]{\frac{a^2+1}{2}}\cdot\sqrt[3]{\frac{a^3+1}{2}}\cdot\sqrt[4]{\frac{a^4+1}{2}}$$

证明 我们可将原不等式改写为

$$\left(\frac{a^3+1}{2}\right)^8\geqslant\left(\frac{a^2+1}{2}\right)^6\left(\frac{a^4+1}{2}\right)^3$$

$$\Leftrightarrow 2\left(a\sqrt{a}+\frac{1}{a\sqrt{a}}\right)^8\geqslant\left(a+\frac{1}{a}\right)^6\left(a^2+\frac{1}{a^2}\right)^3$$

$$\Leftrightarrow 2\left(a^3+2+\frac{1}{a^3}\right)^4\geqslant\left(a+\frac{1}{a}\right)^6\left(a^2+\frac{1}{a^2}\right)^3$$

设 $2t=a+\frac{1}{a}\geqslant 2$. 我们有 $a^2+\frac{1}{a^2}=4t^2-2$,以及 $a^3+\frac{1}{a^3}=8t^3-6t$,所以我们必须证明

$$2^5(4t^3-3t+1)^4\geqslant 2^9t^6(2t^2-1)^3\Leftrightarrow(4t^3-3t+1)^4\geqslant 2^4t^6(2t^2-1)^3$$

但是,由 AM-GM 不等式

$$2^4t^6(2t^2-1)^3=2t^3(4t^2-2t)^3$$

$$\leqslant\left(\frac{2t^3+4t^3-2t+4t^3-2t+4t^3-2t}{4}\right)^4$$

$$=\left(\frac{7t^3-3t}{4}\right)^4$$
$$\leqslant(4t^3-3t+1)^4$$

因为

$$\frac{7t^3-3t}{4}\leqslant 4t^3-3t+1\Leftrightarrow(t-1)^2(t+2)\geqslant 0$$

当且仅当 $t=1$ 推出 $a=1$ 时,等式成立. □

8. 设 x 是正实数,$n\in\mathbf{N}^*$,证明

$$\frac{x^n+x^{n-1}+\cdots+x+1}{n+1}\geqslant\left(\frac{x+1}{2}\right)^n$$

证明 首先我们证明以下不等式

$$\frac{x^n+x^{n-1}+\cdots+x+1}{n+1}\geqslant\frac{(x+1)}{2}\cdot\frac{(x^{n-1}+x^{n-2}+\cdots+x+1)}{n}\tag{1}$$

当 $k\in\{0,1,\cdots,n\}$ 时,以下不等式成立

$$x^n+1\geqslant x^{n-k}+x^k$$
$$\Leftrightarrow(x^{n-k}-1)(x^k-1)\geqslant 0$$
$$\Leftrightarrow(x-1)^2(x^{n-k-1}+\cdots+x+1)(x^{k-1}+\cdots+x+1)\geqslant 0$$

将 k 取 1 到 $n-1$ 得到的这些不等式相加,我们得到

$$(n-1)(x^n+1)\geqslant 2(x^{n-1}+x^{n-2}+\cdots+x^2+x)$$
$$\Leftrightarrow 2n(x^n+x^{n-1}+\cdots+x+1)-(n+1)(x^n+1)$$
$$\geqslant 2(n+1)(x^{n-1}+x^{n-2}+\cdots+x^2+x)$$
$$\Leftrightarrow 2n(x^n+x^{n-1}+\cdots+x+1)$$
$$\geqslant(n+1)(x+1)(x^{n-1}+x^{n-2}+\cdots+x+1)$$
$$\Leftrightarrow \text{式(1)}$$

对式(1) 中的 $n,n-1,\cdots,2$ 写出相应的式子,然后相乘,就得到断言. □

9. (Marius Stănean) 如果 x,y 是正实数,证明

$$\left(\frac{2x+y}{3}\cdot\frac{x+2y}{3}\right)^4\geqslant\sqrt{xy}\left(\frac{x+y}{2}\right)^7$$

证明 原不等式可改写为

$$\left[\frac{2(x+y)^2+xy}{9}\right]^4\geqslant\sqrt{xy}\left(\frac{x+y}{2}\right)^7$$
$$\Leftrightarrow\left[\frac{8}{9}\cdot\left(\frac{x+y}{2}\right)^2+\frac{1}{9}\cdot xy\right]^4\geqslant\sqrt{xy}\left(\frac{x+y}{2}\right)^7$$

现在,利用加权幂平均不等式,最后用 AM-GM 不等式

$$\left[\frac{8}{9}\cdot\left(\frac{x+y}{2}\right)^2+\frac{1}{9}\cdot xy\right]^4\geqslant\left[\left(\frac{x+y}{2}\right)^{\frac{16}{9}}\cdot(xy)^{\frac{1}{9}}\right]^4$$

$$=(\frac{x+y}{2})^{\frac{64}{9}}\cdot(xy)^{\frac{4}{9}}=(\frac{x+y}{2})^{\frac{63}{9}}\cdot(\frac{x+y}{2})^{\frac{1}{9}}\cdot(xy)^{\frac{4}{9}}$$

$$\geqslant\left(\frac{x+y}{2}\right)^{7}\cdot(\sqrt{xy})^{\frac{1}{9}}\cdot(xy)^{\frac{4}{9}}=\sqrt{xy}\left(\frac{x+y}{2}\right)^{7}$$

当 $x=y$ 时,等式成立. □

10.(Michael Rozenberg) 设 a,b 是非负实数,证明

$$(a+2b+\frac{12}{a+1})(b+2a+\frac{12}{b+1})\geqslant 81$$

证明 由 AM-GM 不等式和 Cauchy-Schwarz 不等式

$$左边=\left(a+1+\frac{4}{a+1}+2(b+1)+\frac{8}{a+1}-3\right)\cdot\left(b+1+\frac{4}{b+1}+2(a+1)+\frac{8}{b+1}-3\right)$$

$$\geqslant\left(4+2(b+1)+\frac{8}{a+1}-3\right)\cdot\left(4+2(a+1)+\frac{8}{b+1}-3\right)$$

$$\geqslant\left(1+8\sqrt{\frac{b+1}{a+1}}\right)\cdot\left(1+8\sqrt{\frac{a+1}{b+1}}\right)\geqslant(1+8)^2=81$$

当 $a=b=1$ 时,等式成立. □

11.(Marius Stănean) 设 a,b 是正实数,且 $a^2+b^2=2$,证明

$$\frac{1}{1+a^2}+\frac{1}{1+b^2}\geqslant 1+(2-a-b)\sqrt{ab}$$

证明 首先,我们注意到

$$a+b=\sqrt{2(1+ab)}\ 和\ 1=\frac{a^2+b^2}{2}\geqslant ab$$

原不等式等价于

$$\frac{4}{3+a^2b^2}-1\geqslant(2-a-b)\sqrt{ab}$$

或

$$\frac{1-a^2b^2}{3+a^2b^2}\geqslant\sqrt{ab}\left[2-\sqrt{2(1+ab)}\right]$$

或

$$\frac{1+ab}{3+a^2b^2}\geqslant\frac{2\sqrt{ab}}{2+\sqrt{2(1+ab)}}$$

这是成立的,因为 $1+ab\geqslant 2\sqrt{ab}$,以及

$$\sqrt{2(1+ab)}\geqslant\sqrt{2(1+a^4b^4)}=\sqrt{(1+1)(1+a^4b^4)}$$

$$\geqslant\sqrt{(1+a^2b^2)^2}=1+a^2b^2$$ □

12.(Titu Andreescu, Mathematical Reflections) 设 a,b 是实数,且

$$3(a+b)\geqslant 2|ab+1|$$

证明

$$9(a^3+b^3)\geqslant |a^3b^3+1|$$

证明 如果 $ab+1=0$ 或 $ab=0$,那么原不等式显然成立.否则就等价于

$$\frac{3(a+b)}{2|ab+1|}\geqslant \frac{a^2b^2-ab+1}{6(a^2-ab+b^2)}$$

这是因为 $a^2b^2-ab+1>0$ 和 $a^2-ab+b^2>0$.由已知条件,只要证明

$$\frac{a^2b^2-ab+1}{6(a^2-ab+b^2)}\leqslant 1$$

该式等价于

$$6(a^2-ab+b^2)\geqslant a^2b^2-ab+1$$

或

$$3(2a^2-ab+2b^2)\geqslant (ab+1)^2$$

由已知条件

$$9(a+b)^2\geqslant 4(ab+1)^2$$

只要证明

$$12(2a^2-ab+2b^2)\geqslant 9(a+b)^2$$

该式等价于

$$15(a-b)^2\geqslant 0$$

当且仅当 $a=b=\frac{3+\sqrt{5}}{2}$ 或 $a=b=\frac{3-\sqrt{5}}{2}$ 时,等式成立. □

13.(Mathematics Bulletin China) 设 a,b 是正实数,且 $a+b=1$,证明

$$\sqrt{\left(a^3-\frac{1}{a^2}\right)\left(b^3-\frac{1}{b^2}\right)}\geqslant \frac{31}{8}$$

证明 由 Cauchy-Schwarz 不等式和 AM-GM 不等式

$$\begin{aligned}
\text{左边}^2&=\left(\frac{1}{a^2}-a^2+a^2-a^3\right)\left(\frac{1}{b^2}-b^2+b^2-b^3\right)\\
&=\left[\frac{b(1+a)(1+a^2)}{a^2}+a^2b\right]\left[\frac{a(1+b)(1+b^2)}{b^2}+b^2a\right]\\
&\geqslant\left(\sqrt{\frac{(1+a)(1+b)(1+a^2)(1+b^2)}{ab}}+ab\sqrt{ab}\right)^2\\
&\geqslant\left[\frac{(1+\sqrt{ab})(1+ab)}{\sqrt{ab}}+ab\sqrt{ab}\right]^2\\
&=\left(\frac{1}{\sqrt{ab}}+\sqrt{ab}+1+ab+ab\sqrt{ab}\right)^2
\end{aligned}$$

但是,设 $t=\sqrt{ab}\leqslant\frac{1}{2}$,则由 AM-GM 不等式

$$\frac{1}{t}+t+1+t^2+t^3=\frac{1}{16t}+\cdots+\frac{1}{16t}+\frac{1}{8}+\cdots+\frac{1}{8}+\frac{t}{4}+\frac{t}{4}+\frac{t}{4}+\frac{t}{4}+\frac{t^2}{2}+\frac{t^2}{2}+t^3$$
$$\geqslant 31\sqrt[31]{\frac{1}{2^{98}t^5}}\geqslant 31\sqrt[31]{\frac{1}{2^{93}}}=\frac{31}{8}$$

当 $t=\frac{1}{2}\Rightarrow a=b=\frac{1}{2}$ 时,等式成立. □

14. (Nguyen Viet Hung) 设 a,b 是正实数,证明

$$\frac{1}{4a}+\frac{3}{a+b}+\frac{1}{4b}\geqslant\frac{4}{3a+b}+\frac{4}{a+3b}$$

证明 我们可将原不等式改写为

$$\frac{a+b}{4ab}+\frac{3}{a+b}\geqslant\frac{16(a+b)}{4ab+3(a+b)^2}$$

或

$$[4ab+3(a+b)^2]\left(\frac{a+b}{4ab}+\frac{3}{a+b}\right)\geqslant 16(a+b)$$

利用 Cauchy-Schwarz 不等式,我们有

$$[4ab+3(a+b)^2]\left(\frac{a+b}{4ab}+\frac{3}{a+b}\right)\geqslant(\sqrt{a+b}+3\sqrt{a+b})^2$$
$$=16(a+b)$$

当且仅当 $a=b$ 时,等式成立. □

15. (Marius Stănean) 设 a,b 是非负实数,证明

$$(a+b)^4(a^4+b^4)\leqslant 2\left[a^2+b^2+\frac{(a-b)^2}{4}\right]^4$$

证明 我们将利用以下不等式

$$a^4+b^4\leqslant 2(a^2-ab+b^2)^2\Leftrightarrow(a-b)^4\geqslant 0$$

因此由 AM-GM 不等式

$$(a+b)^4(a^4+b^4)\leqslant 2(a^2+2ab+b^2)^2(a^2-ab+b^2)^2$$
$$=\frac{1}{8}[(a^2+2ab+b^2)(4a^2-4ab+4b^2)]^2$$
$$\leqslant\frac{1}{128}(a^2+2ab+b^2+4a^2-4ab+4b^2)^4$$
$$=2\left(\frac{5a^2-2ab+5b^2}{4}\right)^4$$
$$=2\left[a^2+b^2+\frac{(a-b)^2}{4}\right]^4$$

当 $a=b$ 时,等式成立. □

16. (Mathlinks) 设 x,y 是非负实数,且 $x+y=2$,证明

$$\sqrt{x^2+3}+\sqrt{y^2+3}+\sqrt{xy+3}\geqslant 6$$

证明 设 $S=\sqrt{x^2+3}+\sqrt{y^2+3}$,那么将 S 平方,并利用 Cauchy-Schwarz 不等式,我们得到

$$\begin{aligned}S^2&=x^2+y^2+6+2\sqrt{(x^2+3)(y^2+3)}\\&=10-2xy+2\sqrt{x^2y^2-6xy+21}\\&=10-2xy+2\sqrt{(3-xy)^2+12}\\&=10-2xy+\sqrt{[(3-xy)^2+12](1+3)}\\&\geqslant 10-2xy+3-xy+6\\&=19-3xy\end{aligned}$$

推出

$$S\geqslant\sqrt{19-3xy}$$

于是,余下来要证明的是

$$\sqrt{19-3xy}+\sqrt{xy+3}\geqslant 6$$

设 $t=1-xy\in[0,1]$. 由 AM-GM 不等式

$$\begin{aligned}\text{左边}&=\sqrt{16+3t}+\sqrt{4-t}=\frac{\sqrt{16+3t}}{2}+\frac{\sqrt{16+3t}}{2}+\sqrt{4-t}\\&\geqslant 3\sqrt[3]{\frac{16+3t}{4}\sqrt{4-t}}=3\sqrt[6]{\frac{(16+3t)^2(4-t)}{16}}\\&=3\sqrt[6]{\frac{1\ 024+128t-60t^2-9t^3}{16}}\\&=3\sqrt[6]{\frac{1\ 024+59t+60t(1-t)+9t(1-t^2)}{16}}\\&\geqslant 3\sqrt[6]{\frac{1\ 024}{16}}=6\end{aligned}$$

当 $x=y=1$ 时,等式成立. □

17.(Titu Andreescu,Mathematical Reflections) 证明:对于任何 $a,b>-1$,有

$$\max\{(a+3)(b^2+3),(a^2+3)(b+3)\}\geqslant 2(a+b+2)^{\frac{3}{2}}$$

证明 因为 $a+1,b+1>0$,由 Hölder 不等式

$$\begin{aligned}&(1+1)[(a+1)^3+2^3][2^3+(b+1)^3]\geqslant[2(a+1)+2(b+1)]^3\\\Leftrightarrow&2[(a+1)^3+8][(b+1)^3+8]\geqslant 8(a+b+2)^3\\\Leftrightarrow&[(a+1)^3+8][(b+1)^3+8]\geqslant 4(a+b+2)^3\end{aligned}$$

但是注意到

$$(a+1)^3+8=a^3+3a^2+3a+9=(a+3)(a^2+3)$$

所以,我们得到

$$(a+3)(a^2+3)(b+3)(b^2+3)\geqslant 4(a+b+2)^3$$

现在设

$$X=\max\{(a+3)(b^2+3),(a^2+3)(b+3)\}$$

那么 $X\geqslant(a+3)(b^2+3)$,$X\geqslant(a^2+3)(b+3)$,所以

$$X^2\geqslant(a+3)(a^2+3)(b+3)(b^2+3)\geqslant 4(a+b+2)^3$$

于是 $X\geqslant 2(a+b+2)^{\frac{3}{2}}$. □

18.(Titu Andreescu,Mathematical Reflections)设 a,b 是有理数,且

$$|a|\leqslant\frac{47}{|a^2-3b^2|},|b|\leqslant\frac{52}{|b^2-3a^2|}$$

证明:$a^2+b^2\leqslant 17$.

证法 1 设 $X=a^3-3ab^2$,$Y=3a^2b-b^3$. 由已知条件,我们有 $|X|\leqslant 47$ 和 $|Y|\leqslant 52$. 观察到 $X+\mathrm{i}Y=(a+\mathrm{i}b)^3$(容易验证),我们推得

$$\begin{aligned}a^2+b^2&=|a+\mathrm{i}b|^2=|(a+\mathrm{i}b)^3|^{\frac{2}{3}}\\&=[(X^2+Y^2)^{\frac{1}{2}}]^{\frac{2}{3}}=(X^2+Y^2)^{\frac{1}{3}}\\&\leqslant(47^2+52^2)^{\frac{1}{3}}\end{aligned}$$

因为 $47^2+52^2=4\ 913=17^3$,推得 $a^2+b^2\leqslant 17$. □

证法 2 注意到 $a=b=0$ 显然满足 $a^2+b^2<17$,于是 a^2-3b^2 和 b^2-3a^2 都是非零的有理数,否则 3 是有理数的平方,这不可能. 定义 $x=a^2$,$y=b^2$,因此

$$x(x-3y)^2\leqslant 47^2 \text{ 和 } y(3x-y)^2\leqslant 52^2$$

将这两个不等式相加,结果是

$$(x+y)^3\leqslant 47^2+52^2=17^3$$

或

$$x+y=a^2+b^2\leqslant 17$$

注意到由已知条件给出的两个不等式中的等式同时成立时,上面的不等式中的等式成立,例如当 $a=\pm 1$ 和 $b=\pm 4$ 时,等式成立. □

19.(Marius Stănean)设 a,b 是实数,且 $a+b\geqslant 0$,$a^2+4ab+b^2=6$,证明

$$a+b+\sqrt{\frac{(a-1)^2+(b+5)^2}{2}}\geqslant 6$$

证明 我们有

$$\begin{aligned}&a^2+4ab+b^2=6\\\Leftrightarrow&(a+b)^2+(a-b)^2+2(a+b)^2-(a-b)^2=12\\\Leftrightarrow&3(a+b)^2=(a-b)^2+12\end{aligned}$$

以及

$$\text{左边}=a+b+\frac{\sqrt{2a^2-4a+2+2b^2+20b+50}}{2}$$

$$=a+b+\frac{\sqrt{(a+b+4)^2+(a-b-6)^2}}{2}$$

因此,如果设 $x=a+b\geqslant 0, y=a-b$,我们必须证明

$$2x+\sqrt{(x+4)^2+(y-6)^2}\geqslant 12 \tag{1}$$

但是

$$\begin{aligned}&3x^2=y^2+12\\ \Leftrightarrow &4x^2=x^2+y^2+12\\ \Leftrightarrow &4(x^2-2x+1)=(x-4)^2+y^2\\ \Leftrightarrow &2x=2+\sqrt{(x-4)^2+y^2}\end{aligned}$$

因为 $3x^2\geqslant 12$,得到 $x^2\geqslant 4$,且 $x\geqslant 0$,所以 $x\geqslant 2$.

不等式(1) 等价于

$$\sqrt{(x-4)^2+y^2}+\sqrt{(x+4)^2+(y-6)^2}\geqslant 10$$

这是由 Minkowski 不等式

$$\begin{aligned}&\sqrt{(4-x)^2+y^2}+\sqrt{(x+4)^2+(6-y)^2}\\ \geqslant &\sqrt{(4-x+x+4)^2+(y+6-y)^2}=10\end{aligned}$$

推得的.当

$$\frac{4-x}{x+4}=\frac{y}{6-y}\Leftrightarrow 3x+4y=12$$

时,等式成立,结合 $3x^2=y^2+12$,推出 $x=\frac{28}{13}, y=\frac{18}{13}$,进而推出 $a=\frac{23}{13}, b=\frac{5}{13}$ 时,等式成立. □

20.(Marius Stănean) 设 a,b 是正实数,且 $a+b\leqslant 2$.求表达式

$$P=\frac{1}{a^2+1}+\frac{1}{b^2+1}-\sqrt{\frac{1}{2ab}-\frac{1}{4}}$$

的最大值.

解 从原表达式出发,利用 Cauchy-Schwarz 不等式和 AM-GM 不等式,我们连续有

$$\begin{aligned}P&=2-\frac{a^2}{a^2+1}-\frac{b^2}{b^2+1}-\sqrt{\frac{1}{2ab}-\frac{1}{4}}\\ &\leqslant 2-\frac{(a+b)^2}{a^2+b^2+2}-\sqrt{\frac{1}{2ab}-\frac{1}{4}}\\ &=2-\frac{a^2+b^2+2+2ab-2}{a^2+b^2+2}-\sqrt{\frac{1}{2ab}-\frac{1}{4}}\end{aligned}$$

$$=1+\frac{2(1-ab)}{a^2+b^2+2}-\sqrt{\frac{1}{2ab}-\frac{1}{4}}$$

$$\leqslant 1+\frac{2(1-ab)}{2ab+2}-\sqrt{\frac{1}{2ab}-\frac{1}{4}}$$

在最后一个不等式中,我们利用了 $ab\leqslant\frac{(a+b)^2}{4}\leqslant 1$. 此外,我们设 $t=\frac{1}{ab}\geqslant 1$,此时我们必须确定以下表达式的最大值

$$\begin{aligned}P(t)&=1+\frac{t-1}{t+1}-\sqrt{\frac{t}{2}-\frac{1}{4}}=\frac{1}{2}+\frac{t-1}{t+1}+\frac{1}{2}-\sqrt{\frac{t}{2}-\frac{1}{4}}\\&=\frac{1}{2}+\frac{t-1}{t+1}+\frac{1}{2}\cdot\frac{1-(2t-1)}{1+\sqrt{2t-1}}=\frac{1}{2}+\frac{t-1}{t+1}-\frac{t-1}{1+\sqrt{2t-1}}\\&=\frac{1}{2}-(t-1)\left(\frac{1}{1+\sqrt{2t-1}}-\frac{1}{t+1}\right)\\&=\frac{1}{2}-\frac{t-1}{(t+1)(1+\sqrt{2t-1})}(1-\sqrt{2t-1})\\&=\frac{1}{2}-\frac{(t-1)^3}{(t+1)(1+\sqrt{2t-1})(1+\sqrt{2t-1})}\leqslant\frac{1}{2}\end{aligned}$$

于是给定的表达式的最大值是 $\frac{1}{2}$,当 $a=b=1$ 时,取到最大值. □

21. (Marius Stănean, Mathematical Reflections) 设 a,b,c 是正实数,证明

$$\frac{1}{(a+b)^2}+\frac{1}{(b+c)^2}+\frac{1}{(c+a)^2}+\frac{15}{(a+b+c)^2}\geqslant\frac{6}{ab+bc+ca}$$

证法1 不失一般性,我们假定 $ab+bc+ca=1$(不等式是齐次的). 我们必须证明

$$\frac{1}{(a+b)^2}+\frac{1}{(b+c)^2}+\frac{1}{(c+a)^2}+\frac{15}{(a+b+c)^2}\geqslant 6$$

将表达式

$$\frac{1}{(a+b)^2}+\frac{1}{(b+c)^2}+\frac{1}{(c+a)^2}$$

通分,得到以下的等价形式

$$\frac{(a^2+ab+bc+ca)^2+(b^2+ab+bc+ca)^2+(c^2+ab+bc+ca)^2}{[(a+b)(b+c)(c+a)]^2}$$

$$\frac{(a^2+1)^2+(b^2+1)^2+(c^2+1)^2}{[(a+b+c)(ab+bc+ca)-abc]^2}$$

$$\frac{a^4+b^4+c^4+2(a^2+b^2+c^2)^2+3}{(a+b+c-abc)^2}$$

$$\frac{(a^2+b^2+c^2)^2-2(a^2b^2+b^2c^2+c^2a^2)+2(a+b+c)^2-4(a+b+c)+3}{(a+b+c-abc)^2}$$

$$\frac{(a+b+c)^4-2(a+b+c)^2+1+4abc(a+b+c)}{(a+b+c-abc)^2}$$

于是，再用 AM-GM 不等式，我们有

$$\begin{aligned}
\text{左边}&=\frac{(a+b+c)^4-2(a+b+c)^2+1+4abc(a+b+c)}{(a+b+c-abc)^2}+\frac{15}{(a+b+c)^2}\\
&\geqslant\frac{(a+b+c)^4-2(a+b+c)^2+1}{(a+b+c)^2}+\frac{15}{(a+b+c)^2}\\
&=(a+b+c)^2+\frac{16}{(a+b+c)^2}-2\\
&\geqslant 2\sqrt{(a+b+c)^2\cdot\frac{16}{(a+b+c)^2}}-2\\
&=8-2=6
\end{aligned}$$

当 $abc=0$，且 $a+b+c=2$，即 $a=b=1,c=0$，或 $b=c=1,a=0$，或 $a=c=1,b=0$ 时，等式成立. 一般地说，当 (a,b,c) 是 $(t,t,0)$，$t>0$ 的一个排列时，等式成立. □

证法 2 不失一般性，假定 $a\geqslant b\geqslant c$. 设

$$f(a,b,c)=\frac{1}{(a+b)^2}+\frac{1}{(b+c)^2}+\frac{1}{(c+a)^2}+\frac{15}{(a+b+c)^2}-\frac{6}{ab+bc+ca}$$

那么

$$\begin{aligned}
f(a,b,c)-f(a,b+c,0)&=\frac{1}{(a+b)^2}-\frac{1}{(a+b+c)^2}+\frac{1}{(c+a)^2}-\\
&\quad\frac{1}{a^2}-\frac{6}{ab+bc+ca}+\frac{6}{a(b+c)}\\
&\geqslant\frac{1}{(c+a)^2}-\frac{1}{a^2}-\frac{6}{ab+bc+ca}+\frac{6}{a(b+c)}\\
&=\frac{6bc}{a(b+c)(ab+bc+ca)}-\frac{c(2a+c)}{a^2(c+a)^2}
\end{aligned}$$

现在，注意到由于 $a\geqslant b\geqslant c$，我们有

$$6ab\geqslant(2a+c)(b+c)$$

$$(a+c)^2\geqslant ab+bc+ca$$

这就证明了

$$f(a,b,c)\geqslant f(a,b+c,0)$$

所以，余下来要证明的是 $f(a,b+c,0)\geqslant 0$. 设 $b+c=d$，那么由 AM-GM 不等式

$$ad\left(\frac{1}{a^2}+\frac{1}{d^2}+\frac{16}{(a+d)^2}\right)=-2+\frac{(a+d)^2}{ad}+\frac{16ad}{(a+d)^2}\geqslant-2+2\sqrt{16}=6$$

推出结论.

当 $a=b,c=0$ 及其相关的排列时，等式成立. □

22.(An Zhen-ping, Mathematical Reflections) 设 a,b,c 是非负实数，且 $ab+bc+$

$ca = a+b+c>0$,证明

$$a^2+b^2+c^2+5abc \geqslant 8$$

证明 设 $k=ab+bc+ca=a+b+c$,那么

$$k^2=(a+b+c)^2 \geqslant 3(ab+bc+ca)=3k$$

所以 $k \geqslant 3$. 如果 $k>4$,那么

$$a^2+b^2+c^2=(a+b+c)^2-2(ab+bc+ca)=k(k-2)>8$$

于是假定 $k \leqslant 4$. 由 Cauchy-Schwarz 不等式

$$a^3+b^3+c^3 \geqslant \frac{(a^2+b^2+c^2)^2}{a+b+c}=k(k-2)^2$$

因此

$$\begin{aligned} 6abc &= (a+b+c)^3+2(a^3+b^3+c^3)-3(a+b+c)(a^2+b^2+c^2) \\ &\geqslant k^3+2k(k-2)^2-3k^2(k-2)=-2k^2+8k \end{aligned}$$

于是

$$\begin{aligned} 3(a^2+b^2+c^2+5abc-8) &\geqslant 3k(k-2)-5k^2+20k-24 \\ &= 2(k-3)(4-k) \geqslant 0 \end{aligned}$$

证明完毕. □

23. (Marius Stănean, Mathematical Reflections) 设 a,b,c 是正实数,证明

$$\frac{a+b}{6c}+\frac{b+c}{6a}+\frac{c+a}{6b}+2 \geqslant \sqrt{\frac{a+b}{2c}}+\sqrt{\frac{b+c}{2a}}+\sqrt{\frac{c+a}{2b}}$$

证明 因为

$$\begin{aligned} & 2+\sum_{\text{cyc}} \frac{a+b}{6c} \geqslant \sum_{\text{cyc}} \sqrt{\frac{a+b}{2c}} \\ \Leftrightarrow & \left(2+\sum_{\text{cyc}} \frac{a+b}{6c}\right)^2 \geqslant \sum_{\text{cyc}} \sqrt{\frac{a+b}{2c}}+\sum_{\text{cyc}} \sqrt{\frac{(a+b)(b+c)}{ca}} \end{aligned}$$

以及

$$\sqrt{\frac{(a+b)(b+c)}{ca}} \leqslant \frac{1}{2}\left(\frac{a+b}{a}+\frac{b+c}{c}\right)=1+\frac{1}{2}\left(\frac{b}{a}+\frac{b}{c}\right)$$

那么

$$\sum_{\text{cyc}} \sqrt{\frac{(a+b)(b+c)}{ca}} \leqslant 3+\frac{1}{2} \sum_{\text{cyc}}\left(\frac{b}{a}+\frac{b}{c}\right)=3+\sum_{\text{cyc}} \frac{a+b}{2c}$$

因此

$$\sum_{\text{cyc}} \frac{a+b}{2c}+\sqrt{\sum_{\text{cyc}} \frac{(a+b)(b+c)}{ca}} \leqslant 3+\sum_{\text{cyc}} \frac{a+b}{c}$$

于是,只要证明不等式

$$\left(2+\sum_{cyc}\frac{a+b}{6c}\right)^2 \geqslant 3+\sum_{cyc}\frac{a+b}{c} \tag{1}$$

设 $t=\sum_{cyc}\frac{a+b}{6c}$,我们看到式(1) 变为

$$(2+t)^2 \geqslant 3+6t \Leftrightarrow (t-1)^2 \geqslant 0$$

因为等式成立要求 $t=1$,这由 AM-GM 不等式

$$t=\frac{1}{6}\left(\frac{a}{c}+\frac{b}{c}+\frac{c}{b}+\frac{a}{b}+\frac{b}{a}+\frac{c}{a}\right) \geqslant \sqrt[6]{\frac{a^2b^2c^2}{a^2b^2c^2}}=1$$

得到,并要求 $a=b=c$,当且仅当 $a=b=c$ 时,原不等式中的等式成立. □

24.(An Zhen-ping,Mathematical Reflections) 设 a,b,c 是正实数,且

$$a^2+b^2+c^2+abc=4$$

证明

$$a+b+c \leqslant \sqrt{2-a}+\sqrt{2-b}+\sqrt{2-c}$$

证法 1 注意到 $a,b,c \in (0,2)$,因此我们将作代换,对某个 $A,B,C \in \left(0,\frac{\pi}{2}\right)$,设

$$a=2\cos A, b=2\cos B, c=2\cos C$$

这就给出 $\sqrt{2-a}=2\sin\frac{A}{2}$,以及对 b 和 c 的类似的式子. 利用这一代换,已知条件变为

$$\cos^2 A+\cos^2 B+\cos^2 C+2\cos A\cos B\cos C=1 \Rightarrow A+B+C=\pi$$

于是我们只须证明对锐角 $\triangle ABC$,有

$$\sum_{cyc}\left(\sin\frac{A}{2}-\cos A\right) \geqslant 0$$

(我们的证明实际上对任何三角形都有效.) 设 a,b 和 c 是边长(与原不等式中的 a,b,c 不是一回事),这就变为

$$\sum_{cyc}\sqrt{\frac{(a+b-c)(a+c-b)}{bc}} \geqslant \sum_{cyc}\frac{b^2+c^2-a^2}{bc}$$

$$\Leftrightarrow a\sum_{cyc}\sqrt{bc(a+b-c)(a+c-b)} \geqslant \sum_{cyc}(a^2b+a^2c-a^3)$$

现在利用 Ravi 变换 $a=y+z, b=z+x, c=x+y$,我们得到等价的不等式

$$\sum_{cyc}(y+z)\sqrt{(x+y)(x+z)yz} \geqslant \sum_{cyc}(y+z)^2x$$

这里 x,y,z 是正实数.

由 Cauchy-Schwarz 不等式,得到

$$(x+y)(x+z) \geqslant (x+\sqrt{yz})^2$$

现在,余下来要证明的只是

$$\sum_{cyc}(y+z)\sqrt{yz}(x+\sqrt{yz}) \geqslant \sum_{cyc}(y+z)^2x$$

$$\Leftrightarrow \sum_{cyc} x(y+z)\sqrt{yz} \geqslant 6xyz$$

由 AM-GM 不等式,最后一个不等式成立,因为

$$\sum_{cyc} x(y+z)\sqrt{yz} \geqslant \sum_{cyc} x \cdot 2\sqrt{yz} \cdot \sqrt{yz} = \sum_{cyc} 2xyz = 6xyz$$ □

证法 2 由 $a^2+abc+b^2+c^2-4=0$,我们有

$$\Delta_a = b^2c^2 - 4(b^2+c^2) + 16$$

所以

$$a = \frac{-bc+\sqrt{b^2c^2-4b^2-4c^2+16}}{2}$$

但是,由 AM-GM 不等式,我们有

$$b^2c^2-4(b^2+c^2)+16 \leqslant \frac{(b^2+c^2)^2}{4} - 4b^2 - 4c^2 + 16 = \left(4 - \frac{b^2+c^2}{2}\right)^2$$

于是

$$a \leqslant 2 - \frac{b^2+c^2+2bc}{4} = 2 - \frac{(b+c)^2}{4}$$

这意味着

$$\frac{b+c}{2} \leqslant \sqrt{2-a}$$

对于 b,c 两个类似的不等式成立,即

$$\frac{c+a}{2} \leqslant \sqrt{2-b}$$

$$\frac{a+b}{2} \leqslant \sqrt{2-c}$$

将这三个不等式相加,即得所求的结果. □

25.(Marius Stănean) 设 x,y,z 是实数,且 $x+y+z=-2$,证明

$$x^2y^2+y^2z^2+z^2x^2+8xyz+\frac{16}{9} \geqslant 0$$

证明 设 $x=a-\frac{2}{3}$,$y=b-\frac{2}{3}$,$z=c-\frac{2}{3}$,则条件 $x+y+z=-2$ 表明 $a+b+c=0$.
我们要证明的不等式变为

$$a^2b^2+b^2c^2+c^2a^2+12abc \geqslant \frac{16}{3}(ab+bc+ca)$$

假定 $ab \geqslant 0$,将 $c=-a-b$ 代入最后的不等式,推得

$$(a^2+ab+b^2)^2 + \frac{16}{3}(a^2+ab+b^2) \geqslant 12ab(a+b)$$

利用 AM-GM 不等式

$$a^2+ab+b^2\geqslant\frac{3}{4}(a+b)^2\geqslant 3ab\geqslant 0$$

于是

$$\begin{aligned}(a^2+ab+b^2)^2+\frac{16}{3}(a^2+ab+b^2)&\geqslant 9a^2b^2+4(a+b)^2\\&\geqslant 2\sqrt{9a^2b^2\cdot 4(a+b)}\\&=12ab\mid a+b\mid\\&\geqslant 12ab(a+b)\end{aligned}$$

当 $a,b>0,a=b\Rightarrow a=b=\frac{4}{3},c=-\frac{8}{3}$,即 $x=y=\frac{2}{3},z=-\frac{10}{3}$ 时,等号成立.回到一般情况,对于本例中的轮换排列,等式也成立. □

26.设 a,b,c 是正实数,且 $abc=1$,证明

$$\frac{1}{a}+\frac{1}{b}+\frac{1}{c}+\frac{6}{a+b+c}\geqslant 5$$

证明 当 $x,y,z>0$ 时,由 Schur 不等式,我们有

$$(x+y+z)^2+\frac{9xyz}{x+y+z}\geqslant 4(xy+yz+zx)$$

但是由 AM-GM 不等式,$x+y+z\geqslant 3\sqrt[3]{xyz}$,因此

$$(x+y+z)^2+3\sqrt[3]{(xyz)^2}\geqslant 4(xy+yz+zx)$$

现在设 $x=ab,y=bc,z=ca$.如果我们将此代入最后一个不等式,那么得到

$$(ab+bc+ca)^2+3\sqrt[3]{(abc)^4}\geqslant 4abc(a+b+c)$$

设 $a+b+c=p,ab+bc+ca=q$.因为 $abc=1$,那么

$$(ab+bc+ca)^2+3\sqrt[3]{(abc)^4}\geqslant 4abc(a+b+c)\Leftrightarrow q\geqslant\sqrt{4p-3}$$

回到原来的不等式,由上面的记号,可改写为

$$ab+bc+ca+\frac{6}{a+b+c}\geqslant 5\Leftrightarrow q\geqslant\frac{5p-6}{p}$$

于是,只要证明

$$\sqrt{4p-3}\geqslant\frac{5p-6}{p}$$

但是这一不等式等价于以下不等式中的每一个

$$4p^3-3p^2\geqslant 25p^2-60p+36$$
$$p^3-7p^2+15p-9\geqslant 0$$
$$(p-3)^2(p-1)\geqslant 0$$

这是成立的,因为

$$p=a+b+c\geqslant 3\sqrt[3]{abc}=3$$

当 $a=b=c=1$ 时,等式成立. □

27. (Marius Stănean) 设 $a,b,c>0$,且 $abc(a+b+c)=3$,证明

$$8(a^4+b^4+c^4)+81a^4b^4c^4\geqslant 105$$

证明 利用 $r=2$ 时的 Schur 不等式,形如

$$a^4+b^4+c^4+abc(a+b+c)\geqslant \sum_{\text{cyc}} bc(b^2+c^2)$$

以及

$$(a+b+c)^4=\sum_{\text{cyc}} a^4+6\sum_{\text{cyc}} b^2c^2+4\sum_{\text{cyc}} bc(b^2+c^2)+12abc(a+b+c)$$
$$\leqslant \sum_{\text{cyc}} a^4+7\sum_{\text{cyc}} bc(b^2+c^2)+12abc(a+b+c)$$

得到

$$8(a^4+b^4+c^4)+19abc(a+b+c)\geqslant (a+b+c)^4$$

利用这一点,只要证明

$$(a+b+c)^4+81a^4b^4c^4\geqslant 54abc(a+b+c)$$

或

$$\frac{(a+b+c)^3}{abc}+\frac{729abc}{(a+b+c)^3}\geqslant 54$$

这由 AM-GM 不等式

$$\frac{(a+b+c)^3}{abc}+\frac{729abc}{(a+b+c)^3}\geqslant 2\sqrt{\frac{(a+b+c)^3}{abc}\cdot\frac{729abc}{(a+b+c)^3}}$$
$$=2\sqrt{729}=54$$

推出.

当 $a=b=c$ 时,等式成立. □

28. (Marius Stănean, Mathematical Reflections) 设 a,b,c 是非负实数,且 $a\geqslant 1\geqslant b\geqslant c$, $a+b+c=3$,证明

$$\frac{a}{b+c}+\frac{b}{c+a}+\frac{c}{a+b}\geqslant \frac{2(a^2+b^2+c^2)}{3(ab+bc+ca)}+\frac{5}{6}$$

证明 给出变量 $s=ab+bc+ca$, $p=abc$,我们必须证明不等式

$$\frac{3p-2(a+b+c)s+(a+b+c)^3}{(a+b+c)s-p}\geqslant \frac{2(a+b+c)^2-4s}{3s}+\frac{5}{6}$$

它等价于

$$\frac{3p-6s+27}{3s-p}\geqslant \frac{18-4s}{3s}+\frac{5}{6}$$

化简后,不等式变为

$$p \geqslant \frac{9s(s-2)}{5s+12}$$

因为 $a \geqslant 1 \geqslant b \geqslant c$,我们有

$$(a-1)(1-b)(1-c) \geqslant 0$$

这表明

$$a+b+c-1-ab-bc-ca+abc \geqslant 0 \Leftrightarrow p \geqslant s-2$$

如果 $s<2$,那么结果显然成立.否则

$$3s=3(ab+bc+ca) \leqslant (a+b+c)^2=9$$

因此

$$s \leqslant 3 \Leftrightarrow 5s+12 \geqslant 9s$$

所以

$$p \geqslant s-2 \geqslant \frac{9s(s-2)}{5s+12}$$

□

29.(An Zhen-Ping,Mathematical Reflections) 设 a,b,c 是正实数,证明

$$\sqrt{\frac{9a+b}{9b+a}}+\sqrt{\frac{9b+c}{9c+b}}+\sqrt{\frac{9c+a}{9a+c}} \geqslant 3$$

证法1 设 $x=\frac{b}{a}, y=\frac{c}{b}, z=\frac{a}{c}$,那么对于某正实数 x,y,z,且 $xyz=1$,原不等式等价于

$$\sqrt{\frac{9+x}{9x+1}}+\sqrt{\frac{9+y}{9y+1}}+\sqrt{\frac{9+z}{9z+1}} \geqslant 3$$

定义 $f(x)=\sqrt{\frac{9+x}{9x+1}}+\frac{2}{5}\ln x-1$,那么当 $x>0$ 时,$f(x)=0$ 恰有两个根.这两个根是 $x=1$ 和 $x=x_0 \approx 0.009$.此外,当 $0<r<x_0$ 时,$f(r)<0$,而当 $r \geqslant x_0$ 时,$f(r) \geqslant 0$.

如果 $x,y,z \in [x_0,+\infty)$,那么我们得到

$$\sum_{\text{cyc}} \sqrt{\frac{9+x}{9x+1}} \geqslant \sum_{\text{cyc}} \left(1-\frac{2\ln x}{5}\right)=3$$

其次,如果 $x<x_0$,那么

$$\sqrt{\frac{9+x}{9x+1}} \geqslant \sqrt{\frac{9+x_0}{9x_0+1}}=\frac{1}{3}\sqrt{1+\frac{80}{9x_0+1}}>\frac{7}{3}$$

由 $9(9+t)-1(9t+1)>0$,得到

$$\sum_{\text{cyc}} \sqrt{\frac{9+x}{9x+1}}>\sqrt{\frac{9+x_0}{9x_0+1}}+2\sqrt{\frac{1}{9}}>\frac{7}{3}+\frac{2}{3}=3$$

推出本题.

当 $a=b=c$ 时,等式成立.

□

证法 2 我们必须证明以下不等式

$$\sqrt{\frac{9+x}{9x+1}}+\sqrt{\frac{9+y}{9y+1}}+\sqrt{\frac{9+z}{9z+1}}\geqslant 3$$

这里 $x,y,z>0$,且 $xyz=1$.

考虑函数 $f:\mathbf{R}\to\mathbf{R}$ 定义为 $f(x)=\sqrt{\frac{e^x+9}{9e^x+1}}$. 我们有

$$f''(x)=\frac{40e^x(9e^{2x}+40e^x-9)}{(9e^x+1)^4}\left(\frac{9e^x+1}{e^x+9}\right)^{\frac{3}{2}}$$

因此 f 在$[0,+\infty)$上是凸函数. 定义 $a=\ln x,b=\ln y,c=\ln z$,于是我们必须证明

$$f(a)+f(b)+f(c)\geqslant 3$$

这里 $a,b,c\in\mathbf{R},a+b+c=0$.

不失一般性,假定 $a\leqslant b\leqslant c$. 我们有两种情况:

(1)$a\leqslant 0\leqslant b\leqslant c$,所以根据 Jensen 不等式,我们有

$$f(a)+f(b)+f(c)\geqslant f(a)+2f(\frac{b+c}{2})=f(a)+2f(-\frac{a}{2})$$

那么,我们还必须证明

$$f(a)+2f(-\frac{a}{2})\geqslant 3\Leftrightarrow\sqrt{\frac{9+x}{9x+1}}+2\sqrt{\frac{9\sqrt{x}+1}{\sqrt{x}+9}}\geqslant 3 \tag{1}$$

用代换 $x=\frac{1}{t^2},t\geqslant 1$,上式变为

$$2\sqrt{\frac{t+9}{9t+1}}+\sqrt{\frac{9t^2+1}{t^2+9}}\geqslant 3$$

$$\Leftrightarrow\frac{9t^2+1}{t^2+9}\geqslant 9+\frac{4(t+9)}{9t+1}-12\sqrt{\frac{t+9}{9t+1}}$$

$$\Leftrightarrow\frac{144(t+9)}{9t+1}\geqslant\left(9+\frac{4(t+9)}{9t+1}-\frac{9t^2+1}{t^2+9}\right)^2$$

$$\Leftrightarrow(t-1)^2(2t^4+22t^3+69t^2+358t-91)\geqslant 0$$

当 $t\geqslant 1$ 时,这显然成立.

(2)$a\leqslant b\leqslant 0\leqslant c$,此时根据式(1) 我们推得

$$f(a)+2f(-\frac{a}{2})\geqslant 3$$

$$f(b)+2f(-\frac{b}{2})\geqslant 3$$

还必须证明

$$f(c)+3\geqslant 2f(-\frac{a}{2})+2f(-\frac{b}{2}) \tag{2}$$

但是$\left(-\frac{a+b}{2},0\right)\succ\left(-\frac{b}{2},-\frac{a}{2}\right)$，所以根据 Karamata 不等式，我们有

$$f(-\frac{a+b}{2})+f(0)\geqslant f(-\frac{b}{2})+f(-\frac{a}{2})$$

$$\Leftrightarrow 2f(-\frac{a+b}{2})+2\geqslant 2f(-\frac{b}{2})+2f(-\frac{a}{2}) \qquad (3)$$

由 Jensen 不等式我们还有

$$f(c)+f(0)\geqslant 2f(\frac{c}{2})\Leftrightarrow f(c)+1\geqslant 2f(-\frac{a+b}{2}) \qquad (4)$$

现在容易看出不等式(3)和(4)表明不等式(2).

当 $a=b=c=0\Rightarrow x=y=z=1$ 时，等式成立. □

30.(Nguyen Viet Hung，Mathematical Reflections) 设 a,b,c 是正实数，且 $abc=1$，证明

$$\frac{a+ab+1}{(a+ab+1)^2+1}+\frac{b+bc+1}{(b+bc+1)^2+1}+\frac{c+ca+1}{(c+ca+1)^2+1}\leqslant\frac{9}{10}$$

证法1 设 $a=\frac{x}{y},b=\frac{y}{z},c=\frac{z}{x}$，那么原不等式等价于

$$\frac{yz(xy+yz+zx)}{(xy+yz+zx)^2+(yz)^2}+\frac{zx(xy+yz+zx)}{(xy+yz+zx)^2+(zx)^2}+$$
$$\frac{xy(xy+yz+zx)}{(xy+yz+zx)^2+(xy)^2}\geqslant\frac{9}{10}$$

当 $xy+yz+zx=0$ 时，上式显然成立. 所以假定 $xy+yz+zx\neq 0$，设

$$u=\frac{yz}{xy+yz+zx},v=\frac{zx}{xy+yz+zx},w=\frac{xy}{xy+yz+zx}$$

以及

$$f(t)=\frac{t}{1+t^2}$$

那么 $u+v+w=1$，只要证明对以下三种情况有

$$f(u)+f(v)+f(w)\leqslant\frac{9}{10}$$

情况1：$u,v,w>0$. 由 $t\in(0,1)$ 时 $f(t)$ 的凸性

$$f(u)+f(v)+f(w)\leqslant 3f(\frac{u+v+w}{3})=3f(\frac{1}{3})=\frac{9}{10}$$

情况2：$u>0,v,w<0$，那么

$$f(u)+f(v)+f(w)<f(u)\leqslant\frac{1}{2}<\frac{9}{10}$$

情况3：$u\geqslant v>0,w<0$. 如果 $u+w\geqslant 0$，那么

$$f(u)+f(w)=\frac{(u+w)(1+uw)}{1+u^2+w^2+u^2w^2}\leqslant\frac{u+w}{1+u^2+w^2+2uw}=f(u+w)$$

所以再由 $t\in(0,1)$ 时 $f(t)$ 的凸性

$$f(u)+f(v)+f(w)\leqslant f(v)+f(u+w)\leqslant 2f(\frac{u+v+w}{2})$$

$$=2f(\frac{1}{2})<\frac{9}{10}$$

如果 $u+w<0$,那么

$$-w>u\geqslant v>1,2u+w\geqslant u+v+w=1>0$$

因为当 $t<-1$ 时,$f(t)$ 递减,所以

$$f(w)+\frac{1}{2}f(u)\leqslant f(-2u)+\frac{1}{2}f(u)=\frac{-3u}{2(1+4u^2)(1+u^2)}<0$$

因此

$$f(u)+f(v)+f(w)<f(v)+\frac{1}{2}f(u)\leqslant\frac{1}{2}+\frac{1}{4}=\frac{9}{10}$$

证明完毕. □

证法 2 与前面的解法类似,我们必须证明,如果 a,b,c 是实数,且 $a+b+c=1$,那么

$$\frac{a}{a^2+1}+\frac{b}{b^2+1}+\frac{c}{c^2+1}\leqslant\frac{9}{10}$$

首先,我们注意到 a,b,c 这三个数中至少有两个大于或等于 $\frac{1}{3}$,或者小于或等于 $\frac{1}{3}$. 不失一般性,假定具有这一性质的两数是 a 和 b. 此时我们有 $(3a-1)(3b-1)\geqslant 0$. 根据这一点,我们推得

$$\begin{aligned}a^2+b^2&=(a+b)^2-2ab\\&=(a+b)^2-\frac{2}{3}(a+b-\frac{1}{3})-\frac{2}{9}(3a-1)(3b-1)\\&\leqslant(1-c)^2-\frac{2}{3}(1-c-\frac{1}{3})\\&=\frac{9c^2-12c+5}{9}\end{aligned}$$

现在,我们将原不等式改写为

$$\left(1-\frac{2a}{a^2+1}\right)+\left(1-\frac{2b}{b^2+1}\right)\geqslant\frac{1}{5}+\frac{2c}{c^2+1}$$

或

$$\frac{(a-1)^2}{a^2+1}+\frac{(b-1)^2}{b^2+1}\geqslant\frac{c^2+10c+1}{5(c^2+1)}$$

利用 Cauchy-Schwarz 不等式和上面的结论,我们得到

$$\frac{(a-1)^2}{a^2+1}+\frac{(b-1)^2}{b^2+1}\geqslant\frac{(a+b-2)^2}{a^2+b^2+2}$$
$$\geqslant\frac{(c+1)^2}{\frac{9c^2-12c+5}{9}+2}$$
$$=\frac{9(c+1)^2}{9c^2-12c+23}$$

于是,只要证明

$$\frac{9(c+1)^2}{9c^2-12c+23}\geqslant\frac{c^2+10c+1}{5(c^2+1)}$$

经过一些简单的计算,我们找到最后一个不等式可以化简为

$$\frac{2(2c^2+2c+11)(3c-1)^2}{5(9c^2-12c+23)(c^2+1)}\geqslant 0$$

因为对一切实数 c,都有 $2c^2+2c+11>0$ 和 $9c^2-12c+23>0$,所以上式成立. □

31.(Titu Andreescu,Mathematical Reflections) 设 a,b,c 是实数,且

$$a^2+b^2+c^2-abc=4$$

求 $(ab-c)(bc-a)(ca-b)$ 的最小值以及使取到最小值的一切三元数组 (a,b,c).

解 设 $u=ab-c,v=bc-a,w=ca-b$. 我们有

$$\begin{aligned}uvw&=(abc)^2-\sum_{\text{cyc}}(ab)(bc)b+\sum_{\text{cyc}}(ab)(-a)(-b)-abc\\&=abc(abc-a^2-b^2-c^2)+\sum_{\text{cyc}}(ab)^2-abc\\&=-4abc+\sum_{\text{cyc}}(ab-c)^2+6abc-(a^2+b^2+c^2)-abc\\&=\sum_{\text{cyc}}(ab-c)^2-(a^2+b^2+c^2-abc)\\&=u^2+v^2+w^2-4\end{aligned}$$

设 $uvw=x^3$,由 AM-GM 不等式推得

$$x^3\geqslant 3x^2-4$$

这就推得 $(x+1)(x-2)^2\geqslant 0$,所以 $x\geqslant -1$.

所求的最小值的确是 -1,当 $u=v=w=-1$ 时取到最小值,也就是 $ab-c=bc-a=ca-b=-1$ 取到最小值.

当 $(a-c)(b+1)=(a-b)(c+1)=(b-c)(a+1)=0$ 时,取到最小值. 我们不能有 $a=b=c$,因为 $a^2-a+1=0$ 没有实数解. 于是推出 a,b,c 中有两个等于 -1,第三个是 2,所以 (a,b,c) 就是 $(-1,-1,2)$,$(-1,2,-1)$,或 $(2,-1,-1)$. □

32. 设 $\{x,y,z\}\subset(-1,1)$,且 $x+y+z+xyz=0$,证明

$$\sqrt{1+x}+\sqrt{1+y}+\sqrt{1+z}\leqslant\sqrt{9+xy+xz+yz}$$

证明 首先,观察到

$$(1-x)(1-y)(1-z)=(1+x)(1+y)(1+z)$$

原不等式等价于

$$\sqrt{x+1}+\sqrt{y+1}+\sqrt{z+1}\leqslant\sqrt{8+(x+1)(y+1)(z+1)}$$

利用代换

$$\frac{1-x}{1+x}=\frac{b}{a}$$

$$\frac{1-y}{1+y}=\frac{c}{b}$$

$$\frac{1-z}{1+z}=\frac{a}{c}$$

原不等式就变为

$$\sqrt{\frac{a}{a+b}}+\sqrt{\frac{b}{b+c}}+\sqrt{\frac{c}{c+a}}\leqslant 2\sqrt{1+\frac{abc}{(a+b)(b+c)(c+a)}}$$

利用 Cauchy-Schwarz 不等式容易推出

$$\begin{aligned}\left(\sqrt{\frac{a}{a+b}}+\sqrt{\frac{b}{b+c}}+\sqrt{\frac{c}{c+a}}\right)^2&\leqslant\left(\sum_{\text{cyc}}a(b+c)\right)\left(\sum_{\text{cyc}}\frac{1}{(a+b)(b+c)}\right)\\&=\frac{4(a+b+c)(ab+bc+ca)}{(a+b)(b+c)(c+a)}\\&=4\left(1+\frac{abc}{(a+b)(b+c)(c+a)}\right)\end{aligned}$$

当 $a=b=c$ 时,等式成立. □

33.(Mircea Lascu and Marius Stănean) 设 a,b,c 是正实数,证明

$$\frac{a}{(b+c)^2}+\frac{b}{(c+a)^2}+\frac{c}{(a+b)^2}+\frac{2(ab+bc+ca)}{(a+b)(b+c)(c+a)}\geqslant\frac{3(a+b+c)}{2(ab+bc+ca)}$$

证法 1 去分母后,进行一些代数运算,我们看到原不等式等价于

$$\sum_{\text{sym}}(2a^6b+a^5b^2+2a^5bc-3a^4b^3-a^4b^2c-2a^2b^3c+a^3b^2c^2)\geqslant 0$$

这也可以看成等价于

$$\sum_{\text{cyc}}(a^2-b^2)(a^2-c^2)[a(2ab+2ac+b^2+c^2+4bc)]\geqslant 0$$

设 $g(a,b,c)=a(2ab+2ac+b^2+c^2+4bc)$,容易检验

$$g(a,b,c)-g(b,c,a)=(a-b)(ab+2ca+2bc+c^2)$$

于是数 $g(a,b,c),g(b,c,a),g(c,a,b)$ 与 a,b,c 的顺序相同,因此与 a^2,b^2,c^2 的顺序也相同.由一般的 Schur 不等式推得

$$\sum_{\text{cyc}}(a^2-b^2)(a^2-c^2)g(a,b,c)\geqslant 0$$

当且仅当 $a=b=c$ 时,等式成立,这就是所求的. □

证法 2 设 $s=a+b+c,q=ab+bc+ca,p=abc$. 因为

$$a^2b+a^2c+b^2c+b^2a+c^2a+c^2b+2abc=(a+b)(b+c)(c+a)$$
$$=(s-a)(s-b)(s-c)=s^3-(a+b+c)s^2+(ab+bc+ca)s-p=qs-p$$

以及

$$\sum_{\text{cyc}}a(a+b)^2(a+c)^2=\sum_{\text{cyc}}a(s-b)^2(s-c)^2$$
$$=(a+b+c)s^4-4(ab+bc+ca)s^3+\left(\sum_{\text{cyc}}(a^2b+a^2c)+12abc\right)s^2-$$
$$4abc(a+b+c)s+abc(ab+bc+ca)$$
$$=s^5-4qs^3+(qs+9p)s^2-4qs^2+pq$$
$$=s^5-3qs^3+5ps^2+qp$$

我们看到所求的不等式等价于

$$\frac{s^5-3qs^3+5ps^2+qp}{(qs-p)^2}+\frac{2q}{qs-p}\geqslant\frac{3s}{2q}$$

去分母,整理后得到

$$2qs^5-9q^2s^3+16pqs^2+4q^3s-3p^2s-2q^2p\geqslant 0$$

利用 $q^2\geqslant 3ps$(这是将标准不等式 $(x+y+z)^2\geqslant 3(xy+yz+zx)$ 用于 $x=bc,y=ca,z=ab$),只要证明

$$2qs^5-9q^2s^3+16pqs^2+4q^3s-3q^2p\geqslant 0$$

约去因子 q,得到

$$2s^5-9qs^3+16ps^2+4q^2s-3qp\geqslant 0 \tag{1}$$

因为 $s^2\geqslant 3q$,这是 p 的斜率为正的一次函数,于是只要对 p 的最小值进行证明(对于固定的 s 和 q).

如果我们考察根为 a,b,c 的三次多项式

$$(x-a)(x-b)(x-c)=x^3-sx^2+qx-p$$

我们看到减少 p 的数量会引起三次多项式 $y=(x-a)(x-b)(x-c)$ 的图像上升. 我们永远可以将图像上升,而使这个三次多项式保持有三个非负实数根这一条件不变,直到 $p=0$,即 a,b,c 中的一个为 0,或者直到这个三次多项式的两个最大的根重合.

在第一种情况下,不失一般性,我们设 $c=0$,于是不等式变为

$$0\leqslant 2s^5-9qs^3+4q^2s=s(s^2-4q)(2s^2-q)=(a+b)(a-b)^2(2a^2+3ab+b^2)$$

这是显然的.

在第二种情况下,不失一般性,我们设 $c=b$,得到 $s=a+2b,q=b(2a+b),p=ab^2$. 将 s,q,p 代入式(1)后,变为

$$2a^5+2a^4b-5a^3b^2-4a^2b^3+5ab^4=a(a-b)^2(2a^2+6ab+5b^2)\geqslant 0$$

这是显然的. □

34. 设 a,b,c,d 是非负实数,证明

$$(-a+b+c+d)(a-b+c+d)(a+b-c+d)(a+b+c-d)$$
$$\leqslant (a+b+c+d)(abc+bcd+cda+dab)$$

证明 不失一般性,我们可以假定

$$a=\min\{a,b,c,d\},b=a+x,c=a+y,d=a+z,x,y,z\geqslant 0$$

我们有

$$(a+b+c+d)(abc+bcd+cda+dab)$$
$$=[4a^3+3a^2(x+y+z)+2a(xy+yz+zx)+xyz](4a+x+y+z)$$
$$=16a^4+16a^3(x+y+z)+a^2\left[3\left(\sum_{\mathrm{cyc}}x\right)^2+8\sum_{\mathrm{cyc}}xy\right]+$$
$$2a\left(\sum_{\mathrm{cyc}}x^2(y+z)+5xyz\right)+xyz(x+y+z)$$

以及

$$(-a+b+c+d)(a-b+c+d)(a+b-c+d)(a+b+c-d)$$
$$=(2a+x+y+z)(2a+x+y-z)(2a+x-y+z)(2a-x+y+z)$$
$$=16a^4+16a^3(x+y+z)+16a^2(xy+yz+zx)+$$
$$4a\left(\sum_{\mathrm{cyc}}x^2(y+z)+2xyz-\sum_{\mathrm{cyc}}x^3\right)-$$
$$\sum_{\mathrm{cyc}}x\left(\sum_{\mathrm{cyc}}x^3-\sum_{\mathrm{cyc}}x^2(y+z)+2xyz\right)$$

于是,原不等式改写为

$$\sum_{\mathrm{cyc}}(3x^2-2xy)a^2+2\sum_{\mathrm{cyc}}(2x^3-x^2y-x^2z+\frac{1}{3}xyz)a+$$
$$(x+y+z)\sum_{\mathrm{cyc}}(x^3-x^2y-x^2z+xyz)\geqslant 0$$

这是成立的,因为

$$\sum_{\mathrm{cyc}}(3x^2-2xy)=(x-y)^2+(y-z)^2+(z-x)^2+x^2+y^2+z^2\geqslant 0$$

$$\sum_{\mathrm{cyc}}(2x^3-x^2y-x^2z+\frac{1}{3}xyz)=(x+y)(x-y)^2+(y+z)(y-z)^2+$$
$$(z+x)(z-x)^2+xyz\geqslant 0$$

以及

$$\sum_{\mathrm{cyc}}(x^3-x^2y-x^2z+xyz)=\sum_{\mathrm{cyc}}x(x-y)(x-z)\geqslant 0$$

因为这是 Schur 不等式.

当 $x=y=z=0$,即 $a=b=c=d$ 时,等式成立.

注 如果在这一不等式中取 $d=0$,我们就得到 Schur 不等式. □

35.(Sung Yoon Kim) 设 a,b,c,d 是非负实数,且

$$a+b+c+d=4$$

证明

$$a^2bc+b^2cd+c^2da+d^2ab\leqslant 4$$

证明 设 $\{p,q,r,s\}=\{a,b,c,d\}$,且 $p\geqslant q\geqslant r\geqslant s$. 由排序不等式和 AM-GM 不等式

$$\begin{aligned}a^2bc+b^2cd+c^2da+d^2ab&=a(abc)+b(bcd)+c(cda)+d(dab)\\&\leqslant p(pqr)+q(pqs)+r(prs)+s(qrs)\\&=(pq+rs)(pr+qs)\leqslant\left(\frac{pq+rs+pr+qs}{2}\right)^2\\&=\frac{1}{4}[(p+s)(q+r)]^2\leqslant\frac{1}{4}\left[\left(\frac{p+q+r+s}{2}\right)^2\right]^2\\&=4\end{aligned}$$

两次利用 AM-GM 不等式要求当 $q=r=1,p+s=2$ 时等式成立. 于是要求其中两个等于 1 时等式成立. 利用这一点,可以得到 $(a,b,c,d)=(1,1,1,1),(2,1,1,0)$ 或它们的任何轮换排列的情况下等式成立. □

36.(Mathlinks) 设 a,b,c,d 是正实数,证明

$$\left(1+\frac{2a}{b+c}\right)\left(1+\frac{2b}{c+d}\right)\left(1+\frac{2c}{d+a}\right)\left(1+\frac{2d}{a+b}\right)\geqslant 9$$

证明 利用 Cauchy-Schwarz 不等式,我们有

$$\begin{aligned}\prod_{\text{cyc}}\left(1+\frac{2a}{b+c}\right)&=\left(1+\frac{a+c}{a+b}\right)\left(1+\frac{b+d}{b+c}\right)\left(1+\frac{a+c}{c+d}\right)\left(1+\frac{b+d}{d+a}\right)\\&\geqslant\left(1+\frac{a+c}{\sqrt{(a+b)(c+d)}}\right)^2\left(1+\frac{b+d}{\sqrt{(a+d)(b+c)}}\right)^2\end{aligned}$$

于是,余下来要证明的是

$$\left(1+\frac{a+c}{\sqrt{(a+b)(c+d)}}\right)\left(1+\frac{b+d}{\sqrt{(a+d)(b+c)}}\right)\geqslant 3$$

由 AM-GM 不等式,我们有

$$\begin{aligned}\text{左边}&\geqslant 1+\frac{a+c}{\sqrt{(a+b)(c+d)}}+\frac{b+d}{\sqrt{(a+d)(b+c)}}\\&\geqslant 1+\frac{2(a+c)}{a+b+c+d}+\frac{2(b+d)}{a+b+c+d}=3\end{aligned}$$

当 $a=c,b=d=0$,或 $a=c=0,b=d$ 时,等式成立. □

37.(Mathlinks) 设 a,b,c,d 是正实数,且

$$a^2+b^2+c^2+d^2=1$$

证明

$$(1-a)(1-b)(1-c)(1-d)\geqslant abcd$$

证法 1 因为$\frac{c^2+d^2}{2}\geqslant cd$,所以只要证明

$$(1-a)(1-b)\geqslant \frac{c^2+d^2}{2}=\frac{1-(a^2+b^2)}{2}$$

这一不等式等价于以下不等式中的每一个

$$1-(a+b)+ab\geqslant \frac{1}{2}-\frac{a^2+b^2}{2}$$

$$2-2(a+b)+2ab\geqslant 1-(a^2+b^2)$$

$$1-2(a+b)+(a+b)^2\geqslant 0$$

$$(a+b-1)^2\geqslant 0$$

这显然成立.

类似的,$(1-c)(1-d)\geqslant ab$. 现在,将这两个不等式相乘,就得到所求的不等式. □

证法 2 我们需要证明

$$\frac{1-a}{a}\cdot\frac{1-b}{b}\cdot\frac{1-c}{c}\cdot\frac{1-d}{d}\geqslant 1$$

设

$$\frac{1-a}{a}=x,\frac{1-b}{b}=y,\frac{1-c}{c}=z,\frac{1-d}{d}=t$$

我们需要证明 $xyzt\geqslant 1$. 我们有

$$a=\frac{1}{x+1},b=\frac{1}{y+1},c=\frac{1}{z+1},d=\frac{1}{t+1}$$

于是,已知条件可改写为

$$\sum_{\text{cyc}}\frac{1}{(1+x)^2}=1$$

利用熟知的不等式(入门题中的问题 19)

$$\frac{1}{(1+x)^2}+\frac{1}{(1+y)^2}\geqslant\frac{1}{1+xy}$$

$$\frac{1}{(1+z)^2}+\frac{1}{(1+t)^2}\geqslant\frac{1}{1+zt}$$

推得

$$1\geqslant\frac{1}{1+xy}+\frac{1}{1+zt}=\frac{2+xy+zt}{1+xy+zt+xyzt}$$

这意味着 $xyzt\geqslant 1$.

当 $a=b=c=d=\frac{1}{2}$ 时,等式成立. □

38. (Titu Andreescu,Mathematical Reflections) 设 a,b,c,d 是非负实数,且 a^2+

$b^2+c^2+d^2=4$,证明

$$\frac{1}{5-\sqrt{ab}}+\frac{1}{5-\sqrt{bc}}+\frac{1}{5-\sqrt{cd}}+\frac{1}{5-\sqrt{da}}\leqslant 1$$

证法 1 利用 AM-GM 不等式,得到

$$\sqrt{ab}\leqslant\frac{ab+1}{2}\leqslant\frac{a^2+b^2+2}{4}\leqslant\frac{a^2+b^2+c^2+d^2+2}{4}=\frac{3}{2}$$

因此,我们有

$$\begin{aligned}\frac{1}{5-\sqrt{ab}}&=\frac{1}{4}+\frac{\sqrt{ab}-1}{16}+\frac{(\sqrt{ab}-1)^2}{16(5-\sqrt{ab})}\\&\leqslant\frac{1}{4}+\frac{\sqrt{ab}-1}{16}+\frac{(\sqrt{ab}-1)^2}{16(5-\frac{3}{2})}\\&=\frac{2ab+3\sqrt{ab}+23}{112}\end{aligned}$$

类似的

$$\frac{1}{5-\sqrt{bc}}\leqslant\frac{2bc+3\sqrt{bc}+23}{112}$$

$$\frac{1}{5-\sqrt{cd}}\leqslant\frac{2cd+3\sqrt{cd}+23}{112}$$

$$\frac{1}{5-\sqrt{da}}\leqslant\frac{2da+3\sqrt{da}+23}{112}$$

将以上各不等式相加,再利用 AM-GM 不等式

$$\begin{aligned}&\frac{1}{5-\sqrt{ab}}+\frac{1}{5-\sqrt{bc}}+\frac{1}{5-\sqrt{cd}}+\frac{1}{5-\sqrt{da}}\\&\leqslant\frac{1}{112}[2(ab+bc+cd+da)+3(\sqrt{ab}+\sqrt{bc}+\sqrt{cd}+\sqrt{da})+92]\\&\leqslant\frac{1}{112}[2(ab+bc+cd+da)+3(\frac{ab+1}{2}+\frac{bc+1}{2}+\frac{cd+1}{2}+\frac{da+1}{2})+92]\\&=\frac{1}{112}[\frac{7}{2}(ab+bc+cd+da)+98]\\&\leqslant\frac{1}{112}[\frac{7}{4}(a^2+b^2+b^2+c^2+c^2+d^2+d^2+a^2)+98]=1\end{aligned}$$

当且仅当 $a=b=c=d=1$ 时等式成立,此时不等式左边的各项都是$\frac{1}{4}$. □

证法 2 由于本题是对称的,所以只要证明

$$\frac{1}{5-\sqrt{ab}}+\frac{1}{5-\sqrt{cd}}\leqslant\frac{1}{2}$$

去分母后(因为 $ab,cd\leqslant\frac{a^2+b^2+c^2+d^2}{2}=2$,所以显然分母都为正)整理,原不等式等价于

$$5-3\sqrt{ab}-3\sqrt{cd}+\sqrt{abcd}\geqslant 0$$

现在,利用 AM-GM 不等式和 QM-AM 不等式,我们有

$$\sqrt{ab}+\sqrt{cd}\leqslant\frac{a+b+c+d}{2}\leqslant 2\sqrt{\frac{a^2+b^2+c^2+d^2}{4}}=2$$

于是,我们可以定义 $\delta=2-\sqrt{ab}-\sqrt{cd}\geqslant 0$,我们有

$$\sqrt{abcd}=2-2\delta+\frac{\delta^2-ab-cd}{2}$$

所以,只要证明

$$2+2\delta+\delta^2-ab-cd\geqslant 0$$

这显然成立,因为由 AM-GM 不等式,我们有

$$ab+cd\leqslant\frac{a^2+b^2+c^2+d^2}{2}=2$$

以及 $2\delta+\delta^2\geqslant 0$. 注意到需要 $\delta=0$ 时等式成立,且同时有 $a=b,c=d$,结果是 $a=b=c=d$. 推出结论. □

39. (CGMO 2011) 设正实数 a,b,c,d 满足 $abcd=1$,证明

$$\frac{1}{a}+\frac{1}{b}+\frac{1}{c}+\frac{1}{d}+\frac{9}{a+b+c+d}\geqslant\frac{25}{4}$$

证明 实施代换 $a\to\frac{1}{a},b\to\frac{1}{b},c\to\frac{1}{c},d\to\frac{1}{d}$ 后,我们需要证明

$$a+b+c+d+\frac{9}{abc+bcd+cda+dab}\geqslant\frac{25}{4}$$

首先,我们证明以下不等式

$$(a+b+c+d)^3+\frac{128abcd}{a+b+c+d}\geqslant 24(abc+bcd+cda+dab) \tag{1}$$

事实上,不失一般性,假定 $a+b+c+d=4$,设

$$d=\min\{a,b,c,d\}\leqslant 1$$

因此,我们需要证明

$$32+16abcd\geqslant 12abc+3d\cdot 4(ab+bc+ca)$$

由 Schur 不等式,我们有

$$(a+b+c)^2+\frac{9abc}{a+b+c}\geqslant 4(ab+bc+ca)$$

所以,只要证明

$$32+16abcd\geqslant 12abc+3d\left[(a+b+c)^2+\frac{9abc}{a+b+c}\right]$$

或

$$32 \geqslant 12abc(1-d)+3d(a+b+c)^2+abc\left(\frac{27}{a+b+c}-4\right)d$$

由 AM-GM 不等式

$$abc \leqslant \left(\frac{a+b+c}{3}\right)^3=\frac{(4-d)^3}{27}$$

于是只要证明

$$32 \geqslant \frac{4(4-d)^3}{9}(1-d)+3d(4-d)^2+\frac{(4-d)^3}{27}\cdot\left(\frac{27}{a+b+c}-4\right)d$$

或

$$(1-d)^2(6+d-4d^2) \geqslant 0$$

因此不等式(1) 的证明结束.

设 $a+b+c+d=x \geqslant 4$. 由不等式(1),我们有

$$\frac{x^4+128}{24x} \geqslant abc+bcd+cda+dab$$

所以只要证明

$$x+\frac{9 \cdot 24x}{x^4+128} \geqslant \frac{25}{4}$$

该式等价于

$$(x-4)(4x^4-9x^3-36x^2-144x+800) \geqslant 0$$

$$(x-4)(4x^4-9x^3-36x^2-144x+704+96) \geqslant 0$$

$$(x-4)^2(4x^3+7x^2-8x-176)+96(x-4) \geqslant 0$$

由于 $x \geqslant 4$,所以这显然成立.

当 $a=b=c=d=1$ 时,等式成立. □

40. 设 a,b,c,d 是正实数,且

$$\frac{1}{a^2+1}+\frac{1}{b^2+1}+\frac{1}{c^2+1}+\frac{1}{d^2+1}=1$$

证明

$$a+b+c+d \geqslant 3\left(\frac{1}{a}+\frac{1}{b}+\frac{1}{c}+\frac{1}{d}\right)$$

证明 设 $\frac{1}{a^2+1}=\frac{x}{4}, \frac{1}{b^2+1}=\frac{y}{4}, \frac{1}{c^2+1}=\frac{z}{4}, \frac{1}{d^2+1}=\frac{t}{4}$. 因此 $x+y+z+t=4$, 我们需要证明

$$\frac{1-x}{\sqrt{x(4-x)}}+\frac{1-y}{\sqrt{y(4-y)}}+\frac{1-z}{\sqrt{z(4-z)}}+\frac{1-t}{\sqrt{t(4-t)}} \geqslant 0$$

因为,$(1-x,1-y,1-z,1-t)$ 的顺序与

$$\left(\frac{1}{\sqrt{x(4-x)}},\frac{1}{\sqrt{y(4-y)}},\frac{1}{\sqrt{z(4-z)}},\frac{1}{\sqrt{t(4-t)}}\right)$$

的顺序相同(如果 $x>y$,那么 $x(4-x)-y(4-y)=(x-y)(4-x-y)\geqslant 0$),由 Chebyshev 不等式,我们得到

$$4\sum_{\text{cyc}}\frac{1-x}{\sqrt{x(4-x)}}\geqslant\sum_{\text{cyc}}(1-x)\sum_{\text{cyc}}\frac{1}{\sqrt{x(4-x)}}=0$$

当 $a=b=c=d=1$ 时,等式成立. □

41. (Mathlinks) 设 a,b,c,d 是正实数,且

$$a+b+c+d=2$$

证明

$$\frac{1}{3a^2+1}+\frac{1}{3b^2+1}+\frac{1}{3c^2+1}+\frac{1}{3d^2+1}\geqslant\frac{16}{7}$$

证明 不失一般性,假定 $a\geqslant b\geqslant c\geqslant d\geqslant 0$. 我们有四种情况:

情况 1:如果 $d\geqslant\frac{1}{3}$,那么利用函数

$$f:(0,+\infty)\mapsto(0,+\infty),f(x)=\frac{1}{3x^2+1},f''(x)=\frac{6(9x^2-1)}{(3x^2+1)^3}$$

由 Jensen 不等式,推得该不等式,即

$$\text{左边}\geqslant 4\cdot\frac{1}{3\left(\frac{a+b+c+d}{4}\right)^2+1}=\frac{16}{7}$$

情况 2:如果$\frac{1}{3}\geqslant b$,那么

$$\text{左边}\geqslant\frac{1}{3a^2+1}+\frac{3}{3\cdot\frac{1}{9}+1}>\frac{1}{13}+\frac{9}{4}>\frac{16}{7}$$

情况 3:如果 $c\geqslant\frac{1}{3}\geqslant d$,那么对变量 a,b,c 利用 Jensen 不等式,给出

$$\text{左边}\geqslant\frac{3}{3\left(\frac{a+b+c}{3}\right)^2+1}+\frac{1}{3d^2+1}$$

因此余下来要证明的是

$$\frac{3}{3\left(\frac{2-d}{3}\right)^2+1}+\frac{1}{3d^2+1}\geqslant\frac{16}{7}$$

经过一些简单的计算,我们得到最后一个不等式能化简为

$$\frac{(3-d)d(1-2d)^2}{(7-4d+d^2)(1+3d^2)}\geqslant 0$$

这显然成立.

情况 4:如果 $b \geqslant \frac{1}{3} \geqslant c$,那么对变量 a,b 利用 Jensen 不等式,给出

$$左边 \geqslant \frac{2}{3\left(\frac{a+b}{2}\right)^2+1}+\frac{1}{3c^2+1}+\frac{1}{3d^2+1}$$

因此余下来要证明的是

$$\frac{2}{3\left(\frac{2-c-d}{2}\right)^2+1}+\frac{1}{3c^2+1}+\frac{1}{3d^2+1} \geqslant \frac{16}{7} \tag{1}$$

但是对于区间$(0,\frac{1}{3}]$,f 是凹函数.

因为$(c+d,0) \succ (c,d)$,由 Karamata 不等式,我们有

$$f(c)+f(d) \geqslant f(c+d)+f(0)$$

这意味着

$$\frac{1}{3c^2+1}+\frac{1}{3d^2+1} \geqslant 1+\frac{1}{3(c+d)^2+1}$$

余下来要证明的是

$$\frac{2}{3\left(\frac{2-c-d}{3}\right)^2+1}+\frac{1}{3(c+d)^2+1} \geqslant \frac{9}{7}$$

设 $t=c+d \in (0,\frac{2}{3}]$,最后一个不等式可化简为

$$\frac{(3t-2)^2[2+t(8-3t)]}{(1+3t^2)(16-12t+3t^2)} \geqslant 0$$

这显然成立.由情况 1,当 $a=b=c=d=\frac{1}{2}$ 时等式成立;由情况 3,当 $a=b=c=\frac{2}{3},d=0$ 时等式成立.回到一般性,当 a,b,c,d 的轮换排列时,等式也成立. □

42.假定 $a,b,c,d \geqslant 0$,且 $a+b+c+d=4$,证明

$$bcd+cda+dab+abc-abcd \leqslant \frac{1}{2}(ab+ac+ad+bc+bd+cd)$$

证明 设

$$F(a,b,c,d)=ab+ac+ad+bc+bd+cd-2(bcd+cda+dab+abc-abcd)$$

所以我们需要证明 $F \geqslant 0$.根据 a,b 进行分组,得到

$$F(a,b,c,d)=ab(1-2c-2d+2cd)+(a+b)(c+d-2cd)+cd$$

考虑当 c,d 和 $s=a+b$ 固定时发生的情况.此时这一最后的表达式中只有 ab 这一项可以改变.如果 $1-2c-2d+2cd>0$,那么当 a,b 中有一个是 0,另一个是 s 时,F 将取最小值.

如果 $1-2c-2d+2cd<0$,那么当 $a=b=\frac{s}{2}$,F 将取最小值. 类似的,如果固定 a,b 和 $c+d$,那么我们看到,或者当 c,d 中的一个为 0 或者 $c=d$ 时,F 取最小值. 由对称性,包括交换数对 (a,b) 和 (c,d) 在内,我们有三种情况.

情况 1:$a=b,c=d$. 此时 $c=2-a$,经过一些复杂的计算,得到

$$\begin{aligned}F(a,a,2-a,2-a)&=a^2+(2-a)^2+4a(2-a)-4[a^2(2-a)+a(2-a)^2]+2a^2(2-a)^2\\&=2a^4-8a^3+14a^2-12a+4\\&=2(a-1)^2(a^2-2a+2)\geqslant 0\end{aligned}$$

情况 2:$a=b,d=0$. 此时 $c=4-2a$,我们得到

$$\begin{aligned}F(a,a,4-2a,0)&=a^2+2a(4-2a)^2-2a^2(4-2a)\\&=4a^3-11a^2+8a\\&=a(4a^2-11a+8)\\&\geqslant 0\end{aligned}$$

这里我们用了二次式

$$4a^2-11a+8=\frac{(8a-11)^2+7}{16}$$

为正这一事实.

情况 3:$b=d=0$. 此时 $c=4-a$,我们得到

$$F(a,0,4-a,0)=a(4-a)\geqslant 0$$

于是,每一种情况都有 $F\geqslant 0$,因此证毕.

当 $(a,b,c,d)=(1,1,1,1),(4,0,0,0)$ 以及它们的轮换排列时,等式成立. □

43. (Marius Stănean, Mathematical Reflections) 设 a,b,c,d 是非负实数,且 $a\geqslant b\geqslant 1\geqslant c\geqslant d$,$a+b+c+d=4$,证明

$$4(a^2+b^2+c^2+d^2)\geqslant 12+a^3+b^3+c^3+d^3$$

证明 设

$$f(a,b,c,d)=4(a^2+b^2+c^2+d^2)-(a^3+b^3+c^3+d^3)$$

我们要证明的是 $f\geqslant 12$. 我们将首先证明

$$f(a,b,c,d)\geqslant f(a,1,c,b+d-1)$$

因此我们可以假定 $b=1$(虽然 $b+d-1$ 可以大于 c,但是这没关系,因为 f 关于 c 和 d 对称). 为了弄清这一点,我们必须检验

$$4(b^2+d^2)-b^3-d^3\geqslant 4[1+(b+d-1)^2]-1-(b+d-1)^3$$

或

$$(b-1)(1-d)[8-3(b+d)]\geqslant 0$$

这是成立的,因为 $b+d\leqslant a+c$ 表明 $b+d\leqslant 2$,所以

$$8-3(b+d)\geqslant 0$$

下面我们将证明

$$f(a,1,c,d)\geqslant f(a,1,\frac{c+d}{2},\frac{c+d}{2})$$

因此我们可以假定 $c=d$. 为了弄清这一点,我们必须检验

$$4(c^2+d^2)-c^3-d^3\geqslant 2(c+d)^2-4\frac{(c+d)^3}{4}$$

或

$$\frac{(c+d)^2}{4}[8-3(c+d)]\geqslant 0$$

这是成立的,因为 $c+d\leqslant 2$,所以 $8-3(c+d)\geqslant 0$,于是我们可以假定

$$c=d=\frac{3-a}{2}$$

设 $a=1+2x$,我们得到 $c=d=1-x$,因此 $x\leqslant 1$. 于是我们需要证明当 $0\leqslant x\leqslant 1$ 时,我们有

$$\begin{aligned} f(1+2x,1,1-x,1-x)&=4[(1+2x)^2+1+2(1-x)^2]-(1+2x)^3-1-2(1-x)^3\\ &=12+6x^2(1-x)\geqslant 12 \end{aligned}$$

这是成立的,当 $x=0$ 或 $x=1$,即当 $a=b=c=d=1$ 或 $a=3,b=1,c=d=0$ 时,等式成立. □

44. (Marius Stănean, Mathematical Reflections) 设 a,b,c,d 是非负实数,且 $a\geqslant 1\geqslant b\geqslant c\geqslant d$,$a+b+c+d=4$,证明

$$abcd+\frac{15}{2(ab+bc+cd+da+ac+bd)}\geqslant\frac{9}{a^2+b^2+c^2+d^2}$$

证明 在本题的条件,下我们有以下引理.

引理:如果 $a,b,c,d>0$,且 $a\geqslant 1\geqslant b\geqslant c\geqslant d$,$a+b+c+d=4$,那么

$$ab+bc+cd+da+ac+bd\leqslant 5+abcd$$

引理的证明:设 $x,y,z,t\geqslant 0$,$x\leqslant 3$,$y\leqslant z\leqslant t\leqslant 1$,使

$$a=1+x,b=1-y,c=1-z,d=1-t$$

我们有

$$1+x+1-y+1-z+1-t=4\Leftrightarrow x=y+z+t$$

那么

$$\begin{aligned} &ab+bc+cd+da+ac+bd-abcd-5\\ =&(1+x)(3-y-z-t)+(1-y)(1-z)+(1-z)(1-t)+\\ &(1-t)(1-y)-(1+x)(1-y)(1-z)(1-t)-5\\ =&(1+x)(3-y-z-t)+3-2(y+z+t)+yz+zt+yt- \end{aligned}$$

$$\begin{aligned}&(1+x)(1-y-z-t)-(1+x)(yz+zt+yt)+yzt+xyzt-5\\=&5+2x-2(y+z+t)-x(yz+zt+yt)+yzt+xyzt-5\\=&-xyz-xzt-xyt+yzt+xyzt\\=&-xyz(1-t)-xyt-zt(x-y)\\=&-xyz(1-t)-xyt-zt(z+t)\leqslant 0\end{aligned}$$

当 $y=z=0$,即 $b=c=1,a+d=2$ 时,等式成立. □

设 $q=ab+bc+cd+da+ac+bd$,以及 $r=abcd$.原不等式可改写为

$$r+\frac{15}{2q}\geqslant\frac{9}{16-2q}\Leftrightarrow r\geqslant\frac{12(q-5)}{q(8-q)} \tag{1}$$

如果 $q\leqslant 5$,那么这一不等式显然成立,因此我们可以假定 $q\geqslant 5$.因为 AM-GM 不等式表明 $r\leqslant 1$,所以引理证明了 $q\leqslant 6$.因此

$$q(8-q)=16-(4-q)^2\geqslant 12$$

于是由引理

$$r\geqslant q-5\geqslant\frac{12(q-5)}{q(8-q)}$$

证明了式(1).

当 $q=6$ 时等式成立,且引理中的等式成立,即 $a=b=c=d=1$,以及当 $r=0,q=5$ 时,即 $a=2,b=c=1,d=0$ 时,等式成立. □

45.(Marius Stănean,Romanian NMO2015) 设 $a,b,c,d\geqslant 0$ 是实数,且 $a+b+c+d=1$,证明

$$\sqrt{a+\frac{(b-c)^2}{6}+\frac{(c-d)^2}{6}+\frac{(d-b)^2}{6}}+\sqrt{b}+\sqrt{c}+\sqrt{d}\leqslant 2$$

证明 我们有

$$\begin{aligned}&3(b+c+d)-(\sqrt{b}+\sqrt{c}+\sqrt{d})^2\\=&(\sqrt{b}-\sqrt{c})^2+(\sqrt{c}-\sqrt{d})^2+(\sqrt{d}-\sqrt{b})^2\end{aligned} \tag{1}$$

但是

$$\frac{(b-c)^2}{2}=\frac{(\sqrt{b}+\sqrt{c})^2(\sqrt{b}-\sqrt{c})^2}{2}\leqslant(b+c)(\sqrt{b}-\sqrt{c})^2\leqslant(\sqrt{b}-\sqrt{c})^2$$

以及类似的

$$(\sqrt{c}-\sqrt{d})^2\geqslant\frac{(c-d)^2}{2}$$

$$(\sqrt{d}-\sqrt{b})^2\geqslant\frac{(d-b)^2}{2}$$

在式(1)中,利用这些式子,我们得到

$$\frac{(\sqrt{b}+\sqrt{c}+\sqrt{d})^2}{3}\leqslant b+c+d-\frac{(b-c)^2}{6}-\frac{(c-d)^2}{6}-\frac{(d-b)^2}{6} \tag{2}$$

利用 Cauchy-Schwarz 不等式,我们有

$$\begin{aligned}&\left(\sqrt{a+\frac{(b-c)^2}{6}+\frac{(c-d)^2}{6}+\frac{(d-b)^2}{6}}+\sqrt{b}+\sqrt{c}+\sqrt{d}\right)^2\\ \leqslant&\left[a+\frac{(b-c)^2}{6}+\frac{(c-d)^2}{6}+\frac{(d-b)^2}{6}+\frac{(\sqrt{b}+\sqrt{c}+\sqrt{d})^2}{3}\right](1+3)\\ \overset{(2)}{\leqslant}&4(a+b+c+d)=4\end{aligned}$$

因此,推得所求的结果.

当 $a=b=c=d=\frac{1}{4}$ 时,等式成立. □

46. 设 $a_1,a_2,\cdots,a_n$ 是正实数,且 $a_1+a_2+\cdots+a_n=1$,证明

$$(a_1a_2+a_2a_3+\cdots+a_na_1)\left(\frac{a_1}{a_2^2+a_2}+\frac{a_2}{a_3^2+a_3}+\cdots+\frac{a_n}{a_1^2+a_1}\right)\geqslant\frac{n}{n+1}$$

证明 我们考虑两种情况:

情况 1:首先考虑

$$a_1a_2+a_2a_3+\cdots+a_na_1\leqslant\frac{1}{n}$$

的情况. 由 Hölder 不等式

$$\left(\sum_{\text{cyc}}a_1a_2\right)\left(\sum_{\text{cyc}}\frac{a_1}{a_2^2+a_2}\right)\left[\sum_{\text{cyc}}a_1(a_1+1)\right]\geqslant\left(\sum_{\text{cyc}}a_1\right)^3$$

于是

$$\left(\sum_{\text{cyc}}a_1a_2\right)\left(\sum_{\text{cyc}}\frac{a_1}{a_2^2+a_2}\right)\geqslant\frac{1}{\sum\limits_{\text{cyc}}a_1+\sum\limits_{\text{cyc}}a_1a_2}\geqslant\frac{1}{1+\frac{1}{n}}=\frac{n}{n+1}$$

推出结论.

情况 2:现在考虑

$$a_1a_2+a_2a_3+\cdots+a_na_1\geqslant\frac{1}{n}$$

的情况. 因为数列

$$(a_1,a_2,\cdots,a_n)\text{ 和}(a_1^2+a_1,a_2^2+a_2,\cdots,a_n^2+a_n)$$

的顺序相同,由排序不等式,我们得到

$$\begin{aligned}\frac{a_1}{a_2^2+a_2}+\frac{a_2}{a_3^2+a_3}+\cdots+\frac{a_n}{a_1^2+a_1}&\geqslant\frac{a_1}{a_1^2+a_1}+\frac{a_2}{a_2^2+a_2}+\cdots+\frac{a_n}{a_n^2+a_n}\\&=\frac{1}{a_1+1}+\frac{1}{a_2+1}+\cdots+\frac{1}{a_n+1}\end{aligned}$$

但是,由 Cauchy-Schwarz 不等式,我们推得

$$\frac{1}{a_1+1}+\frac{1}{a_2+1}+\cdots+\frac{1}{a_n+1}\geqslant\frac{(1+1+\cdots+1)^2}{n+a_1+a_2+\cdots+a_n}=\frac{n^2}{n+1}$$

现在回到原命题的不等式,我们有

$$(a_1a_2+a_2a_3+\cdots+a_na_1)\left(\frac{a_1}{a_2^2+a_2}+\frac{a_2}{a_3^2+a_3}+\cdots+\frac{a_n}{a_1^2+a_1}\right)$$

$$\geqslant\frac{1}{n}\cdot\frac{n^2}{n+1}=\frac{n}{n+1}$$

完成了证明.

当 $a_1=a_2=\cdots=a_n=\frac{1}{n}$ 时,等式成立. □

47.(Nguyen Viet Hung,Mathematical Reflections) 设 $x_1,x_2,\cdots,x_n$ 是非负实数,且

$$x_1+x_2+\cdots+x_n=1$$

(a) 求 $x_1\sqrt{1+x_1}+x_2\sqrt{1+x_2}+\cdots+x_n\sqrt{1+x_n}$ 的最小值.

(b) 求 $\frac{x_1}{1+x_2}+\frac{x_2}{1+x_3}+\cdots+\frac{x_n}{1+x_1}$ 的最大值.

解 (a) 考虑在定义域上[0,1]的函数 $f(x)=x\sqrt{1+x}$. 显然 $f(x)$ 在定义域上是凸函数,因为当 $x\in[0,1]$ 时

$$f''(x)=(1+x)^{-\frac{1}{2}}\left(\frac{3x+4}{x+4}\right)>0$$

由 Jensen 不等式

$$x_1\sqrt{1+x_1}+x_2\sqrt{1+x_2}+\cdots+x_n\sqrt{1+x_n}\geqslant nf(\frac{1}{n})=\sqrt{1+\frac{1}{n}}$$

对一切 $1\leqslant i\leqslant n$,当 $x_i=\frac{1}{n}$ 时,的确取到 $\sqrt{1+\frac{1}{n}}$ 这个最小值.

(b) 注意到

$$\frac{x_1}{1+x_2}+\frac{x_2}{1+x_3}+\cdots+\frac{x_n}{1+x_1}\leqslant x_1+x_2+\cdots+x_n=1$$

因为 $\frac{x_k}{1+x_{k+1}}\leqslant x_k$. 当 $x_1=1,x_i=0,2\leqslant i\leqslant n$ 时,的确取到1这个最大值. □

48. 假定 $a_i\geqslant 1(i=1,2,\cdots,n)$,证明

$$(1+a_1)(1+a_2)\cdots(1+a_n)\geqslant\frac{2^n}{n+1}(1+a_1+a_2+\cdots+a_n)$$

证明 左边可改写为

$$(1+a_1)(1+a_2)\cdots(1+a_n)=2^n\left(1+\frac{a_1-1}{2}\right)\left(1+\frac{a_1-1}{2}\right)\cdots\left(1+\frac{a_n-1}{2}\right)$$

因为 $a_i-1\geqslant 0$,利用 Bernoulli 不等式

$$(1+a_1)(1+a_2)\cdots(1+a_n)\geqslant 2^n\left(1+\frac{a_1-1}{2}+\frac{a_2-1}{2}+\cdots+\frac{a_n-1}{2}\right)$$

$$\geqslant 2^n\left(1+\frac{a_1-1}{n+1}+\frac{a_2-1}{n+1}+\cdots+\frac{a_n-1}{n+1}\right)$$

$$=\frac{2^n}{n+1}[n+1+(a_1-1)+\cdots+(a_n-1)]$$

$$=\frac{2^n}{n+1}(1+a_1+a_2+\cdots+a_n)$$

于是原不等式成立.

当 $a_1=a_2=\cdots=a_n=1$ 时,等式成立. □

49.(Marius Stănean,Forum GIL) 设整数 $n\geqslant 2,x_1,x_2,\cdots,x_n$ 是正实数,且 $x_1+x_2+\cdots+x_n=n$,证明

$$\frac{1}{x_1}+\frac{1}{x_2}+\cdots+\frac{1}{x_n}+\frac{n+1}{x_1^2+x_2^2+\cdots+x_n^2}\geqslant\frac{n^2+n+1}{n}$$

证明 原不等式可改写

$$n\left(\frac{1}{x_1}+\frac{1}{x_2}+\cdots+\frac{1}{x_n}\right)-n^2\geqslant(n+1)\left(1-\frac{n}{x_1^2+x_2^2+\cdots+x_n^2}\right)$$

或

$$\sum_{i=1}^n x_i\sum_{i=1}^n\frac{1}{x_i}-n^2\geqslant\frac{(n+1)[n(x_1^2+x_2^2+\cdots+x_n^2)-(x_1+x_2+\cdots+x_n)^2]}{n(x_1^2+x_2^2+\cdots+x_n^2)}$$

利用 Lagrange 恒等式,我们有

$$\sum_{i=1}^n x_i\sum_{i=1}^n\frac{1}{x_i}-n^2=\frac{1}{2}\sum_{i=1}^n\sum_{j=1,j\neq i}^n\left(\sqrt{\frac{x_i}{x_j}}-\sqrt{\frac{x_j}{x_i}}\right)^2$$

$$=\frac{1}{2}\sum_{i=1}^n\sum_{j=1,j\neq i}^n\frac{(x_i-x_j)^2}{x_ix_j}$$

以及

$$n(x_1^2+x_2^2+\cdots+x_n^2)-(x_1+x_2+\cdots+x_n)^2=\frac{1}{2}\sum_{i=1}^n\sum_{j=1,j\neq i}^n(x_i-x_j)^2$$

现在,只要证明

$$n(x_1^2+x_2^2+\cdots+x_n^2)\sum_{i=1}^n\sum_{j=1,j\neq i}^n\frac{(x_i-x_j)^2}{x_ix_j}\geqslant(n+1)\sum_{i=1}^n\sum_{j=1,j\neq i}^n(x_i-x_j)^2$$

这是显然的,因为对于任何 $i,j\in\{1,2,\cdots,n\},i\neq j$,有

$$n(x_1^2+x_2^2+\cdots+x_n^2)\geqslant n(x_i^2+x_j^2)\geqslant 2nx_ix_j\geqslant(n+1)x_ix_j$$

当 $x_1=x_2=\cdots=x_n=1$ 时,等式成立. □

50.(Titu Andreescu,Mathematical Reflections) 设 a,b,c,d,e 是实数,且

$$\sin a+\sin b+\sin c+\sin d+\sin e\geqslant 3$$

证明

$$\cos a+\cos b+\cos c+\cos d+\cos e\leqslant 4$$

证明 利用 Cauchy-Schwarz 不等式,我们有

$$\begin{aligned}\sum_{\text{cyc}}\cos a&\leqslant\sqrt{\sum_{\text{cyc}}1^2\cdot\sum_{\text{cyc}}\cos^2 a}=\sqrt{5\sum_{\text{cyc}}(1-\sin^2 a)}\\&=\sqrt{25-5\cdot\sum_{\text{cyc}}\sin^2 a}\leqslant\sqrt{25-\sum_{\text{cyc}}1^2\cdot\sum_{\text{cyc}}\sin^2 a}\\&\leqslant\sqrt{25-\left(\sum_{\text{cyc}}\sin a\right)^2}\leqslant\sqrt{25-9}=4\end{aligned}$$

当且仅当

$$\sin a=\sin b=\sin c=\sin d=\sin e=\frac{3}{5}$$

以及 $\cos a=\cos b=\cos c=\cos d=\cos e=\frac{4}{5}$ 时,等式成立. □

51.(China Western Mathematical Olympiad 2015) 设整数 $n\geqslant 2$,$x_1,x_2,\cdots,x_n$ 是正实数,且

$$x_1+x_2+\cdots+x_n=1$$

证明

$$\left(\sum_{i=1}^{n}\frac{1}{1-x_i}\right)\left(\sum_{1\leqslant i<j\leqslant n}x_ix_j\right)\leqslant\frac{n}{2}$$

证明 不失一般性,假定 $x_1\leqslant x_2\leqslant\cdots\leqslant x_n$. 由 Chebyshev 不等式,我们有

$$\begin{aligned}2\cdot\text{左边}&=\left(\sum_{i=1}^{n}\frac{1}{1-x_i}\right)\left(2\sum_{1\leqslant i<j\leqslant n}x_ix_j\right)\\&=\left(\sum_{i=1}^{n}\frac{1}{1-x_i}\right)\left(\sum_{i=1}^{n}\sum_{j\neq i}x_ix_j\right)\\&=\left(\sum_{i=1}^{n}\frac{1}{1-x_i}\right)\left(\sum_{i=1}^{n}x_i(1-x_i)\right)\\&\leqslant n\sum_{i=1}^{n}x_i=n\end{aligned}$$

这是因为如果 $x_i\leqslant x_j$,那么

$$\frac{1}{1-x_i}\leqslant\frac{1}{1-x_j}$$

以及

$$x_i(1-x_i)\leqslant x_j(1-x_j)\Leftrightarrow(x_i-x_j)(1-x_i-x_j)\leqslant 0$$

当 $x_1=x_2=\cdots=x_n=\frac{1}{n}$ 时,等式成立. □

52.(Marius Stănean,Mathematical Reflections) 设 a,b,c,d,e,f 是实数,且

$$ad-bc=1, e, f\geqslant \frac{1}{2}$$

证明

$$\sqrt{e^2(a^2+b^2+c^2+d^2)+e(ac+bd)}+\sqrt{f^2(a^2+b^2+c^2+d^2)-f(ac+bd)}$$
$$\geqslant (e+f)\sqrt{2}$$

证法1 设 O 是复平面的原点，z,w 分别是几何象 A 和 B 对应的两个复数. $\triangle OAB$ 的面积等于表达式 $\frac{\mathrm{i}}{4}(z\overline{w}-\overline{z}w)$ 的绝对值.

事实上，我们有

$$S_{OAB}=\frac{|z|\cdot|w|}{2}\sin\angle AOB$$

设 $\alpha=\angle AOB$，并假定 $\arg w>\arg z$，那么我们有

$$\frac{w}{z}=\frac{|w|}{|z|}(\cos\alpha+\mathrm{i}\sin\alpha)$$

取共轭，然后作差，结果得到

$$2\mathrm{i}\frac{|w|}{|z|}\sin\alpha=\frac{w}{z}-\frac{\overline{w}}{\overline{z}}=\frac{w\overline{z}-\overline{w}z}{|z|^2}\Leftrightarrow\frac{|z|\cdot|w|}{2}\sin\alpha=\frac{\mathrm{i}}{4}(z\overline{w}-\overline{z}w)$$

现在回到原来的不等式，设

$$z=a+\mathrm{i}b$$
$$w=c+\mathrm{i}d$$

我们有

$$z\cdot\overline{w}=(a+\mathrm{i}b)(c-\mathrm{i}d)=ac+bd+\mathrm{i}(ad-bc)=ac+bd+\mathrm{i}$$
$$\overline{z}\cdot w=(a-\mathrm{i}b)(c+\mathrm{i}d)=ac+bd-\mathrm{i}(ad-bc)=ac+bd-\mathrm{i}$$

所以

$$S_{OAB}=\left|\frac{\mathrm{i}}{4}(z\overline{w}-\overline{z}w)\right|=\left|\frac{\mathrm{i}}{4}\cdot 2\mathrm{i}\right|=\frac{1}{2}$$

另一方面

$$\sqrt{e^2(a^2+b^2+c^2+d^2)+e(ac+bd)}+\sqrt{f^2(a^2+b^2+c^2+d^2)-f(ac+bd)}$$
$$=\sqrt{e^2(|z|^2+|w|^2)+\frac{e(z\overline{w}+\overline{z}w)}{2}}+\sqrt{f^2(|z|^2+|w|^2)-\frac{f(z\overline{w}+\overline{z}w)}{2}}$$
$$=\sqrt{\frac{(2e^2-e)(|z|^2+|w|^2)}{2}+\frac{e(z\overline{z}+w\overline{w}+z\overline{w}+\overline{z}w)}{2}}+$$
$$\sqrt{\frac{(2f^2-f)(|z|^2+|w|^2)}{2}+\frac{f(z\overline{z}+w\overline{w}-z\overline{w}-\overline{z}w)}{2}}$$

$$=\sqrt{\frac{(2e^2-e)(|z|^2+|w|^2)}{2}+\frac{e(z+w)(\overline{z}+\overline{w})}{2}}+$$

$$\sqrt{\frac{(2f^2-f)(|z|^2+|w|^2)}{2}+\frac{f(z-w)(\overline{z}-\overline{w})}{2}}$$

$$=\sqrt{\frac{(2e^2-e)(|z|^2+|w|^2)+e|z+w|^2}{2}}+$$

$$\sqrt{\frac{(2f^2-f)(|z|^2+|w|^2)+f|z-w|^2}{2}}$$

$$=\sqrt{\frac{(2e^2+e)|z+w|^2+(2e^2-e)|z-w|^2}{4}}+$$

$$\sqrt{\frac{(2f^2-f)|z+w|^2+(2f^2+f)|z-w|^2}{4}}$$

在上面的表达式中,我们用了

$$2(|z|^2+|w|^2)=|z+w|^2+|z-w|^2$$

此外,利用 Cauchy-Schwarz 不等式,我们有

$$[(2e^2+e)|z+w|^2+(2e^2-e)|z-w|^2](2e^2+e+2e^2-e)$$
$$\geqslant[(2e^2+e)|z+w|+(2e^2-e)|z-w|]^2$$

这意味着

$$\sqrt{\frac{(2e^2+e)|z+w|^2+(2e^2-e)|z-w|^2}{4}}\geqslant\frac{(2e+1)|z+w|+(2e-1)|z-w|}{4}$$

以及

$$[(2f^2-f)|z+w|^2+(2f^2+f)|z-w|^2](2f^2-f+2f^2+f)$$
$$\geqslant[(2f^2-f)|z+w|+(2f^2+f)|z-w|]^2$$

这意味着

$$\sqrt{\frac{(2f^2-f)|z+w|^2+(2f^2+f)|z-w|^2}{4}}\geqslant\frac{(2f-1)|z+w|+(2f+1)|z-w|}{4}$$

所以,为了证明原不等式,我们需要证明

$$|z+w|+|z-w|\geqslant 2\sqrt{2} \tag{1}$$

如果 $M(\frac{z+w}{2})$ 是线段(AB) 的中点,那么式(1) 等价于

$$OM+MA\geqslant\sqrt{2} \tag{2}$$

考虑到 $S_{OAM}=\frac{1}{2}S_{OAB}=\frac{1}{4}$,那么容易推出

$$\frac{1}{4}=S_{OAM}=\frac{OA\cdot MA}{2}\sin\angle AOM\leqslant\frac{OA\cdot MA}{2}\leqslant\frac{(OA+MA)^2}{8}$$

当 $OM \perp AB$,即 $|z|=|w|$ 时等式成立,当 $|z+w|=|z-w|$ 时,上面一些不等式中的等式成立.因此,$\triangle AOB$ 是面积等于$\frac{1}{2}$ 的等腰直角三角形.于是 $|z|=|w|=1$,且 $w=\mathrm{i}z$,这表明 $c=-b$,$d=a$,$a^2+b^2=1$. □

证法 2 用代换

$$w=a+b\mathrm{i}$$

$$z=d+c\mathrm{i}$$

那么

$$wz=(ad-bc)+(ac+bd)\mathrm{i}=\rho(\cos\vartheta+\mathrm{i}\sin\vartheta)$$

但是

$$ad-bc=1\Rightarrow\vartheta\in\left(-\frac{\pi}{2},\frac{\pi}{2}\right)$$

$$1=\rho\cos\vartheta\Rightarrow\rho=\frac{1}{\cos\vartheta}$$

$$ac+bd=\frac{\sin\vartheta}{\cos\vartheta}$$

由 AM-GM 不等式

$$\begin{aligned}a^2+b^2+c^2+d^2&\geqslant 2\sqrt{(a^2+b^2)(c^2+d^2)}\\&=\sqrt{(ad-bc)^2+(ac+bd)^2}\\&=2\rho=\frac{2}{\cos\vartheta}\end{aligned}$$

只要证明

$$\sqrt{\frac{2e^2+e\sin\vartheta}{\cos\vartheta}}+\sqrt{\frac{2f^2-f\sin\vartheta}{\cos\vartheta}}-\sqrt{2}(e+f)\geqslant 0$$

或

$$\sqrt{2e^2+e\sin\vartheta}+\sqrt{2f^2-f\sin\vartheta}-\sqrt{2\cos\vartheta}(e+f)\geqslant 0 \qquad (*)$$

设

$$\Omega_\vartheta(x)=\sqrt{2x^2+x\sin\vartheta}-\sqrt{2\cos\vartheta}\,x$$

则

$$\Omega'_\vartheta(x)=\frac{4x+\sin\vartheta}{\sqrt{2x^2+x\sin\vartheta}}-\sqrt{2\cos\vartheta}$$

对于 $x\geqslant\frac{1}{2}(x=e$ 或 $x=f)$,$x\geqslant\frac{\sin x}{4}$ 且 $x\geqslant-\frac{\sin x}{4}$

$$\begin{aligned}\Omega'_\vartheta(x)\geqslant 0&\Leftrightarrow(4x+\sin\vartheta)^2\geqslant 8\cos\vartheta(2x^2+x\sin\vartheta)\\&\Leftrightarrow(1-\cos\vartheta)(16x^2+8x\sin\vartheta+1+\cos\vartheta)\geqslant 0\end{aligned}$$

$$\Leftrightarrow (4x+\sin\vartheta)^2+\cos\vartheta(1+\cos\vartheta)\geqslant 0$$

最后一个不等式对于任何 $\vartheta\in\left(-\frac{\pi}{2},\frac{\pi}{2}\right)$ 成立. 所以 $\Omega_{\vartheta}(x)$ 是增函数,对于 $\Omega_{-\vartheta}(x)$ 情况相同. 于是

$$\begin{aligned}
\text{左边}_{*}&=\Omega_{\vartheta}(e)+\Omega_{-\vartheta}(f)\geqslant\Omega_{\vartheta}\left(\frac{1}{2}\right)+\Omega_{-\vartheta}\left(\frac{1}{2}\right)\\
&=\sqrt{2}\left(\sqrt{1+\sin\vartheta}+\sqrt{1-\sin\vartheta}-2\sqrt{\cos\vartheta}\right)\\
&\geqslant\sqrt{2}\left(2\sqrt{\sqrt{1-\sin^2\vartheta}}-2\sqrt{\cos\vartheta}\right)=0
\end{aligned}$$

于是

$$\Omega_{\vartheta}(e)+\Omega_{-\vartheta}(f)\geqslant 0$$

□

53. (Ji Chen) 设 $x_1,x_2,\cdots,x_n$ 是非负实数,证明

$$\frac{x_1}{(1+x_1+x_2+\cdots+x_n)^2}+\frac{x_2}{(1+x_2+\cdots+x_n)^2}+\cdots+\frac{x_n}{(1+x_n)^2}\leqslant k_n^2$$

其中数列 $\{k_n\}$ 满足 $k_1=\frac{1}{2},k_{n+1}=\frac{k_n^2+1}{2}$.

证明 设 $a_i=\frac{1}{1+x_i+\cdots+x_n},1\leqslant i\leqslant n$,定义 $a_{n+1}=1$,于是

$$1+x_i+x_{i+1}+\cdots+x_n=\frac{1}{a_i}$$

还有

$$1+x_{i+1}+x_{i+2}+\cdots+x_n=\frac{1}{a_{i+1}}$$

因此

$$x_i=\frac{1}{a_i}-\frac{1}{a_{i+1}}$$

将 x_i 代入,我们有

$$\begin{aligned}
E&=\sum_{i=1}^{n}a_i^2\left(\frac{1}{a_i}-\frac{1}{a_{i+1}}\right)=\sum_{i=1}^{n}\left(a_i-\frac{a_i^2}{a_{i+1}}\right)\\
&=(a_1+a_2+\cdots+a_n)-\left(\frac{a_1^2}{a_2}+\frac{a_2^2}{a_3}+\cdots+\frac{a_n^2}{1}\right)
\end{aligned}$$

由 AM-GM 不等式,我们得到以下的不等式

$$\frac{a_1^2}{a_2}+k_1^2a_2\geqslant 2k_1a_1$$

$$\frac{a_2^2}{a_3}+k_2^2a_3\geqslant 2k_2a_2$$

$$\vdots$$

$$\frac{a_{n-1}^2}{a_n}+k_{n-1}^2a_n\geqslant 2k_{n-1}a_{n-1}$$

$$\frac{a_n^2}{1}+k_n^2\geqslant 2k_na_n$$

将以上各不等式相加,得到 $E\leqslant k_n^2$.

注意到 $k_i\geqslant k_{i-1}$, $0\leqslant k_i\leqslant 1$,于是 $\lim\limits_{n\to\infty}k_n=K$ 存在.因为极限 K 必须满足 $K=\frac{K^2+1}{2}$,推出 $K=1$. □

54.设 $x_1,x_2,\cdots,x_n$ 是正实数,且 $x_1+x_2+\cdots+x_n=1$,证明

$$\sum_{i=1}^n\sqrt{\frac{1}{x_i}-1}\geqslant(n-1)\cdot\sum_{i=1}^n\frac{1}{\sqrt{\frac{1}{x_i}-1}}$$

证法1 不失一般性,假定

$$0<x_1\leqslant x_2\leqslant\cdots\leqslant x_n<1$$

我们用到以下恒等式

$$\begin{aligned}&\sqrt{\frac{1-x}{x}}-(n-1)\sqrt{\frac{1-x}{x}}+\frac{n(nx-1)}{\sqrt{n-1}}\\=&\frac{1-nx}{\sqrt{x(1-x)}}+\frac{n(nx-1)}{\sqrt{n-1}}\\=&(1-nx)\left[\frac{1}{\sqrt{x(1-x)}}-\frac{n}{\sqrt{n-1}}\right]\\=&\frac{(1-nx)^2(n-1-nx)}{\sqrt{(n-1)x(1-x)}\left[\sqrt{n-1}+n\sqrt{x(1-x)}\right]}\end{aligned}$$

因此,我们有两种情况:

情况1:如果 $x_n\leqslant\frac{n-1}{n}$,那么对于任何 $i\in\{1,2,\cdots,n\}$,有

$$\sqrt{\frac{1-x_i}{x_i}}-(n-1)\sqrt{\frac{x_i}{1-x_i}}\geqslant\frac{n(1-nx_i)}{\sqrt{n-1}}$$

对 $i\in\{1,2,\cdots,n\}$ 的这些不等式相加,得到

$$\sum_{i=1}^n\sqrt{\frac{1-x_i}{x_i}}-(n-1)\sum_{i=1}^n\sqrt{\frac{x_i}{1-x_i}}\geqslant\frac{n}{\sqrt{n-1}}\left(n-n\sum_{i=1}^nx_i\right)=0$$

所以不等式得证.

情况2:如果 $\frac{n-1}{n}\leqslant x_n<1$,那么 $x_1+x_2+\cdots+x_{n-1}\leqslant 1-\frac{n-1}{n}=\frac{1}{n}$,并且

$$\sum_{i=1}^{n-1}\sqrt{\frac{1-x_i}{x_i}}-(n-1)\sum_{i=1}^{n-1}\sqrt{\frac{x_i}{1-x_i}}=\sum_{i=1}^{n-1}\frac{1-nx_i}{\sqrt{x_i(1-x_i)}}$$

$$\geqslant \sum_{i=1}^{n-1} \frac{1-nx_i}{\sqrt{x_n(1-x_n)}}$$

$$=\frac{n-1-n(x_1+x_2+\cdots+x_{n-1})}{\sqrt{x_n(1-x_n)}}$$

$$=\frac{nx_n-1}{\sqrt{x_n(1-x_n)}}$$

$$=-\sqrt{\frac{1-x_n}{x_n}}+(n-1)\sqrt{\frac{x_n}{1-x_n}}$$

它等价于所要求的不等式.

上面我们用到了

$$x_n(1-x_n)\geqslant x_i(1-x_i)\Leftrightarrow(x_n-x_i)(1-x_i-x_n)\geqslant 0$$

显然这对任何 $i\in\{1,2,\cdots,n-1\}$ 成立. □

证法 2 我们试图将表达式写成平方和的形式. 我们有

$$\sum_{i=1}^{n}\sqrt{\frac{1-x_i}{x_i}}-(n-1)\sum_{i=1}^{n}\sqrt{\frac{x_i}{1-x_i}}$$

$$=\sum_{i=1}^{n}\frac{1-nx_i}{\sqrt{x_i(1-x_i)}}$$

$$=\sum_{i=1}^{n}\frac{x_1+x_2+\cdots+x_n-nx_i}{\sqrt{x_i(1-x_i)}}$$

$$=\sum_{1\leqslant i<j\leqslant n}\left(\frac{x_j-x_i}{\sqrt{x_i(1-x_i)}}+\frac{x_i-x_j}{\sqrt{x_j(1-x_j)}}\right)$$

$$=\sum_{1\leqslant i<j\leqslant n}\frac{(x_j-x_i)}{\sqrt{x_ix_j(1-x_i)(1-x_j)}}\left(\sqrt{x_j(1-x_j)}-\sqrt{x_i(1-x_i)}\right)$$

$$=\sum_{1\leqslant i<j\leqslant n}\frac{(x_j-x_i)[x_j(1-x_j)-x_i(1-x_i)]}{\sqrt{x_ix_j(1-x_i)(1-x_j)}\left[\sqrt{x_i(1-x_i)}+\sqrt{x_j(1-x_j)}\right]}$$

$$=\sum_{1\leqslant i<j\leqslant n}\frac{(x_j-x_i)^2(1-x_i-x_j)}{\sqrt{x_ix_j(1-x_i)(1-x_j)}\left[\sqrt{x_i(1-x_i)}+\sqrt{x_j(1-x_j)}\right]}\geqslant 0$$

这是因为对任何 $i,j\in\{1,2,\cdots,n\}$,有 $1-x_i-x_j\geqslant 0$. □

证法 3 注意到

$$\frac{1-x_1}{x_1}+\frac{1-x_2}{x_2}+\cdots+\frac{1-x_n}{x_n}$$

$$\geqslant(n-1)^2\left(\frac{x_1}{1-x_1}+\frac{x_2}{1-x_2}+\cdots+\frac{x_n}{1-x_n}\right) \tag{1}$$

这是因为由 Cauchy-Schwarz 不等式

$$(n-1)^2\frac{x_1}{1-x_1}=(n-1)^2\frac{x_1}{x_2+x_3+\cdots+x_n}\leqslant\frac{x_1}{x_2}+\frac{x_1}{x_3}+\cdots+\frac{x_1}{x_n}$$

对 $x_2,\cdots,x_n$ 有类似的不等式,将这些不等式相加,得到式(1).

现在,对于 $1\leqslant i<j\leqslant n$,由 Cauchy-Schwarz 不等式,我们有

$$\sqrt{\frac{(1-x_i)(1-x_j)}{x_ix_j}}=\sqrt{\frac{\sum\limits_{p=1,p\neq i}^{n}x_p\sum\limits_{q=1,q\neq j}^{n}x_q}{x_ix_j}}$$

$$\geqslant\frac{\sqrt{x_ix_j}+\sum\limits_{k=1,k\neq i,j}^{n}x_k}{\sqrt{x_ix_j}}$$

$$=1+\sum_{k=1,k\neq i,j}^{n}\frac{x_k}{\sqrt{x_ix_j}}$$

对于使 $1\leqslant i<j\leqslant n$ 的 i,j 相加,再利用 AM-GM 不等式,我们得到

$$\sum_{1\leqslant i<j\leqslant n}\sqrt{\frac{(1-x_i)(1-x_j)}{x_ix_j}}$$

$$\geqslant\frac{n(n-1)}{2}+\sum_{1\leqslant i<j<k\leqslant n}\left(\frac{x_i}{\sqrt{x_jx_k}}+\frac{x_j}{\sqrt{x_jx_k}}+\frac{x_k}{\sqrt{x_ix_j}}\right)$$

$$\geqslant\frac{n(n-1)}{2}+\frac{n(n-1)(n-2)}{6}3\sqrt[3]{\frac{x_ix_jx_k}{\sqrt{x_jx_k}\sqrt{x_jx_k}\sqrt{x_ix_j}}}$$

$$=\frac{n(n-1)}{2}+\frac{n(n-1)(n-2)}{2}$$

$$=\frac{n(n-1)^2}{2}$$

因此,我们有

$$\sum_{1\leqslant i<j\leqslant n}\sqrt{\frac{(1-x_i)(1-x_j)}{x_ix_j}}\geqslant\frac{n(n-1)^2}{2}\tag{2}$$

此外,对于 $1\leqslant i<j\leqslant n$,由 AM-GM 不等式,我们有

$$\sqrt{\frac{x_ix_j}{(1-x_i)(1-x_j)}}\leqslant\frac{1}{2}\left(\frac{x_i}{1-x_j}+\frac{x_j}{1-x_i}\right)$$

对使 $1\leqslant i<j\leqslant n$ 的 i 和 j 相加,得到

$$\sum_{1\leqslant i<j\leqslant n}\sqrt{\frac{x_ix_j}{(1-x_i)(1-x_j)}}\leqslant\frac{1}{2}\sum_{i=1}^{n}\frac{\sum\limits_{k=1,k\neq i}^{n}x_k}{1-x_i}=\frac{n}{2}\tag{3}$$

由不等式(2) 和(3),我们推得

$$\sum_{1\leqslant i<j\leqslant n}\sqrt{\frac{(1-x_i)(1-x_j)}{x_ix_j}}\geqslant(n-1)^2\sum_{1\leqslant i<j\leqslant n}\sqrt{\frac{x_ix_j}{(1-x_i)(1-x_j)}}\tag{4}$$

将原不等式平方,得到一个由不等式(1) 和(4) 推得的不等式.

当 $x_1=x_2=\cdots=x_n=\frac{1}{n}$ 时,等式成立. □

55.(Marius Stănean,Mathematical Reflections)设 $a_1,a_2,\cdots,a_n,b_1,b_2,\cdots,b_n$ 是正实数,且对一切 $i\in\{1,2,\cdots,n\}$,有 $a_ib_i>1$.设

$$a=\frac{a_1+a_2+\cdots+a_n}{n}$$

$$b=\frac{b_1+b_2+\cdots+b_n}{n}$$

证明

$$\frac{1}{\sqrt{a_1b_1-1}}+\frac{1}{\sqrt{a_2b_2-1}}+\cdots+\frac{1}{\sqrt{a_nb_n-1}}\geqslant\frac{n}{\sqrt{ab-1}}$$

证明 我们证明以下更一般的不等式:

设 $a_1,a_2,\cdots,a_n,b_1,b_2,\cdots,b_n,c_1,c_2,\cdots,c_n$ 是正实数,且对一切 $i\in\{1,2,\cdots,n\}$,有 $a_ib_i>c_i^2$.设

$$a=\frac{a_1+a_2+\cdots+a_n}{n}$$

$$b=\frac{b_1+b_2+\cdots+b_n}{n}$$

$$c=\frac{c_1+c_2+\cdots+c_n}{n}$$

那么我们有

$$\frac{1}{\sqrt{a_1b_1-c_1^2}}+\frac{1}{\sqrt{a_2b_2-c_2^2}}+\cdots+\frac{1}{\sqrt{a_nb_n-c_n^2}}\geqslant\frac{n}{\sqrt{ab-c^2}}$$

首先,我们证明上面的最后一个根式有合理的定义.事实上我们有

$$a_1>\frac{c_1^2}{b_1},a_2>\frac{c_2^2}{b_2},\cdots,a_n>\frac{c_n^2}{b_n}$$

所以由 Cauchy-Schwarz 不等式

$$a_1+a_2+\cdots+a_n>\frac{c_1^2}{b_1}+\frac{c_2^2}{b_2}+\cdots+\frac{c_n^2}{b_n}\geqslant\frac{(c_1+c_2+\cdots+c_n)^2}{b_1+b_2+\cdots+b_n}$$

这表明 $ab>c^2$.

我们考虑二次函数 $f:\mathbf{R}\mapsto\mathbf{R}$

$$f(x)=(a_1+a_2+\cdots+a_n)x^2+2(c_1+c_2+\cdots+c_n)x+b_1+b_2+\cdots+b_n$$

利用 Cauchy-Schwarz 不等式,对任何 $x\in\mathbf{R}$,我们连续有

$$\begin{aligned}f(x)&=a_1(x+\frac{c_1}{b_1})^2+a_1\left(\frac{\sqrt{a_1b_1-c_1^2}}{a_1}\right)^2+\cdots+a_n(x+\frac{c_n}{b_n})^2+a_n\left(\frac{\sqrt{a_nb_n-c_n^2}}{a_n}\right)^2\\&=a_1(x+\frac{c_1}{b_1})^2+\cdots+a_n(x+\frac{c_n}{b_n})^2+a_1\left(\frac{\sqrt{a_1b_1-c_1^2}}{a_1}\right)^2+\cdots+a_n\left(\frac{\sqrt{a_nb_n-c_n^2}}{a_n}\right)^2\end{aligned}$$

$$\geqslant \frac{(a_1x+c_1+\cdots+a_nx+c_n)^2}{a_1+a_2+\cdots+a_n}+\frac{(\sqrt{a_1b_1-c_1^2}+\cdots+\sqrt{a_nb_n-c_n^2})^2}{a_1+a_2+\cdots+a_n}$$

$$=g(x)$$

这里 $g:\mathbf{R}\mapsto\mathbf{R}$,像上面定义的那样,也是二次函数.但是对一切 $x\in\mathbf{R}$,有 $f(x)\geqslant g(x)$,这就推出 f 在 $\mathbf{R}$ 上的最小值大于或等于 g 在 $\mathbf{R}$ 上的最小值,于是

$$\min_{x\in\mathbf{R}} f(x)\geqslant \min_{x\in\mathbf{R}} g(x)$$

$$\Leftrightarrow \frac{(a_1+a_2+\cdots+a_n)(b_1+b_2+\cdots+b_n)-(c_1+c_2+\cdots+c_n)^2}{a_1+a_2+\cdots+a_n}$$

$$\geqslant \frac{(\sqrt{a_1b_1-c_1^2}+\sqrt{a_2b_2-c_2^2}+\cdots+\sqrt{a_nb_n-c_n^2})^2}{a_1+a_2+\cdots+a_n}$$

$$\Leftrightarrow \sqrt{(a_1+a_2+\cdots+a_n)(b_1+b_2+\cdots+b_n)-(c_1+c_2+\cdots+c_n)^2}$$

$$\geqslant \sqrt{a_1b_1-c_1^2}+\sqrt{a_2b_2-c_2^2}+\cdots+\sqrt{a_nb_n-c_n^2} \qquad (1)$$

现在回到原不等式,用了算术平均和调和平均之间的不等式(或 Cauchy-Schwarz 不等式,或 AM-GM 不等式)

$$\frac{1}{\sqrt{a_1b_1-c_1^2}}+\frac{1}{\sqrt{a_2b_2-c_2^2}}+\cdots+\frac{1}{\sqrt{a_nb_n-c_n^2}}$$

$$\geqslant \frac{n^2}{\sqrt{a_1b_1-c_1^2}+\sqrt{a_2b_2-c_2^2}+\cdots+\sqrt{a_nb_n-c_n^2}}$$

$$\overset{(1)}{\geqslant} \frac{n^2}{\sqrt{(a_1+a_2+\cdots+a_n)(b_1+b_2+\cdots+b_n)-(c_1+c_2+\cdots+c_n)^2}}$$

$$=\frac{n}{\sqrt{ab-c^2}}$$

显然,当 $a_1=a_2=\cdots=a_n=a,b_1=b_2=\cdots=b_n=b,c_1=c_2=\cdots=c_n=c$ 时,等式成立.

□

56.(Brazilian Olympiad Revenge 2012) 设整数 $n\geqslant 2,x_1,x_2,\cdots,x_n$ 是正实数(这里解释一下,下标是循环的,如 $x_n=x_0,x_{n+1}=x_1$),证明

$$\sum_{i=1}^{n}\frac{1}{x_i^3+x_{i-1}x_ix_{i+1}}\leqslant\sum_{i=1}^{n}\frac{1}{x_ix_{i+1}(x_i+x_{i+1})}$$

证明 下面我们采用熟知的不等式(入门题的问题 19),当 $x,y\geqslant 0$ 时,我们有

$$\frac{1}{(1+x)^2}+\frac{1}{(1+y)^2}\geqslant\frac{1}{1+xy}$$

那么,如果取 $x=\frac{x_{i-1}}{x_i},y=\frac{x_{i+1}}{x_i}$,我们可写成

$$\frac{1}{x_i^3+x_{i-1}x_ix_{i+1}}\leqslant\frac{1}{x_i(x_i+x_{i-1})^2}+\frac{1}{x_i(x_i+x_{i+1})^2}$$

于是,当 $i=1,2,\cdots,n$ 时,将上述各不等式相加,我们有

$$\text{左边}\leqslant\sum_{i=1}^{n}\left[\frac{1}{x_i(x_i+x_{i-1})^2}+\frac{1}{x_i(x_i+x_{i+1})^2}\right]$$

$$=\sum_{i=1}^{n}\left[\frac{1}{x_i(x_i+x_{i+1})^2}+\frac{1}{x_{i+1}(x_i+x_{i+1})^2}\right]=\text{右边}$$ □

57.(IMO SL 2001) 设 $x_1,x_2,\cdots,x_n$ 是正实数,整数 $n\geqslant 2$,证明

$$\sum_{i=1}^{n}\frac{x_i}{1+x_1^2+x_2^2+\cdots+x_i^2}<\sqrt{n}$$

证明 作代换

$$y_i=1+x_1^2+x_2^2+\cdots+x_i^2$$

推出

$$x_i\geqslant 0\Rightarrow x_i=\sqrt{y_i-y_{i-1}}$$

原不等式转化为

$$\sum_{i=1}^{n}\frac{\sqrt{y_i-y_{i-1}}}{y_i}<\sqrt{n}$$

这里 $1=y_0\leqslant y_1\leqslant y_2\leqslant\cdots\leqslant y_n$.

由 Cauchy-Schwarz 不等式,我们得到

$$\left(\sum_{i=1}^{n}\frac{\sqrt{y_i-y_{i-1}}}{y_i}\right)^2\leqslant n\sum_{i=1}^{n}\frac{y_i-y_{i-1}}{y_i^2}$$

所以,余下来要证明的是

$$\sum_{i=1}^{n}\frac{y_i-y_{i-1}}{y_i^2}<1$$

但是

$$y_{i-1}\leqslant y_i\Leftrightarrow y_{i-1}\cdot y_i\leqslant y_i^2\Leftrightarrow\frac{1}{y_i^2}\leqslant\frac{1}{y_{i-1}y_i}$$

于是

$$\sum_{i=1}^{n}\frac{y_i-y_{i-1}}{y_i^2}\leqslant\sum_{i=1}^{n}\frac{y_i-y_{i-1}}{y_{i-1}y_i}=\sum_{i=1}^{n}\left(\frac{1}{y_{i-1}}-\frac{1}{y_i}\right)=\frac{1}{y_0}-\frac{1}{y_n}<\frac{1}{y_0}=1$$

这就证明了所求的结果. □

58.(Michael Rozen ber) 设 $x_1,x_2,\cdots,x_n$ 是非负实数,且 $x_1+x_2+\cdots+x_n=n$,证明

$$\frac{x_1}{x_2}+\frac{x_2}{x_3}+\cdots+\frac{x_n}{x_1}\leqslant\frac{4}{x_1x_2x_3\cdots x_n}+n-4$$

证明 利用排序不等式,只要证明当 $x_1\geqslant x_2\geqslant\cdots\geqslant x_n>0$,且 $x_1+x_2+\cdots+x_n=n$ 时,有

$$\sum_{i=1}^{n}\frac{x_i}{x_{n-i+1}}\leqslant\frac{4}{x_1x_2x_3\cdots x_n}+n-4$$

我们只须证明

$$f(x_1,x_2,\cdots,x_n)=n-4+\frac{4}{x_1x_2x_3\cdots x_n}-\sum_{i=1}^{n}\frac{x_i}{x_{n-i+1}}\geqslant 0$$

要看清这一点,注意到

$$f(x_1,x_2,\cdots,x_n)-f(x_1,\cdots,\frac{x_i+x_{n+i-1}}{2},\cdots,\frac{x_i+x_{n+i-1}}{2},\cdots,x_n)$$

$$=2-\frac{x_i}{x_{n-i+1}}-\frac{x_{n-i+1}}{x_i}+\frac{4}{x_1\cdot x_2\cdot x_i\cdot\cdots\cdot x_{n-i+1}\cdot\cdots\cdot x_n}-$$

$$\frac{16}{x_1x_2\cdots(x_i+x_{n-i+1})\cdots(x_i+x_{n-i+1})\cdots x_n}$$

$$=\frac{(x_i-x_{n-i+1})^2}{x_ix_{n-i+1}}\left(\frac{4}{x_1x_2\cdots(x_i+x_{n-i+1})\cdots(x_i+x_{n-i+1})\cdots x_n}-1\right)\geqslant 0$$

这里最后一个不等式由 AM-GM 不等式推出,因为

$$1=\frac{x_1+\cdots+\frac{x_i+x_{n+i-1}}{2}+\cdots+\frac{x_i+x_{n+i-1}}{2}+\cdots+x_n}{n}$$

$$\geqslant\sqrt[n]{\frac{x_1x_2\cdots(x_i+x_{n+i-1})\cdots(x_i+x_{n+i-1})\cdots x_n}{4}}$$

重复利用这一不等式,我们得到

$$f(x_1,x_2,\cdots,x_n)\leqslant\cdots\leqslant f(\frac{x_1+x_n}{2},\frac{x_2+x_{n-1}}{2},\cdots,\frac{x_2+x_{n-1}}{2},\frac{x_1+x_n}{2})$$

$$=\frac{4\cdot 2^n}{(x_1+x_2)\cdots(x_2+x_{n-1})\cdots(x_2+x_{n-1})(x_1+x_2)}-4\geqslant 0$$

这里再一次对最后一个不等式利用了 AM-GM 不等式. □

刘培杰数学工作室

已出版(即将出版)图书目录——初等数学

书　　名	出版时间	定　价	编号
新编中学数学解题方法全书(高中版)上卷(第2版)	2018—08	58.00	951
新编中学数学解题方法全书(高中版)中卷(第2版)	2018—08	68.00	952
新编中学数学解题方法全书(高中版)下卷(一)(第2版)	2018—08	58.00	953
新编中学数学解题方法全书(高中版)下卷(二)(第2版)	2018—08	58.00	954
新编中学数学解题方法全书(高中版)下卷(三)(第2版)	2018—08	68.00	955
新编中学数学解题方法全书(初中版)上卷	2008—01	28.00	29
新编中学数学解题方法全书(初中版)中卷	2010—07	38.00	75
新编中学数学解题方法全书(高考复习卷)	2010—01	48.00	67
新编中学数学解题方法全书(高考真题卷)	2010—01	38.00	62
新编中学数学解题方法全书(高考精华卷)	2011—03	68.00	118
新编平面解析几何解题方法全书(专题讲座卷)	2010—01	18.00	61
新编中学数学解题方法全书(自主招生卷)	2013—08	88.00	261
数学奥林匹克与数学文化(第一辑)	2006—05	48.00	4
数学奥林匹克与数学文化(第二辑)(竞赛卷)	2008—01	48.00	19
数学奥林匹克与数学文化(第二辑)(文化卷)	2008—07	58.00	36′
数学奥林匹克与数学文化(第三辑)(竞赛卷)	2010—01	48.00	59
数学奥林匹克与数学文化(第四辑)(竞赛卷)	2011—08	58.00	87
数学奥林匹克与数学文化(第五辑)	2015—06	98.00	370
世界著名平面几何经典著作钩沉——几何作图专题卷(共3卷)	2022—01	198.00	1460
世界著名平面几何经典著作钩沉(民国平面几何老课本)	2011—03	38.00	113
世界著名平面几何经典著作钩沉(建国初期平面三角老课本)	2015—08	38.00	507
世界著名解析几何经典著作钩沉——平面解析几何卷	2014—01	38.00	264
世界著名数论经典著作钩沉(算术卷)	2012—01	28.00	125
世界著名数学经典著作钩沉——立体几何卷	2011—02	28.00	88
世界著名三角学经典著作钩沉(平面三角卷Ⅰ)	2010—06	28.00	69
世界著名三角学经典著作钩沉(平面三角卷Ⅱ)	2011—01	38.00	78
世界著名初等数论经典著作钩沉(理论和实用算术卷)	2011—07	38.00	126
世界著名几何经典著作钩沉(解析几何卷)	2022—10	68.00	1564
发展你的空间想象力(第3版)	2021—01	98.00	1464
空间想象力进阶	2019—05	68.00	1062
走向国际数学奥林匹克的平面几何试题诠释.第1卷	2019—07	88.00	1043
走向国际数学奥林匹克的平面几何试题诠释.第2卷	2019—09	78.00	1044
走向国际数学奥林匹克的平面几何试题诠释.第3卷	2019—03	78.00	1045
走向国际数学奥林匹克的平面几何试题诠释.第4卷	2019—09	98.00	1046
平面几何证明方法全书	2007—08	35.00	1
平面几何证明方法全书习题解答(第2版)	2006—12	18.00	10
平面几何天天练上卷·基础篇(直线型)	2013—01	58.00	208
平面几何天天练中卷·基础篇(涉及圆)	2013—01	28.00	234
平面几何天天练下卷·提高篇	2013—01	58.00	237
平面几何专题研究	2013—07	98.00	258
平面几何解题之道.第1卷	2022—05	38.00	1494
几何学习题集	2020—10	48.00	1217
通过解题学习代数几何	2021—04	88.00	1301
圆锥曲线的奥秘	2022—06	88.00	1541

刘培杰数学工作室
已出版(即将出版)图书目录——初等数学

书　　名	出版时间	定　价	编号
最新世界各国数学奥林匹克中的平面几何试题	2007-09	38.00	14
数学竞赛平面几何典型题及新颖解	2010-07	48.00	74
初等数学复习及研究(平面几何)	2008-09	68.00	38
初等数学复习及研究(立体几何)	2010-06	38.00	71
初等数学复习及研究(平面几何)习题解答	2009-01	58.00	42
几何学教程(平面几何卷)	2011-03	68.00	90
几何学教程(立体几何卷)	2011-07	68.00	130
几何变换与几何证题	2010-06	88.00	70
计算方法与几何证题	2011-06	28.00	129
立体几何技巧与方法(第2版)	2022-10	168.00	1572
几何瑰宝——平面几何500名题暨1500条定理(上、下)	2021-07	168.00	1358
三角形的解法与应用	2012-07	18.00	183
近代的三角形几何学	2012-07	48.00	184
一般折线几何学	2015-08	48.00	503
三角形的五心	2009-06	28.00	51
三角形的六心及其应用	2015-10	68.00	542
三角形趣谈	2012-08	28.00	212
解三角形	2014-01	28.00	265
探秘三角形:一次数学旅行	2021-10	68.00	1387
三角学专门教程	2014-09	28.00	387
图天下几何新题试卷.初中(第2版)	2017-11	58.00	855
圆锥曲线习题集(上册)	2013-06	68.00	255
圆锥曲线习题集(中册)	2015-01	78.00	434
圆锥曲线习题集(下册·第1卷)	2016-10	78.00	683
圆锥曲线习题集(下册·第2卷)	2018-01	98.00	853
圆锥曲线习题集(下册·第3卷)	2019-10	128.00	1113
圆锥曲线的思想方法	2021-08	48.00	1379
圆锥曲线的八个主要问题	2021-10	48.00	1415
论九点圆	2015-05	88.00	645
近代欧氏几何学	2012-03	48.00	162
罗巴切夫斯基几何学及几何基础概要	2012-07	28.00	188
罗巴切夫斯基几何学初步	2015-06	28.00	474
用三角、解析几何、复数、向量计算解数学竞赛几何题	2015-03	48.00	455
用解析法研究圆锥曲线的几何理论	2022-05	48.00	1495
美国中学几何教程	2015-04	88.00	458
三线坐标与三角形特征点	2015-04	98.00	460
坐标几何学基础.第1卷,笛卡儿坐标	2021-08	48.00	1398
坐标几何学基础.第2卷,三线坐标	2021-09	28.00	1399
平面解析几何方法与研究(第1卷)	2015-05	18.00	471
平面解析几何方法与研究(第2卷)	2015-06	18.00	472
平面解析几何方法与研究(第3卷)	2015-07	18.00	473
解析几何研究	2015-01	38.00	425
解析几何学教程.上	2016-01	38.00	574
解析几何学教程.下	2016-01	38.00	575
几何学基础	2016-01	58.00	581
初等几何研究	2015-02	58.00	444
十九和二十世纪欧氏几何学中的片段	2017-01	58.00	696
平面几何中考.高考.奥数一本通	2017-07	28.00	820
几何学简史	2017-08	28.00	833
四面体	2018-01	48.00	880
平面几何证明方法思路	2018-12	68.00	913
折纸中的几何练习	2022-09	48.00	1559
中学新几何学(英文)	2022-10	98.00	1562
线性代数与几何	2023-04	68.00	1633

刘培杰数学工作室

已出版(即将出版)图书目录——初等数学

书　　名	出版时间	定　价	编号
平面几何图形特性新析.上篇	2019－01	68.00	911
平面几何图形特性新析.下篇	2018－06	88.00	912
平面几何范例多解探究.上篇	2018－04	48.00	910
平面几何范例多解探究.下篇	2018－12	68.00	914
从分析解题过程学解题:竞赛中的几何问题研究	2018－07	68.00	946
从分析解题过程学解题:竞赛中的向量几何与不等式研究(全2册)	2019－06	138.00	1090
从分析解题过程学解题:竞赛中的不等式问题	2021－01	48.00	1249
二维、三维欧氏几何的对偶原理	2018－12	38.00	990
星形大观及闭折线论	2019－03	68.00	1020
立体几何的问题和方法	2019－11	58.00	1127
三角代换论	2021－05	58.00	1313
俄罗斯平面几何问题集	2009－08	88.00	55
俄罗斯立体几何问题集	2014－03	58.00	283
俄罗斯几何大师——沙雷金论数学及其他	2014－01	48.00	271
来自俄罗斯的5000道几何习题及解答	2011－03	58.00	89
俄罗斯初等数学问题集	2012－05	38.00	177
俄罗斯函数问题集	2011－03	38.00	103
俄罗斯组合分析问题集	2011－01	48.00	79
俄罗斯初等数学万题选——三角卷	2012－11	38.00	222
俄罗斯初等数学万题选——代数卷	2013－08	68.00	225
俄罗斯初等数学万题选——几何卷	2014－01	68.00	226
俄罗斯《量子》杂志数学征解问题100题选	2018－08	48.00	969
俄罗斯《量子》杂志数学征解问题又100题选	2018－08	48.00	970
俄罗斯《量子》杂志数学征解问题	2020－05	48.00	1138
463个俄罗斯几何老问题	2012－01	28.00	152
《量子》数学短文精粹	2018－09	38.00	972
用三角、解析几何等计算解来自俄罗斯的几何题	2019－11	88.00	1119
基谢廖夫平面几何	2022－01	48.00	1461
基谢廖夫立体几何	2023－04	48.00	1599
数学:代数、数学分析和几何(10－11年级)	2021－01	48.00	1250
立体几何.10—11年级	2022－01	58.00	1472
直观几何学:5—6年级	2022－04	58.00	1508
平面几何:9—11年级	2022－10	48.00	1571

谈谈素数	2011－03	18.00	91
平方和	2011－03	18.00	92
整数论	2011－05	38.00	120
从整数谈起	2015－10	28.00	538
数与多项式	2016－01	38.00	558
谈谈不定方程	2011－05	28.00	119
质数漫谈	2022－07	68.00	1529

解析不等式新论	2009－06	68.00	48
建立不等式的方法	2011－03	98.00	104
数学奥林匹克不等式研究(第2版)	2020－07	68.00	1181
不等式研究(第二辑)	2012－02	68.00	153
不等式的秘密(第一卷)(第2版)	2014－02	38.00	286
不等式的秘密(第二卷)	2014－01	38.00	268
初等不等式的证明方法	2010－06	38.00	123
初等不等式的证明方法(第二版)	2014－11	38.00	407
不等式・理论・方法(基础卷)	2015－07	38.00	496
不等式・理论・方法(经典不等式卷)	2015－07	38.00	497
不等式・理论・方法(特殊类型不等式卷)	2015－07	48.00	498
不等式探究	2016－03	38.00	582
不等式探秘	2017－01	88.00	689
四面体不等式	2017－01	68.00	715
数学奥林匹克中常见重要不等式	2017－09	38.00	845

刘培杰数学工作室

已出版(即将出版)图书目录——初等数学

书　　名	出版时间	定　价	编号
三正弦不等式	2018－09	98.00	974
函数方程与不等式:解法与稳定性结果	2019－04	68.00	1058
数学不等式.第1卷,对称多项式不等式	2022－05	78.00	1455
数学不等式.第2卷,对称有理不等式与对称无理不等式	2022－05	88.00	1456
数学不等式.第3卷,循环不等式与非循环不等式	2022－05	88.00	1457
数学不等式.第4卷,Jensen不等式的扩展与加细	2022－05	88.00	1458
数学不等式.第5卷,创建不等式与解不等式的其他方法	2022－05	88.00	1459
同余理论	2012－05	38.00	163
[x]与{x}	2015－04	48.00	476
极值与最值.上卷	2015－06	28.00	486
极值与最值.中卷	2015－06	38.00	487
极值与最值.下卷	2015－06	28.00	488
整数的性质	2012－11	38.00	192
完全平方数及其应用	2015－08	78.00	506
多项式理论	2015－10	88.00	541
奇数、偶数、奇偶分析法	2018－01	98.00	876
不定方程及其应用.上	2018－12	58.00	992
不定方程及其应用.中	2019－01	78.00	993
不定方程及其应用.下	2019－02	98.00	994
Nesbitt不等式加强式的研究	2022－06	128.00	1527
最值定理与分析不等式	2023－02	78.00	1567
一类积分不等式	2023－02	88.00	1579
邦费罗尼不等式及概率应用	2023－05	58.00	1637
历届美国中学生数学竞赛试题及解答(第一卷)1950－1954	2014－07	18.00	277
历届美国中学生数学竞赛试题及解答(第二卷)1955－1959	2014－04	18.00	278
历届美国中学生数学竞赛试题及解答(第三卷)1960－1964	2014－06	18.00	279
历届美国中学生数学竞赛试题及解答(第四卷)1965－1969	2014－04	28.00	280
历届美国中学生数学竞赛试题及解答(第五卷)1970－1972	2014－06	18.00	281
历届美国中学生数学竞赛试题及解答(第六卷)1973－1980	2017－07	18.00	768
历届美国中学生数学竞赛试题及解答(第七卷)1981－1986	2015－01	18.00	424
历届美国中学生数学竞赛试题及解答(第八卷)1987－1990	2017－05	18.00	769
历届中国数学奥林匹克试题集(第3版)	2021－10	58.00	1440
历届加拿大数学奥林匹克试题集	2012－08	38.00	215
历届美国数学奥林匹克试题集:1972～2019	2020－04	88.00	1135
历届波兰数学竞赛试题集.第1卷,1949～1963	2015－03	18.00	453
历届波兰数学竞赛试题集.第2卷,1964～1976	2015－03	18.00	454
历届巴尔干数学奥林匹克试题集	2015－05	38.00	466
保加利亚数学奥林匹克	2014－10	38.00	393
圣彼得堡数学奥林匹克试题集	2015－01	38.00	429
匈牙利奥林匹克数学竞赛题解.第1卷	2016－05	28.00	593
匈牙利奥林匹克数学竞赛题解.第2卷	2016－05	28.00	594
历届美国数学邀请赛试题集(第2版)	2017－10	78.00	851
普林斯顿大学数学竞赛	2016－06	38.00	669
亚太地区数学奥林匹克竞赛题	2015－07	18.00	492
日本历届(初级)广中杯数学竞赛试题及解答.第1卷(2000～2007)	2016－05	28.00	641
日本历届(初级)广中杯数学竞赛试题及解答.第2卷(2008～2015)	2016－05	38.00	642
越南数学奥林匹克题选:1962－2009	2021－07	48.00	1370
360个数学竞赛问题	2016－08	58.00	677
奥数最佳实战题.上卷	2017－06	38.00	760
奥数最佳实战题.下卷	2017－05	58.00	761
哈尔滨市早期中学数学竞赛试题汇编	2016－07	28.00	672
全国高中数学联赛试题及解答:1981—2019(第4版)	2020－07	138.00	1176
2022年全国高中数学联合竞赛模拟题集	2022－06	30.00	1521

刘培杰数学工作室

已出版(即将出版)图书目录——初等数学

书　　名	出版时间	定　价	编号
20 世纪 50 年代全国部分城市数学竞赛试题汇编	2017－07	28.00	797
国内外数学竞赛题及精解:2018～2019	2020－08	45.00	1192
国内外数学竞赛题及精解:2019～2020	2021－11	58.00	1439
许康华竞赛优学精选集.第一辑	2018－08	68.00	949
天问叶班数学问题征解 100 题.Ⅰ,2016－2018	2019－05	88.00	1075
天问叶班数学问题征解 100 题.Ⅱ,2017－2019	2020－07	98.00	1177
美国初中数学竞赛:AMC8 准备(共 6 卷)	2019－07	138.00	1089
美国高中数学竞赛:AMC10 准备(共 6 卷)	2019－08	158.00	1105
王连笑教你怎样学数学:高考选择题解题策略与客观题实用训练	2014－01	48.00	262
王连笑教你怎样学数学:高考数学高层次讲座	2015－02	48.00	432
高考数学的理论与实践	2009－08	38.00	53
高考数学核心题型解题方法与技巧	2010－01	28.00	86
高考思维新平台	2014－03	38.00	259
高考数学压轴题解题诀窍(上)(第 2 版)	2018－01	58.00	874
高考数学压轴题解题诀窍(下)(第 2 版)	2018－01	48.00	875
北京市五区文科数学三年高考模拟题详解:2013～2015	2015－08	48.00	500
北京市五区理科数学三年高考模拟题详解:2013～2015	2015－09	68.00	505
向量法巧解数学高考题	2009－08	28.00	54
高中数学课堂教学的实践与反思	2021－11	48.00	791
数学高考参考	2016－01	78.00	589
新课程标准高考数学解答题各种题型解法指导	2020－08	78.00	1196
全国及各省市高考数学试题审题要津与解法研究	2015－02	48.00	450
高中数学章节起始课的教学研究与案例设计	2019－05	28.00	1064
新课标高考数学——五年试题分章详解(2007～2011)(上、下)	2011－10	78.00	140,141
全国中考数学压轴题审题要津与解法研究	2013－04	78.00	248
新编全国及各省市中考数学压轴题审题要津与解法研究	2014－05	58.00	342
全国及各省市 5 年中考数学压轴题审题要津与解法研究(2015 版)	2015－04	58.00	462
中考数学专题总复习	2007－04	28.00	6
中考数学较难题常考题型解题方法与技巧	2016－09	48.00	681
中考数学难题常考题型解题方法与技巧	2016－09	48.00	682
中考数学中档题常考题型解题方法与技巧	2017－08	68.00	835
中考数学选择填空压轴好题妙解 365	2017－05	38.00	759
中考数学:三类重点考题的解法例析与习题	2020－04	48.00	1140
中小学数学的历史文化	2019－11	48.00	1124
初中平面几何百题多思创新解	2020－01	58.00	1125
初中数学中考备考	2020－01	58.00	1126
高考数学之九章演义	2019－08	68.00	1044
高考数学之难题谈笑间	2022－06	68.00	1519
化学可以这样学:高中化学知识方法智慧感悟疑难辨析	2019－07	58.00	1103
如何成为学习高手	2019－09	58.00	1107
高考数学:经典真题分类解析	2020－04	78.00	1134
高考数学解答题破解策略	2020－11	58.00	1221
从分析解题过程学解题:高考压轴题与竞赛题之关系探究	2020－08	88.00	1179
教学新思考:单元整体视角下的初中数学教学设计	2021－03	58.00	1278
思维再拓展:2020 年经典几何题的多解探究与思考	即将出版		1279
中考数学小压轴汇编初讲	2017－07	48.00	788
中考数学大压轴专题微言	2017－09	48.00	846
怎么解中考平面几何探索题	2019－06	48.00	1093
北京中考数学压轴题解题方法突破(第 8 版)	2022－11	78.00	1577
助你高考成功的数学解题智慧:知识是智慧的基础	2016－01	58.00	596
助你高考成功的数学解题智慧:错误是智慧的试金石	2016－04	58.00	643
助你高考成功的数学解题智慧:方法是智慧的推手	2016－04	68.00	657
高考数学奇思妙解	2016－04	38.00	610
高考数学解题策略	2016－05	48.00	670
数学解题泄天机(第 2 版)	2017－10	48.00	850

刘培杰数学工作室

已出版(即将出版)图书目录——初等数学

书　　名	出版时间	定　价	编号
高考物理压轴题全解	2017－04	58.00	746
高中物理经典问题 25 讲	2017－05	28.00	764
高中物理教学讲义	2018－01	48.00	871
高中物理教学讲义:全模块	2022－03	98.00	1492
高中物理答疑解惑 65 篇	2021－11	48.00	1462
中学物理基础问题解析	2020－08	48.00	1183
初中数学、高中数学脱节知识补缺教材	2017－06	48.00	766
高考数学小题抢分必练	2017－10	48.00	834
高考数学核心素养解读	2017－09	38.00	839
高考数学客观题解题方法和技巧	2017－10	38.00	847
十年高考数学精品试题审题要津与解法研究	2021－10	98.00	1427
中国历届高考数学试题及解答.1949－1979	2018－01	38.00	877
历届中国高考数学试题及解答.第二卷,1980—1989	2018－10	28.00	975
历届中国高考数学试题及解答.第三卷,1990—1999	2018－10	48.00	976
数学文化与高考研究	2018－03	48.00	882
跟我学解高中数学题	2018－07	58.00	926
中学数学研究的方法及案例	2018－05	58.00	869
高考数学抢分技能	2018－07	68.00	934
高一新生常用数学方法和重要数学思想提升教材	2018－06	38.00	921
2018 年高考数学真题研究	2019－01	68.00	1000
2019 年高考数学真题研究	2020－05	88.00	1137
高考数学全国卷六道解答题常考题型解题诀窍:理科(全 2 册)	2019－07	78.00	1101
高考数学全国卷 16 道选择、填空题常考题型解题诀窍.理科	2018－09	88.00	971
高考数学全国卷 16 道选择、填空题常考题型解题诀窍.文科	2020－01	88.00	1123
高中数学一题多解	2019－06	58.00	1087
历届中国高考数学试题及解答:1917－1999	2021－08	98.00	1371
2000～2003 年全国及各省市高考数学试题及解答	2022－05	88.00	1499
2004 年全国及各省市高考数学试题及解答	2022－07	78.00	1500
突破高原:高中数学解题思维探究	2021－08	48.00	1375
高考数学中的"取值范围"	2021－10	48.00	1429
新课程标准高中数学各种题型解法大全.必修一分册	2021－06	58.00	1315
新课程标准高中数学各种题型解法大全.必修二分册	2022－01	68.00	1471
高中数学各种题型解法大全.选择性必修一分册	2022－06	68.00	1525
高中数学各种题型解法大全.选择性必修二分册	2023－01	58.00	1600
高中数学各种题型解法大全.选择性必修三分册	2023－04	48.00	1643
历届全国初中数学竞赛经典试题详解	2023－04	88.00	1624
新编 640 个世界著名数学智力趣题	2014－01	88.00	242
500 个最新世界著名数学智力趣题	2008－06	48.00	3
400 个最新世界著名数学最值问题	2008－09	48.00	36
500 个世界著名数学征解问题	2009－06	48.00	52
400 个中国最佳初等数学征解老问题	2010－01	48.00	60
500 个俄罗斯数学经典老题	2011－01	28.00	81
1000 个国外中学物理好题	2012－04	48.00	174
300 个日本高考数学题	2012－05	38.00	142
700 个早期日本高考数学试题	2017－02	88.00	752
500 个前苏联早期高考数学试题及解答	2012－05	28.00	185
546 个早期俄罗斯大学生数学竞赛题	2014－03	38.00	285
548 个来自美苏的数学好问题	2014－11	28.00	396
20 所苏联著名大学早期入学试题	2015－02	18.00	452
161 道德国工科大学生必做的微分方程习题	2015－05	28.00	469
500 个德国工科大学生必做的高数习题	2015－06	28.00	478
360 个数学竞赛问题	2016－08	58.00	677
200 个趣味数学故事	2018－02	48.00	857
470 个数学奥林匹克中的最值问题	2018－10	88.00	985
德国讲义日本考题.微积分卷	2015－04	48.00	456
德国讲义日本考题.微分方程卷	2015－04	38.00	457
二十世纪中叶中、英、美、日、法、俄高考数学试题精选	2017－06	38.00	783

刘培杰数学工作室

已出版(即将出版)图书目录——初等数学

书　　名	出版时间	定　价	编号
中国初等数学研究　2009 卷(第 1 辑)	2009－05	20.00	45
中国初等数学研究　2010 卷(第 2 辑)	2010－05	30.00	68
中国初等数学研究　2011 卷(第 3 辑)	2011－07	60.00	127
中国初等数学研究　2012 卷(第 4 辑)	2012－07	48.00	190
中国初等数学研究　2014 卷(第 5 辑)	2014－02	48.00	288
中国初等数学研究　2015 卷(第 6 辑)	2015－06	68.00	493
中国初等数学研究　2016 卷(第 7 辑)	2016－04	68.00	609
中国初等数学研究　2017 卷(第 8 辑)	2017－01	98.00	712
初等数学研究在中国.第 1 辑	2019－03	158.00	1024
初等数学研究在中国.第 2 辑	2019－10	158.00	1116
初等数学研究在中国.第 3 辑	2021－05	158.00	1306
初等数学研究在中国.第 4 辑	2022－06	158.00	1520
几何变换(Ⅰ)	2014－07	28.00	353
几何变换(Ⅱ)	2015－06	28.00	354
几何变换(Ⅲ)	2015－01	38.00	355
几何变换(Ⅳ)	2015－12	38.00	356
初等数论难题集(第一卷)	2009－05	68.00	44
初等数论难题集(第二卷)(上、下)	2011－02	128.00	82,83
数论概貌	2011－03	18.00	93
代数数论(第二版)	2013－08	58.00	94
代数多项式	2014－06	38.00	289
初等数论的知识与问题	2011－02	28.00	95
超越数论基础	2011－03	28.00	96
数论初等教程	2011－03	28.00	97
数论基础	2011－03	18.00	98
数论基础与维诺格拉多夫	2014－03	18.00	292
解析数论基础	2012－08	28.00	216
解析数论基础(第二版)	2014－01	48.00	287
解析数论问题集(第二版)(原版引进)	2014－05	88.00	343
解析数论问题集(第二版)(中译本)	2016－04	88.00	607
解析数论基础(潘承洞,潘承彪著)	2016－07	98.00	673
解析数论导引	2016－07	58.00	674
数论入门	2011－03	38.00	99
代数数论入门	2015－03	38.00	448
数论开篇	2012－07	28.00	194
解析数论引论	2011－03	48.00	100
Barban Davenport Halberstam 均值和	2009－01	40.00	33
基础数论	2011－03	28.00	101
初等数论 100 例	2011－05	18.00	122
初等数论经典例题	2012－07	18.00	204
最新世界各国数学奥林匹克中的初等数论试题(上、下)	2012－01	138.00	144,145
初等数论(Ⅰ)	2012－01	18.00	156
初等数论(Ⅱ)	2012－01	18.00	157
初等数论(Ⅲ)	2012－01	28.00	158

刘培杰数学工作室
已出版(即将出版)图书目录——初等数学

书　　名	出版时间	定　价	编号
平面几何与数论中未解决的新老问题	2013－01	68.00	229
代数数论简史	2014－11	28.00	408
代数数论	2015－09	88.00	532
代数、数论及分析习题集	2016－11	98.00	695
数论导引提要及习题解答	2016－01	48.00	559
素数定理的初等证明.第2版	2016－09	48.00	686
数论中的模函数与狄利克雷级数(第二版)	2017－11	78.00	837
数论:数学导引	2018－01	68.00	849
范氏大代数	2019－02	98.00	1016
解析数学讲义.第一卷,导来式及微分、积分、级数	2019－04	88.00	1021
解析数学讲义.第二卷,关于几何的应用	2019－04	68.00	1022
解析数学讲义.第三卷,解析函数论	2019－04	78.00	1023
分析・组合・数论纵横谈	2019－04	58.00	1039
Hall代数:民国时期的中学数学课本:英文	2019－08	88.00	1106
基谢廖夫初等代数	2022－07	38.00	1531
数学精神巡礼	2019－01	58.00	731
数学眼光透视(第2版)	2017－06	78.00	732
数学思想领悟(第2版)	2018－01	68.00	733
数学方法溯源(第2版)	2018－08	68.00	734
数学解题引论	2017－05	58.00	735
数学史话览胜(第2版)	2017－01	48.00	736
数学应用展观(第2版)	2017－08	68.00	737
数学建模尝试	2018－04	48.00	738
数学竞赛采风	2018－01	68.00	739
数学测评探营	2019－05	58.00	740
数学技能操握	2018－03	48.00	741
数学欣赏拾趣	2018－02	48.00	742
从毕达哥拉斯到怀尔斯	2007－10	48.00	9
从迪利克雷到维斯卡尔迪	2008－01	48.00	21
从哥德巴赫到陈景润	2008－05	98.00	35
从庞加莱到佩雷尔曼	2011－08	138.00	136
博弈论精粹	2008－03	58.00	30
博弈论精粹.第二版(精装)	2015－01	88.00	461
数学 我爱你	2008－01	28.00	20
精神的圣徒　别样的人生——60位中国数学家成长的历程	2008－09	48.00	39
数学史概论	2009－06	78.00	50
数学史概论(精装)	2013－03	158.00	272
数学史选讲	2016－01	48.00	544
斐波那契数列	2010－02	28.00	65
数学拼盘和斐波那契魔方	2010－07	38.00	72
斐波那契数列欣赏(第2版)	2018－08	58.00	948
Fibonacci数列中的明珠	2018－06	58.00	928
数学的创造	2011－02	48.00	85
数学美与创造力	2016－01	48.00	595
数海拾贝	2016－01	48.00	590
数学中的美(第2版)	2019－04	68.00	1057
数论中的美学	2014－12	38.00	351

刘培杰数学工作室

已出版(即将出版)图书目录——初等数学

书　　名	出版时间	定　价	编号
数学王者　科学巨人——高斯	2015－01	28.00	428
振兴祖国数学的圆梦之旅:中国初等数学研究史话	2015－06	98.00	490
二十世纪中国数学史料研究	2015－10	48.00	536
数字谜、数阵图与棋盘覆盖	2016－01	58.00	298
时间的形状	2016－01	38.00	556
数学发现的艺术:数学探索中的合情推理	2016－07	58.00	671
活跃在数学中的参数	2016－07	48.00	675
数海趣史	2021－05	98.00	1314
数学解题——靠数学思想给力(上)	2011－07	38.00	131
数学解题——靠数学思想给力(中)	2011－07	48.00	132
数学解题——靠数学思想给力(下)	2011－07	38.00	133
我怎样解题	2013－01	48.00	227
数学解题中的物理方法	2011－06	28.00	114
数学解题的特殊方法	2011－06	48.00	115
中学数学计算技巧(第2版)	2020－10	48.00	1220
中学数学证明方法	2012－01	58.00	117
数学趣题巧解	2012－03	28.00	128
高中数学教学通鉴	2015－05	58.00	479
和高中生漫谈:数学与哲学的故事	2014－08	28.00	369
算术问题集	2017－03	38.00	789
张教授讲数学	2018－07	38.00	933
陈永明实话实说数学教学	2020－04	68.00	1132
中学数学学科知识与教学能力	2020－06	58.00	1155
怎样把课讲好:大罕数学教学随笔	2022－03	58.00	1484
中国高考评价体系下高考数学探秘	2022－03	48.00	1487
自主招生考试中的参数方程问题	2015－01	28.00	435
自主招生考试中的极坐标问题	2015－04	28.00	463
近年全国重点大学自主招生数学试题全解及研究.华约卷	2015－02	38.00	441
近年全国重点大学自主招生数学试题全解及研究.北约卷	2016－05	38.00	619
自主招生数学解证宝典	2015－09	48.00	535
中国科学技术大学创新班数学真题解析	2022－03	48.00	1488
中国科学技术大学创新班物理真题解析	2022－03	58.00	1489
格点和面积	2012－07	18.00	191
射影几何趣谈	2012－04	28.00	175
斯潘纳尔引理——从一道加拿大数学奥林匹克试题谈起	2014－01	28.00	228
李普希兹条件——从几道近年高考数学试题谈起	2012－10	18.00	221
拉格朗日中值定理——从一道北京高考试题的解法谈起	2015－10	18.00	197
闵科夫斯基定理——从一道清华大学自主招生试题谈起	2014－01	28.00	198
哈尔测度——从一道冬令营试题的背景谈起	2012－08	28.00	202
切比雪夫逼近问题——从一道中国台北数学奥林匹克试题谈起	2013－04	38.00	238
伯恩斯坦多项式与贝齐尔曲面——从一道全国高中数学联赛试题谈起	2013－03	38.00	236
卡塔兰猜想——从一道普特南竞赛试题谈起	2013－06	18.00	256
麦卡锡函数和阿克曼函数——从一道前南斯拉夫数学奥林匹克试题谈起	2012－08	18.00	201
贝蒂定理与拉姆贝克莫斯尔定理——从一个拣石子游戏谈起	2012－08	18.00	217
皮亚诺曲线和豪斯道夫分球定理——从无限集谈起	2012－08	18.00	211
平面凸图形与凸多面体	2012－10	28.00	218
斯坦因豪斯问题——从一道二十五省市自治区中学数学竞赛试题谈起	2012－07	18.00	196

刘培杰数学工作室
已出版(即将出版)图书目录——初等数学

书　　名	出版时间	定　价	编号
纽结理论中的亚历山大多项式与琼斯多项式——从一道北京市高一数学竞赛试题谈起	2012－07	28.00	195
原则与策略——从波利亚"解题表"谈起	2013－04	38.00	244
转化与化归——从三大尺规作图不能问题谈起	2012－08	28.00	214
代数几何中的贝祖定理(第一版)——从一道 IMO 试题的解法谈起	2013－08	18.00	193
成功连贯理论与约当块理论——从一道比利时数学竞赛试题谈起	2012－04	18.00	180
素数判定与大数分解	2014－08	18.00	199
置换多项式及其应用	2012－10	18.00	220
椭圆函数与模函数——从一道美国加州大学洛杉矶分校(UCLA)博士资格考题谈起	2012－10	28.00	219
差分方程的拉格朗日方法——从一道 2011 年全国高考理科试题的解法谈起	2012－08	28.00	200
力学在几何中的一些应用	2013－01	38.00	240
从根式解到伽罗华理论	2020－01	48.00	1121
康托洛维奇不等式——从一道全国高中联赛试题谈起	2013－03	28.00	337
西格尔引理——从一道第 18 届 IMO 试题的解法谈起	即将出版		
罗斯定理——从一道前苏联数学竞赛试题谈起	即将出版		
拉克斯定理和阿廷定理——从一道 IMO 试题的解法谈起	2014－01	58.00	246
毕卡大定理——从一道美国大学数学竞赛试题谈起	2014－07	18.00	350
贝齐尔曲线——从一道全国高中联赛试题谈起	即将出版		
拉格朗日乘子定理——从一道 2005 年全国高中联赛试题的高等数学解法谈起	2015－05	28.00	480
雅可比定理——从一道日本数学奥林匹克试题谈起	2013－04	48.00	249
李天岩－约克定理——从一道波兰数学竞赛试题谈起	2014－06	28.00	349
受控理论与初等不等式:从一道 IMO 试题的解法谈起	2023－03	48.00	1601
布劳维不动点定理——从一道前苏联数学奥林匹克试题谈起	2014－01	38.00	273
伯恩赛德定理——从一道英国数学奥林匹克试题谈起	即将出版		
布查特－莫斯特定理——从一道上海市初中竞赛试题谈起	即将出版		
数论中的同余数问题——从一道普特南竞赛试题谈起	即将出版		
范・德蒙行列式——从一道美国数学奥林匹克试题谈起	即将出版		
中国剩余定理:总数法构建中国历史年表	2015－01	28.00	430
牛顿程序与方程求根——从一道全国高考试题解法谈起	即将出版		
库默尔定理——从一道 IMO 预选试题谈起	即将出版		
卢丁定理——从一道冬令营试题的解法谈起	即将出版		
沃斯滕霍姆定理——从一道 IMO 预选试题谈起	即将出版		
卡尔松不等式——从一道莫斯科数学奥林匹克试题谈起	即将出版		
信息论中的香农熵——从一道近年高考压轴题谈起	即将出版		
约当不等式——从一道希望杯竞赛试题谈起	即将出版		
拉比诺维奇定理	即将出版		
刘维尔定理——从一道《美国数学月刊》征解问题的解法谈起	即将出版		
卡塔兰恒等式与级数求和——从一道 IMO 试题的解法谈起	即将出版		
勒让德猜想与素数分布——从一道爱尔兰竞赛试题谈起	即将出版		
天平称重与信息论——从一道基辅市数学奥林匹克试题谈起	即将出版		
哈密尔顿－凯莱定理:从一道高中数学联赛试题的解法谈起	2014－09	18.00	376
艾思特曼定理——从一道 CMO 试题的解法谈起	即将出版		

刘培杰数学工作室

已出版(即将出版)图书目录——初等数学

书　　名	出版时间	定　价	编号
阿贝尔恒等式与经典不等式及应用	2018—06	98.00	923
迪利克雷除数问题	2018—07	48.00	930
幻方、幻立方与拉丁方	2019—08	48.00	1092
帕斯卡三角形	2014—03	18.00	294
蒲丰投针问题——从2009年清华大学的一道自主招生试题谈起	2014—01	38.00	295
斯图姆定理——从一道"华约"自主招生试题的解法谈起	2014—01	18.00	296
许瓦兹引理——从一道加利福尼亚大学伯克利分校数学系博士生试题谈起	2014—08	18.00	297
拉姆塞定理——从王诗宬院士的一个问题谈起	2016—04	48.00	299
坐标法	2013—12	28.00	332
数论三角形	2014—04	38.00	341
毕克定理	2014—07	18.00	352
数林掠影	2014—09	48.00	389
我们周围的概率	2014—10	38.00	390
凸函数最值定理:从一道华约自主招生题的解法谈起	2014—10	28.00	391
易学与数学奥林匹克	2014—10	38.00	392
生物数学趣谈	2015—01	18.00	409
反演	2015—01	28.00	420
因式分解与圆锥曲线	2015—01	18.00	426
轨迹	2015—01	28.00	427
面积原理:从常庚哲命的一道CMO试题的积分解法谈起	2015—01	48.00	431
形形色色的不动点定理:从一道28届IMO试题谈起	2015—01	38.00	439
柯西函数方程:从一道上海交大自主招生的试题谈起	2015—02	28.00	440
三角恒等式	2015—02	28.00	442
无理性判定:从一道2014年"北约"自主招生试题谈起	2015—01	38.00	443
数学归纳法	2015—03	18.00	451
极端原理与解题	2015—04	28.00	464
法雷级数	2014—08	18.00	367
摆线族	2015—01	38.00	438
函数方程及其解法	2015—05	38.00	470
含参数的方程和不等式	2012—09	28.00	213
希尔伯特第十问题	2016—01	38.00	543
无穷小量的求和	2016—01	28.00	545
切比雪夫多项式:从一道清华大学金秋营试题谈起	2016—01	38.00	583
泽肯多夫定理	2016—03	38.00	599
代数等式证题法	2016—01	28.00	600
三角等式证题法	2016—01	28.00	601
吴大任教授藏书中的一个因式分解公式:从一道美国数学邀请赛试题的解法谈起	2016—06	28.00	656
易卦——类万物的数学模型	2017—08	68.00	838
"不可思议"的数与数系可持续发展	2018—01	38.00	878
最短线	2018—01	38.00	879
数学在天文、地理、光学、机械力学中的一些应用	2023—03	88.00	1576
从阿基米德三角形谈起	2023—01	28.00	1578
幻方和魔方(第一卷)	2012—05	68.00	173
尘封的经典——初等数学经典文献选读(第一卷)	2012—07	48.00	205
尘封的经典——初等数学经典文献选读(第二卷)	2012—07	38.00	206
初级方程式论	2011—03	28.00	106
初等数学研究(Ⅰ)	2008—09	68.00	37
初等数学研究(Ⅱ)(上、下)	2009—05	118.00	46,47
初等数学专题研究	2022—10	68.00	1568

刘培杰数学工作室

已出版(即将出版)图书目录——初等数学

书　　名	出版时间	定　价	编号
趣味初等方程妙题集锦	2014－09	48.00	388
趣味初等数论选美与欣赏	2015－02	48.00	445
耕读笔记(上卷):一位农民数学爱好者的初数探索	2015－04	28.00	459
耕读笔记(中卷):一位农民数学爱好者的初数探索	2015－05	28.00	483
耕读笔记(下卷):一位农民数学爱好者的初数探索	2015－05	28.00	484
几何不等式研究与欣赏.上卷	2016－01	88.00	547
几何不等式研究与欣赏.下卷	2016－01	48.00	552
初等数列研究与欣赏・上	2016－01	48.00	570
初等数列研究与欣赏・下	2016－01	48.00	571
趣味初等函数研究与欣赏.上	2016－09	48.00	684
趣味初等函数研究与欣赏.下	2018－09	48.00	685
三角不等式研究与欣赏	2020－10	68.00	1197
新编平面解析几何解题方法研究与欣赏	2021－10	78.00	1426
火柴游戏(第2版)	2022－05	38.00	1493
智力解谜.第1卷	2017－07	38.00	613
智力解谜.第2卷	2017－07	38.00	614
故事智力	2016－07	48.00	615
名人们喜欢的智力问题	2020－01	48.00	616
数学大师的发现、创造与失误	2018－01	48.00	617
异曲同工	2018－09	48.00	618
数学的味道	2018－01	58.00	798
数学千字文	2018－10	68.00	977
数贝偶拾——高考数学题研究	2014－04	28.00	274
数贝偶拾——初等数学研究	2014－04	38.00	275
数贝偶拾——奥数题研究	2014－04	48.00	276
钱昌本教你快乐学数学(上)	2011－12	48.00	155
钱昌本教你快乐学数学(下)	2012－03	58.00	171
集合、函数与方程	2014－01	28.00	300
数列与不等式	2014－01	38.00	301
三角与平面向量	2014－01	28.00	302
平面解析几何	2014－01	38.00	303
立体几何与组合	2014－01	28.00	304
极限与导数、数学归纳法	2014－01	38.00	305
趣味数学	2014－03	28.00	306
教材教法	2014－04	68.00	307
自主招生	2014－05	58.00	308
高考压轴题(上)	2015－01	48.00	309
高考压轴题(下)	2014－10	68.00	310
从费马到怀尔斯——费马大定理的历史	2013－10	198.00	I
从庞加莱到佩雷尔曼——庞加莱猜想的历史	2013－10	298.00	II
从切比雪夫到爱尔特希(上)——素数定理的初等证明	2013－07	48.00	III
从切比雪夫到爱尔特希(下)——素数定理100年	2012－12	98.00	III
从高斯到盖尔方特——二次域的高斯猜想	2013－10	198.00	IV
从库默尔到朗兰兹——朗兰兹猜想的历史	2014－01	98.00	V
从比勃巴赫到德布朗斯——比勃巴赫猜想的历史	2014－02	298.00	VI
从麦比乌斯到陈省身——麦比乌斯变换与麦比乌斯带	2014－02	298.00	VII
从布尔到豪斯道夫——布尔方程与格论漫谈	2013－10	198.00	VIII
从开普勒到阿诺德——三体问题的历史	2014－05	298.00	IX
从华林到华罗庚——华林问题的历史	2013－10	298.00	X

刘培杰数学工作室

已出版(即将出版)图书目录——初等数学

书　名	出版时间	定　价	编号
美国高中数学竞赛五十讲. 第 1 卷(英文)	2014—08	28.00	357
美国高中数学竞赛五十讲. 第 2 卷(英文)	2014—08	28.00	358
美国高中数学竞赛五十讲. 第 3 卷(英文)	2014—09	28.00	359
美国高中数学竞赛五十讲. 第 4 卷(英文)	2014—09	28.00	360
美国高中数学竞赛五十讲. 第 5 卷(英文)	2014—10	28.00	361
美国高中数学竞赛五十讲. 第 6 卷(英文)	2014—11	28.00	362
美国高中数学竞赛五十讲. 第 7 卷(英文)	2014—12	28.00	363
美国高中数学竞赛五十讲. 第 8 卷(英文)	2015—01	28.00	364
美国高中数学竞赛五十讲. 第 9 卷(英文)	2015—01	28.00	365
美国高中数学竞赛五十讲. 第 10 卷(英文)	2015—02	38.00	366
三角函数(第 2 版)	2017—04	38.00	626
不等式	2014—01	38.00	312
数列	2014—01	38.00	313
方程(第 2 版)	2017—04	38.00	624
排列和组合	2014—01	28.00	315
极限与导数(第 2 版)	2016—04	38.00	635
向量(第 2 版)	2018—08	58.00	627
复数及其应用	2014—08	28.00	318
函数	2014—01	38.00	319
集合	2020—01	48.00	320
直线与平面	2014—01	28.00	321
立体几何(第 2 版)	2016—04	38.00	629
解三角形	即将出版		323
直线与圆(第 2 版)	2016—11	38.00	631
圆锥曲线(第 2 版)	2016—09	48.00	632
解题通法(一)	2014—07	38.00	326
解题通法(二)	2014—07	38.00	327
解题通法(三)	2014—05	38.00	328
概率与统计	2014—01	28.00	329
信息迁移与算法	即将出版		330
IMO 50 年. 第 1 卷(1959—1963)	2014—11	28.00	377
IMO 50 年. 第 2 卷(1964—1968)	2014—11	28.00	378
IMO 50 年. 第 3 卷(1969—1973)	2014—09	28.00	379
IMO 50 年. 第 4 卷(1974—1978)	2016—04	38.00	380
IMO 50 年. 第 5 卷(1979—1984)	2015—04	38.00	381
IMO 50 年. 第 6 卷(1985—1989)	2015—04	58.00	382
IMO 50 年. 第 7 卷(1990—1994)	2016—01	48.00	383
IMO 50 年. 第 8 卷(1995—1999)	2016—06	38.00	384
IMO 50 年. 第 9 卷(2000—2004)	2015—04	58.00	385
IMO 50 年. 第 10 卷(2005—2009)	2016—01	48.00	386
IMO 50 年. 第 11 卷(2010—2015)	2017—03	48.00	646

刘培杰数学工作室

已出版(即将出版)图书目录——初等数学

书　　名	出版时间	定　价	编号
数学反思(2006—2007)	2020—09	88.00	915
数学反思(2008—2009)	2019—01	68.00	917
数学反思(2010—2011)	2018—05	58.00	916
数学反思(2012—2013)	2019—01	58.00	918
数学反思(2014—2015)	2019—03	78.00	919
数学反思(2016—2017)	2021—03	58.00	1286
数学反思(2018—2019)	2023—01	88.00	1593
历届美国大学生数学竞赛试题集.第一卷(1938—1949)	2015—01	28.00	397
历届美国大学生数学竞赛试题集.第二卷(1950—1959)	2015—01	28.00	398
历届美国大学生数学竞赛试题集.第三卷(1960—1969)	2015—01	28.00	399
历届美国大学生数学竞赛试题集.第四卷(1970—1979)	2015—01	18.00	400
历届美国大学生数学竞赛试题集.第五卷(1980—1989)	2015—01	28.00	401
历届美国大学生数学竞赛试题集.第六卷(1990—1999)	2015—01	28.00	402
历届美国大学生数学竞赛试题集.第七卷(2000—2009)	2015—08	18.00	403
历届美国大学生数学竞赛试题集.第八卷(2010—2012)	2015—01	18.00	404
新课标高考数学创新题解题诀窍:总论	2014—09	28.00	372
新课标高考数学创新题解题诀窍:必修1～5分册	2014—08	38.00	373
新课标高考数学创新题解题诀窍:选修2－1,2－2,1－1,1－2分册	2014—09	38.00	374
新课标高考数学创新题解题诀窍:选修2－3,4－4,4－5分册	2014—09	18.00	375
全国重点大学自主招生英文数学试题全攻略:词汇卷	2015—07	48.00	410
全国重点大学自主招生英文数学试题全攻略:概念卷	2015—01	28.00	411
全国重点大学自主招生英文数学试题全攻略:文章选读卷(上)	2016—09	38.00	412
全国重点大学自主招生英文数学试题全攻略:文章选读卷(下)	2017—01	58.00	413
全国重点大学自主招生英文数学试题全攻略:试题卷	2015—07	38.00	414
全国重点大学自主招生英文数学试题全攻略:名著欣赏卷	2017—03	48.00	415
劳埃德数学趣题大全.题目卷.1:英文	2016—01	18.00	516
劳埃德数学趣题大全.题目卷.2:英文	2016—01	18.00	517
劳埃德数学趣题大全.题目卷.3:英文	2016—01	18.00	518
劳埃德数学趣题大全.题目卷.4:英文	2016—01	18.00	519
劳埃德数学趣题大全.题目卷.5:英文	2016—01	18.00	520
劳埃德数学趣题大全.答案卷:英文	2016—01	18.00	521
李成章教练奥数笔记.第1卷	2016—01	48.00	522
李成章教练奥数笔记.第2卷	2016—01	48.00	523
李成章教练奥数笔记.第3卷	2016—01	38.00	524
李成章教练奥数笔记.第4卷	2016—01	38.00	525
李成章教练奥数笔记.第5卷	2016—01	38.00	526
李成章教练奥数笔记.第6卷	2016—01	38.00	527
李成章教练奥数笔记.第7卷	2016—01	38.00	528
李成章教练奥数笔记.第8卷	2016—01	48.00	529
李成章教练奥数笔记.第9卷	2016—01	28.00	530

刘培杰数学工作室
已出版(即将出版)图书目录——初等数学

书　　名	出版时间	定　价	编号
第19~23届"希望杯"全国数学邀请赛试题审题要津详细评注(初一版)	2014—03	28.00	333
第19~23届"希望杯"全国数学邀请赛试题审题要津详细评注(初二、初三版)	2014—03	38.00	334
第19~23届"希望杯"全国数学邀请赛试题审题要津详细评注(高一版)	2014—03	28.00	335
第19~23届"希望杯"全国数学邀请赛试题审题要津详细评注(高二版)	2014—03	38.00	336
第19~25届"希望杯"全国数学邀请赛试题审题要津详细评注(初一版)	2015—01	38.00	416
第19~25届"希望杯"全国数学邀请赛试题审题要津详细评注(初二、初三版)	2015—01	58.00	417
第19~25届"希望杯"全国数学邀请赛试题审题要津详细评注(高一版)	2015—01	48.00	418
第19~25届"希望杯"全国数学邀请赛试题审题要津详细评注(高二版)	2015—01	48.00	419
物理奥林匹克竞赛大题典——力学卷	2014—11	48.00	405
物理奥林匹克竞赛大题典——热学卷	2014—04	28.00	339
物理奥林匹克竞赛大题典——电磁学卷	2015—07	48.00	406
物理奥林匹克竞赛大题典——光学与近代物理卷	2014—06	28.00	345
历届中国东南地区数学奥林匹克试题集(2004~2012)	2014—06	18.00	346
历届中国西部地区数学奥林匹克试题集(2001~2012)	2014—07	18.00	347
历届中国女子数学奥林匹克试题集(2002~2012)	2014—08	18.00	348
数学奥林匹克在中国	2014—06	98.00	344
数学奥林匹克问题集	2014—01	38.00	267
数学奥林匹克不等式散论	2010—06	38.00	124
数学奥林匹克不等式欣赏	2011—09	38.00	138
数学奥林匹克超级题库(初中卷上)	2010—01	58.00	66
数学奥林匹克不等式证明方法和技巧(上、下)	2011—08	158.00	134,135
他们学什么:原民主德国中学数学课本	2016—09	38.00	658
他们学什么:英国中学数学课本	2016—09	38.00	659
他们学什么:法国中学数学课本.1	2016—09	38.00	660
他们学什么:法国中学数学课本.2	2016—09	28.00	661
他们学什么:法国中学数学课本.3	2016—09	38.00	662
他们学什么:苏联中学数学课本	2016—09	28.00	679
高中数学题典——集合与简易逻辑·函数	2016—07	48.00	647
高中数学题典——导数	2016—07	48.00	648
高中数学题典——三角函数·平面向量	2016—07	48.00	649
高中数学题典——数列	2016—07	58.00	650
高中数学题典——不等式·推理与证明	2016—07	38.00	651
高中数学题典——立体几何	2016—07	48.00	652
高中数学题典——平面解析几何	2016—07	78.00	653
高中数学题典——计数原理·统计·概率·复数	2016—07	48.00	654
高中数学题典——算法·平面几何·初等数论·组合数学·其他	2016—07	68.00	655

刘培杰数学工作室
已出版(即将出版)图书目录——初等数学 

书　　名	出版时间	定　价	编号
台湾地区奥林匹克数学竞赛试题.小学一年级	2017—03	38.00	722
台湾地区奥林匹克数学竞赛试题.小学二年级	2017—03	38.00	723
台湾地区奥林匹克数学竞赛试题.小学三年级	2017—03	38.00	724
台湾地区奥林匹克数学竞赛试题.小学四年级	2017—03	38.00	725
台湾地区奥林匹克数学竞赛试题.小学五年级	2017—03	38.00	726
台湾地区奥林匹克数学竞赛试题.小学六年级	2017—03	38.00	727
台湾地区奥林匹克数学竞赛试题.初中一年级	2017—03	38.00	728
台湾地区奥林匹克数学竞赛试题.初中二年级	2017—03	38.00	729
台湾地区奥林匹克数学竞赛试题.初中三年级	2017—03	28.00	730
不等式证题法	2017—04	28.00	747
平面几何培优教程	2019—08	88.00	748
奥数鼎级培优教程.高一分册	2018—09	88.00	749
奥数鼎级培优教程.高二分册.上	2018—04	68.00	750
奥数鼎级培优教程.高二分册.下	2018—04	68.00	751
高中数学竞赛冲刺宝典	2019—04	68.00	883
初中尖子生数学超级题典.实数	2017—07	58.00	792
初中尖子生数学超级题典.式、方程与不等式	2017—08	58.00	793
初中尖子生数学超级题典.圆、面积	2017—08	38.00	794
初中尖子生数学超级题典.函数、逻辑推理	2017—08	48.00	795
初中尖子生数学超级题典.角、线段、三角形与多边形	2017—07	58.00	796
数学王子——高斯	2018—01	48.00	858
坎坷奇星——阿贝尔	2018—01	48.00	859
闪烁奇星——伽罗瓦	2018—01	58.00	860
无穷统帅——康托尔	2018—01	48.00	861
科学公主——柯瓦列夫斯卡娅	2018—01	48.00	862
抽象代数之母——埃米·诺特	2018—01	48.00	863
电脑先驱——图灵	2018—01	58.00	864
昔日神童——维纳	2018—01	48.00	865
数坛怪侠——爱尔特希	2018—01	68.00	866
传奇数学家徐利治	2019—09	88.00	1110
当代世界中的数学.数学思想与数学基础	2019—01	38.00	892
当代世界中的数学.数学问题	2019—01	38.00	893
当代世界中的数学.应用数学与数学应用	2019—01	38.00	894
当代世界中的数学.数学王国的新疆域(一)	2019—01	38.00	895
当代世界中的数学.数学王国的新疆域(二)	2019—01	38.00	896
当代世界中的数学.数林撷英(一)	2019—01	38.00	897
当代世界中的数学.数林撷英(二)	2019—01	48.00	898
当代世界中的数学.数学之路	2019—01	38.00	899

刘培杰数学工作室

已出版(即将出版)图书目录——初等数学

书　　名	出版时间	定　价	编号
105 个代数问题:来自 AwesomeMath 夏季课程	2019—02	58.00	956
106 个几何问题:来自 AwesomeMath 夏季课程	2020—07	58.00	957
107 个几何问题:来自 AwesomeMath 全年课程	2020—07	58.00	958
108 个代数问题:来自 AwesomeMath 全年课程	2019—01	68.00	959
109 个不等式:来自 AwesomeMath 夏季课程	2019—04	58.00	960
国际数学奥林匹克中的 110 个几何问题	即将出版		961
111 个代数和数论问题	2019—05	58.00	962
112 个组合问题:来自 AwesomeMath 夏季课程	2019—05	58.00	963
113 个几何不等式:来自 AwesomeMath 夏季课程	2020—08	58.00	964
114 个指数和对数问题:来自 AwesomeMath 夏季课程	2019—09	48.00	965
115 个三角问题:来自 AwesomeMath 夏季课程	2019—09	58.00	966
116 个代数不等式:来自 AwesomeMath 全年课程	2019—04	58.00	967
117 个多项式问题:来自 AwesomeMath 夏季课程	2021—09	58.00	1409
118 个数学竞赛不等式	2022—08	78.00	1526
紫色彗星国际数学竞赛试题	2019—02	58.00	999
数学竞赛中的数学:为数学爱好者、父母、教师和教练准备的丰富资源.第一部	2020—04	58.00	1141
数学竞赛中的数学:为数学爱好者、父母、教师和教练准备的丰富资源.第二部	2020—07	48.00	1142
和与积	2020—10	38.00	1219
数论:概念和问题	2020—12	68.00	1257
初等数学问题研究	2021—03	48.00	1270
数学奥林匹克中的欧几里得几何	2021—10	68.00	1413
数学奥林匹克题解新编	2022—01	58.00	1430
图论入门	2022—09	58.00	1554
澳大利亚中学数学竞赛试题及解答(初级卷)1978～1984	2019—02	28.00	1002
澳大利亚中学数学竞赛试题及解答(初级卷)1985～1991	2019—02	28.00	1003
澳大利亚中学数学竞赛试题及解答(初级卷)1992～1998	2019—02	28.00	1004
澳大利亚中学数学竞赛试题及解答(初级卷)1999～2005	2019—02	28.00	1005
澳大利亚中学数学竞赛试题及解答(中级卷)1978～1984	2019—03	28.00	1006
澳大利亚中学数学竞赛试题及解答(中级卷)1985～1991	2019—03	28.00	1007
澳大利亚中学数学竞赛试题及解答(中级卷)1992～1998	2019—03	28.00	1008
澳大利亚中学数学竞赛试题及解答(中级卷)1999～2005	2019—03	28.00	1009
澳大利亚中学数学竞赛试题及解答(高级卷)1978～1984	2019—05	28.00	1010
澳大利亚中学数学竞赛试题及解答(高级卷)1985～1991	2019—05	28.00	1011
澳大利亚中学数学竞赛试题及解答(高级卷)1992～1998	2019—05	28.00	1012
澳大利亚中学数学竞赛试题及解答(高级卷)1999～2005	2019—05	28.00	1013
天才中小学生智力测验题.第一卷	2019—03	38.00	1026
天才中小学生智力测验题.第二卷	2019—03	38.00	1027
天才中小学生智力测验题.第三卷	2019—03	38.00	1028
天才中小学生智力测验题.第四卷	2019—03	38.00	1029
天才中小学生智力测验题.第五卷	2019—03	38.00	1030
天才中小学生智力测验题.第六卷	2019—03	38.00	1031
天才中小学生智力测验题.第七卷	2019—03	38.00	1032
天才中小学生智力测验题.第八卷	2019—03	38.00	1033
天才中小学生智力测验题.第九卷	2019—03	38.00	1034
天才中小学生智力测验题.第十卷	2019—03	38.00	1035
天才中小学生智力测验题.第十一卷	2019—03	38.00	1036
天才中小学生智力测验题.第十二卷	2019—03	38.00	1037
天才中小学生智力测验题.第十三卷	2019—03	38.00	1038

刘培杰数学工作室

已出版(即将出版)图书目录——初等数学

书　　名	出版时间	定　价	编号
重点大学自主招生数学备考全书:函数	2020—05	48.00	1047
重点大学自主招生数学备考全书:导数	2020—08	48.00	1048
重点大学自主招生数学备考全书:数列与不等式	2019—10	78.00	1049
重点大学自主招生数学备考全书:三角函数与平面向量	2020—08	68.00	1050
重点大学自主招生数学备考全书:平面解析几何	2020—07	58.00	1051
重点大学自主招生数学备考全书:立体几何与平面几何	2019—08	48.00	1052
重点大学自主招生数学备考全书:排列组合・概率统计・复数	2019—09	48.00	1053
重点大学自主招生数学备考全书:初等数论与组合数学	2019—08	48.00	1054
重点大学自主招生数学备考全书:重点大学自主招生真题.上	2019—04	68.00	1055
重点大学自主招生数学备考全书:重点大学自主招生真题.下	2019—04	58.00	1056
高中数学竞赛培训教程:平面几何问题的求解方法与策略.上	2018—05	68.00	906
高中数学竞赛培训教程:平面几何问题的求解方法与策略.下	2018—06	78.00	907
高中数学竞赛培训教程:整除与同余以及不定方程	2018—01	88.00	908
高中数学竞赛培训教程:组合计数与组合极值	2018—04	48.00	909
高中数学竞赛培训教程:初等代数	2019—04	78.00	1042
高中数学讲座:数学竞赛基础教程(第一册)	2019—06	48.00	1094
高中数学讲座:数学竞赛基础教程(第二册)	即将出版		1095
高中数学讲座:数学竞赛基础教程(第三册)	即将出版		1096
高中数学讲座:数学竞赛基础教程(第四册)	即将出版		1097
新编中学数学解题方法 1000 招丛书.实数(初中版)	2022—05	58.00	1291
新编中学数学解题方法 1000 招丛书.式(初中版)	2022—05	48.00	1292
新编中学数学解题方法 1000 招丛书.方程与不等式(初中版)	2021—04	58.00	1293
新编中学数学解题方法 1000 招丛书.函数(初中版)	2022—05	38.00	1294
新编中学数学解题方法 1000 招丛书.角(初中版)	2022—05	48.00	1295
新编中学数学解题方法 1000 招丛书.线段(初中版)	2022—05	48.00	1296
新编中学数学解题方法 1000 招丛书.三角形与多边形(初中版)	2021—04	48.00	1297
新编中学数学解题方法 1000 招丛书.圆(初中版)	2022—05	48.00	1298
新编中学数学解题方法 1000 招丛书.面积(初中版)	2021—07	28.00	1299
新编中学数学解题方法 1000 招丛书.逻辑推理(初中版)	2022—06	48.00	1300
高中数学题典精编.第一辑.函数	2022—01	58.00	1444
高中数学题典精编.第一辑.导数	2022—01	68.00	1445
高中数学题典精编.第一辑.三角函数・平面向量	2022—01	68.00	1446
高中数学题典精编.第一辑.数列	2022—01	58.00	1447
高中数学题典精编.第一辑.不等式・推理与证明	2022—01	58.00	1448
高中数学题典精编.第一辑.立体几何	2022—01	58.00	1449
高中数学题典精编.第一辑.平面解析几何	2022—01	68.00	1450
高中数学题典精编.第一辑.统计・概率・平面几何	2022—01	58.00	1451
高中数学题典精编.第一辑.初等数论・组合数学・数学文化・解题方法	2022—01	58.00	1452
历届全国初中数学竞赛试题分类解析.初等代数	2022—09	98.00	1555
历届全国初中数学竞赛试题分类解析.初等数论	2022—09	48.00	1556
历届全国初中数学竞赛试题分类解析.平面几何	2022—09	38.00	1557
历届全国初中数学竞赛试题分类解析.组合	2022—09	38.00	1558

联系地址:哈尔滨市南岗区复华四道街 10 号　哈尔滨工业大学出版社刘培杰数学工作室

网　　址:http://lpj.hit.edu.cn/

邮　　编:150006

联系电话:0451—86281378　　13904613167

E-mail:lpj1378@163.com